质量技术监督知识读本

《质量技术监督知识读本》编写组　编著

中国质检出版社
中国标准出版社

北　京

图书在版编目（CIP）数据

质量技术监督知识读本/《质量技术监督知识读本》编写组编著．—北京：中国质检出版社，2017.7（2017.10 重印）
ISBN 978－7－5026－4415－4

Ⅰ.①质…　Ⅱ.①质…　Ⅲ.①质量技术监督—基本知识　Ⅳ.①F203

中国版本图书馆 CIP 数据核字（2017）第 061013 号

中国质检出版社
中国标准出版社 出版发行
北京市朝阳区和平里西街甲 2 号（100029）
北京市西城区三里河北街 16 号（100045）
网址：www.spc.net.cn
总编室：（010）68533533　发行中心：（010）51780238
读者服务部：（010）68523946
中国标准出版社秦皇岛印刷厂印刷
各地新华书店经销

*

开本 880×1230　1/32　印张 12.125　字数 315 千字
2017 年 7 月第一版　2017 年 10 月第二次印刷

*

定价：46.00 元

编　写　组

主　编：陈鸿起　　王凯志

副主编：曾　勇　　蔡旭平　　杜京平

编　委：（按姓氏笔画排序）

马天帅	马　骏	王全永	王　颖
韦中新	卢云妙	农贵林	苏　骏
肖　松	何文渊	宋　刚	张乐亭
陈　刚	陈振宇	陈深情	范树孙
周　玲	胡振洲	钟永明	黄康宏
黄　庆	黄飞雪	黄杰鹏	黄　智
梁明华	梁　泳	鲁加胜	温　萍
蒙灿军	赖泰君	黎国勇	

前　言

质量技术监督工作是经济社会发展的重要基础性工作，涉及国民经济和社会发展的各个方面，涵盖质量、标准化、计量、认证认可和特种设备安全监察等多项职能。其作用主要表现在为社会化大生产和现代化管理提供技术基础，为科学技术的迅速发展提供技术保障，为市场经济创造公平的竞争秩序，为人民的财产及健康提供安全保障，为促进国际贸易搭建桥梁，为产业转型升级提供有效手段，为建设质量强国提供技术和服务支撑。

经济新常态形势下，党中央、国务院更加重视质量工作。十八大报告明确提出要把推动发展的立足点转到提高质量和效益上来。国务院《质量发展纲要（2011—2020）》提出："坚持以质取胜，建设质量强国。"十八大以来，习近平总书记提出了"推动中国制造向中国创造转变、中国速度向中国质量转变、中国产品向中国品牌转变"等一系列关于质量工作的重要论述。李克强总理提出以质量的提升"对冲"经济速度的放缓，推动"品质革命"，把经济社会发展推向"质量时代"。实现"三个转变"，迈向"质量时代"，满足人民群众日益增长的质量需求，有许多工作要做，其中加强质量技术监督工作，提高质量和品牌竞争力，扩大高质量产品和服务供给尤为关键。2011年10月以来，部分省（自治区、直辖市）省级以下质量技术监督管理部门由垂直管理改为地方政府分级管理，省级质量技术监督部门由全面领导变为业务指导和监督，领导干部实行双重管理、以地方管理为主。同时，部分省（自治区、直辖市）省级及省级以下质量技术监督与工商、食药监、知识产权和物价等部门已进行机构整合改革。

为适应新经济常态下和机构改革后质量技术监督工作面临的新任务、新要求、新挑战，我们编写了《质量技术监督知识读本》。该书共分为十章，涵盖了标准化、计量、质量管理、认证认可、产品质量监督、特种设备安全监察、食品及相关产品生产监管、检验检测、质量技术监督行政执法等工作的基本概念、基础知识，可作为质量监管部门培训教材和有关政府部门、企业、事业单位人员开展质量技术监督工作的参考用书。

本书在编写的过程中得到了中国质检出版社领导和专家的大力支持，在此表示衷心的感谢。

由于时间仓促，编者理论水平和经验所限，书中不妥之处在所难免，衷心希望广大读者批评指正。

编写组
2017年5月

目　录

第一章　质量技术监督总论

第一节　概　述

一、质量技术监督的概念

质量技术监督工作是一项涉及国民经济和社会发展各个方面的综合工作。质量技术监督工作的内容包括质量、标准化、计量、认证认可和特种设备安全监察等方面，它们既有其相对独立性，又相互密切联系。标准是质量的依据，计量是质量的保证。没有高水平的标准，没有准确一致的计量保证，便没有高质量。

因此，质量技术监督的含义是：以法律法规为准绳，以标准为依据，以技术检验、计量检测为手段，对质量进行规范和监督管理的行政活动。目前，我国开展的产品质量监督检验、特种设备安全检验、环境监测、工程监理等，可以说都属于质量技术监督的范畴。

二、质量技术监督的基本特征

随着经济建设、科学技术和贸易的发展，质量技术监督的领域越来越广，内容越来越多，方式也在不断改革。它具有4个基本特征：

（一）以质量为中心

质量问题是经济发展中的战略问题。提高产品质量，既是满足市场需求、扩大出口、提高经济运行质量和效益的关键，也是增强综合国力和国际竞争力、实现科学发展的必然要求。在我国转变经济发展方式、调整经济结构的关键时期，质量工作是主攻方向，没有质量就没有效益。因此，质量技术监督要始终围绕质量做工作，坚持把提高发展质量和效益、为国家和人民提供高质量的产品和服务，作为一切工作的出发点和落脚点。

（二）以技术为依托

质量技术监督工作必须以技术为依托，用科学的数据说话。作为衡量质量重要依据的标准，它所规定的产品型式尺寸、性能技术要求、试验检测方法、包装标志要求等，都是在经过大量调查分析、试验研究、专家讨论，取得科学的数据，总结国内外实践经验的基础上确定的。标准的内容要做到技术先进、经济合理、安全可靠。为了保证量值传递的统一，计量则要研究建立长度、热工、力学、电磁、无线电、时间频率、声学、光学、化学、电离辐射等各种计量基准、标准，要对各种工作计量器具定期进行检定，要对用于贸易结算、安全防护、医疗卫生、环境监测等计量器具实施强制检定。对于质量的检验，特别是对内在质量的检验，要研究科学适用的检测方法，要选用、研制准确可靠的测试仪器设备，才能提供可信的检验结果。

（三）履行综合管理和行政执法两大职能

质量技术监督部门是国务院和各级政府授权管理本行政区域内质量技术监督的专门机构，依据国家有关法律、法规和批准的“三定”方案，履行综合管理和行政执法两大职能。综合管理是对标准化、计量、产品质量、认证认可和特种设备安全监察工作依法进行管理，并对质量管理工作依法进行宏观指导。行政执法是依据法律、法规，对法律、法规的执行情况开展监督检查，并依法查处产品质量、标准、计量、特种特备等方面违法行为。综合管理和行政执法两大职能相辅相成，缺一不可。综合管理是行政执法的基础，行政执法是综合管理的保障。

（四）监督与服务相结合

质量技术监督工作，不仅要搞好管理和监督，而且要做好服务。服务的对象主要是企业和广大消费者。服务的内容主要是：帮助企业建立健全质量管理体系、标准体系和计量检测体系，提高管理水平；帮助企业实施名牌战略，获得质量认证，形成一批名优产品；为企业和消费者提供质量、标准化、计量信息，引导企业加快技术创新和产品更新换代；为企事业单位提供锅炉、压力容器、压力管道、电梯、起重机械、场（厂）内机动车辆、客运索道、大型游乐设施等特种设备检验检测，确保性能安全稳定；开展对企业领导人和消费者的质量技术监督法律法规知识、质量管理知识和质量鉴别知识的教育培训；处理质量纠纷。

三、质量技术监督的工作原则

（一）实行统一管理与分级、分工管理相结合的体制

质量技术监督是一项系统工程，要发挥更大的作用，必须实行统一管理与分级、分工管理相结合的体制，充分发挥地方和行业（部门）积极性，并做到协调一致。

（二）科学、公正的原则

质量技术监督的重要特征在于它的技术性。因此，要严格依据标准，科学、公正地对产品质量进行检验和评价。

（三）突出重点的原则

质量技术监督要突出重点，重点监督可能危及人体健康和人身、财产安全的产品；影响国计民生的重要工业产品；消费

者、有关组织反映质量问题较多的产品。在产品质量安全整治工作中，也要突出重点产品、重点市场和重点区域。

（四）扶优治劣的原则

在质量技术监督中，一方面要对生产、销售假冒伪劣产品的违法行为依法严惩，并公开曝光；另一方面要对重视产品质量的企业给予保护和支持，对一贯重视产品质量的企业，要采取一些扶优的措施，以激发企业自身的积极性。

（五）监督与服务相结合的原则

监督是法律赋予政府的职能，是基本的、首要的任务，必须做好。同时，为了更好地体现监督工作的整体效能和社会效益，必须在整个监督过程中增强服务意识，坚持监督与服务相结合。对违法违规企业不但要查处，而且要帮助企业整改，要做企业的良师益友，为企业排忧解难。

四、质量技术监督的内容与形式

（一）质量技术监督的内容

国家质量监督检验检疫总局（以下简称国家质检总局）质量技术监督工作的内容主要包括 8 个方面：

（1）负责质量技术监督工作，拟定提高国家质量水平的发展战略及有关政策并组织实施，起草有关质量技术监督方面的法律法规草案及制定部门规章，负责与质量技术监督有关的技术规范工作。

（2）承担产品质量诚信体系建设责任，负责质量宏观管理工作，拟定并组织实施国家质量振兴纲要，推进名牌发展战略，会同有关部门组织实施重大工程设备质量监理制度，组织重大产品质量事故调查，实施缺陷产品召回制度，监督管理产品防伪工作。

（3）负责产品质量安全监督工作，管理产品质量安全强制检验、风险监控、监督抽查，负责工业产品生产许可证管理和纤维质量监督检验工作，管理机动车安全技术检验机构资格，监督管理产品质量安全仲裁检验、鉴定，组织开展产品质量安全专项整治工作，依法查处产品质量违法行为，按分工打击假冒伪劣违法活动。根据国务院授权，组织协调全国有关专项打假活动。

（4）负责统一管理计量工作。推行法定计量单位和国家计量制度，依法管理计量器具及量值传递和比对工作，负责规范和监督商品量和市场计量行为。

（5）承担国内食品相关产品生产加工环节的质量安全监督管理责任。

（6）承担综合管理特种设备安全监察、监督工作的责任，监督检查高耗能特种设备节能标准的执行情况。

（7）统一管理、监督和综合协调全国认证认可工作。

（8）统一管理全国标准化工作。

（二）质量技术监督的形式

我国质量技术监督的形式主要是：政府职能部门依据国家的法律、法规、规章以及有关标准等进行的具有执法性质的国家监督；有关行业主管部门为加强行业质量管理进行的管理性质的行业监督。质量技术监督部门对产品质量进行的监督属于国家监督。

第二节　质量技术监督工作的沿革

质量技术监督工作随着社会生产力和科学技术的进步而产生和发展，同时又为社会生产力和科学技术的进一步发展奠定了基础。我国质量技术监督工作的发展可分为 4 个时期。

（一）党对质量技术监督事业的领导，可以追溯到革命战争年代

早在中央苏维埃政府时期，毛泽东同志作为苏维埃临时中央政府主席，就把经济工作包括质量工作作为革命斗争的重要保障。1933 年 4 月，中华苏维埃共和国临时中央人民委员会发布关于设立国民经济部的第 10 号训令。根据训令，全国各革命根据地、苏区各省县和中央直属县都要设立国民经济部，下设国有企业管理局负责度量衡、质量检验和规范标准工作。陕甘宁边区政府、一些抗日根据地政府和后来的解放区政府，也都设立过质监雏形机构，在计量、标准、检验等方面开展工作。1946 年，任弼时同志受中央委托起草《解放区经济建设和财政金融贸易的基本方针》时提出："我们应当组织各种合作生产事业，并努力改进其技术，来提高产量与质量。""各地必须尽最大努力，按原料、交通等条件，恢复和建立必需的近代轻工业，如纺织、火柴、烟草、面粉、食品、肥皂、榨油、蛋厂等工业……求得成本低、质量好而产量又高。"这些要求和措施，为提升革命战争必需品质量、推进中国革命发挥了重要的作用。

（二）新中国成立后，质量技术监督事业翻开新的历史篇章

伴随着国民经济的恢复发展，质量技术监督工作日益摆上重要议事日程。1949 年 10 月，中央技术管理局成立，负责标准制定管理和全国度量衡管理。1950 年，纺织工业部设置纤维检验总所，开展纤维统一检验等工作。1955 年，国家计量局成立。1955 年，国家还在原劳动部设立锅炉安全检查总局，开始对锅炉、压力容器、起重机械等特种设备进行专门监督管理，实行国家安全监察。1957 年，国家科学技术委员会内设标准局，负责管理全国标准化工作。

1951 年，全国工业战线普遍建立独立的质量检验机构，形

成中央、地方、工厂三级管理的检验体制。1953 年，我国引进苏联以检验把关为主的质量管理体制，大量工业企业逐步建立健全质量管理制度。1960 年，毛泽东同志批转以“两参一改三结合”为核心内容的“鞍钢宪法”，主要讲的就是质量管理，特别是群众性质量管理活动。1961 年颁发的《国营工业企业工作条例》（即《工业七十条》）正式确认这个企业管理制度，保证了工业生产和产品质量。1971 年和 1975 年，周恩来、邓小平同志先后组织企业整顿，都把产品质量摆在重要位置。

（三）改革开放以来，质量技术监督事业进入全面发展的新时期

1978 年，国家计量总局和国家标准总局成立。1979 年，国家标准总局纤维检验局（后改为中国纤维检验局）成立。1982 年，国家经委增设质量局。1988 年，国家标准局、国家计量局、国家经委质量局合并，组建国家技术监督局，并赋予行政执法职能，初步形成标准化、计量、质量三位一体的质量行政管理体制。1998 年，中央在原国家技术监督局的基础上成立国家质量技术监督局，并增加锅炉压力容器安全监察等职能，进一步加强综合管理和行政执法职能。我国认证认可工作从 1981 年开始试点起步、不断推进，涉及国内产品和进出口商品。

在改革开放的新形势下，党和国家制定实施了一系列政策措施。我们在引进国外先进技术的同时，积极吸收、消化、融合国外先进质量管理方法，比如从日本引进全面质量管理（QC 小组、PDCA 方法），还引进国外六西格玛、精益管理、绩效管理等先进方法。针对改革开放后我国出现的产品质量差、品种少、消耗高、效率低、假冒伪劣冲击市场等问题，党和国家全面加强质量管理工作，在企业恢复质检机构，普遍推行全面质量管理，加强对职工的质量培训，推广质量管理经验，建立标准、计量检测和质量保证体系。1978 年起，每年开展“质量月”活动。1985 年，中央关于“七五”计划的《建议》指出：“坚持

把提高经济效益特别是提高产品质量放到十分突出的位置上来，把产品质量和经济效益提高到新的水平，这是加速我国现代化进程的根本途径。”当年第三季度，我国开始实行产品质量国家监督抽查制度。1990年，国务院总结推广武钢“质量效益型”企业管理经验。1991年，在全国组织开展“品种、质量、效益年”活动。1992年，召开全国质量工作会议，作出《关于进一步加强质量工作的决定》，用市场机制和行政监管相结合的办法加强质量监管。同时，实行日用消费品“三包”制度，建立重点行业、重点产品以及大型成套设备的质量监管办法，开展“质量万里行”活动，拉开打假工作序幕。中央提出要以质取胜，努力提高质量和效益，增强我国产品的国际竞争力。1996年，颁布了《质量振兴纲要（1996年—2010年）》，提出未来15年质量工作的主要目标和政策措施。1999年，再次召开全国质量工作会议，作出《关于进一步加强产品质量工作若干问题的决定》，对健全产品质量保障制度，加强标准化、计量、质量管理等工作作了全面部署。

（四）进入新世纪，质量技术监督事业发展进入新的历史阶段

为了适应我国扩大开放、加入WTO的新要求，2001年4月，原国家质量技术监督局与国家出入境检验检疫局合并，组建国家质检总局，实行上合下分体制，领导全国质量技术监督业务工作。同时成立国家标准化管理委员会和国家认证认可监督管理委员会。至此，原来分属国家经委、劳动部、外贸部、农业部、卫生部等部门的国家计量局、国家标准局、质量局、锅炉压力容器安全监察局、中国纤维检验局和国家进出口商品检验局、动植物检疫局、卫生检疫局等8个机构，最终合并成一个质检部门，集聚了提升质量水平、保障质量安全的强大合力。2007年，再次召开全国质量工作会议，对质量工作作出全面部署。党的十七大提出加快转变经济发展方式、促进经济又好又快发展，强

调要“立足以质取胜”“确保产品质量和安全”，国务院发布《质量发展纲要（2011—2020年）》，这些都为质量技术监督工作指明了努力方向。

特别是党的十八大以来，党和国家对质量更加重视。中央明确提出，要“把推动发展的立足点转到提高质量和效益上来”，“以提高发展质量和效益为中心”。习近平总书记提出“三个转变”的重要指示，即“推动中国制造向中国创造转变、中国速度向中国质量转变、中国产品向中国品牌转变”。这一阶段，中央有许多重大决策出台，特别是在大规模削减评比表彰的情况下，批准设立中国质量奖，保留中国标准创新贡献奖；批准开展省级政府质量工作考核，每个年度考核一次，考核结果报中央组织部和监察部；召开面向国际的中国质量（北京）大会。2011年10月，部分省（自治区、直辖市）的省级以下质量技术监督管理部门由垂直管理改为地方政府分级管理，省级质量技术监督部门由全面领导变为业务指导。从此，质量技术监督工作进入了由政府主导，多部门、全社会共同参与，多元共治的新常态。2012年8月，在中央的统一部署下，17个部门成立了全国质量工作部际联席会议。另外，还分别成立了标准化、认证认可、技术性贸易措施等工作部际联席会议。2013年，质量技术监督部门相应的食品安全监督管理队伍和检验检测机构，以及化妆品生产许可和强制检验、医疗器械强制性认证等职责划转食品药品监督管理部门。国家质检总局继续负责食品包装材料、容器、食品生产经营工具等食品相关产品生产加工的监督管理。实行分级管理和部分职能划转后，各级人民政府质量技术监督管理部门进一步明确职责定位，强化监管和服务能力，努力构建“放、管、治”三位一体的质量工作格局。2015年，有39个部门和行业组织联合开展“质量月”活动，覆盖党、政、军、企和社会组织等各个领域。全国有30个省份开展了“质量兴（强）省”活动，90%的市县开展了质量兴市、兴县活动；28个省份设立了政府质量奖，20个省（区、市）将质量工作纳入政府绩效考核。

第三节　质量技术监督工作在国民经济和社会发展中的作用

质量技术监督以法律为准绳，以标准为依据，以计量检测为手段，具有很强的科学性、公正性、权威性，这是任何其他监督手段无法替代的。在我国经济发展中，质量技术监督发挥了重要作用。

一、为社会化大生产和现代化管理提供技术基础

首先是为产品的开发和生产提供基本的技术依据。大量的国际标准、国外先进标准、国家标准、行业标准和地方标准，是国内外专家经过长期试验、研究的结晶，是国际、国内公认的对产品质量的基本要求。把这些标准提供给企业，就可以使企业了解并采用这些标准，甚至超过这些标准要求，从而使企业有明确的质量目标，使产品有竞争力。同时，企业采用大量的标准件、通用件，以及采用标准化的计算机辅助设计（CAD）技术，运用组合化的原理，就可以大大缩短新产品的开发周期。其次是为社会化大生产提供统一技术参数、统一量值。随着市场经济的发展，生产的社会化程度越来越高，专业化分工越来越细，生产协作越来越广。要把数十家、数百家企业生产的数以千计、万计的零部件，有效地组装成一件件高效能高质量的整机产品，关键是要靠技术上的高度统一和协调，要靠科学的管理。标准化、计量和质量工作，可以为社会化大生产提供统一协调的技术参数和统一可靠的量值，从而实现零部件的互换配套和性能的协调，保证整机产品的性能。因此，质量技术监督是社会化大生产的技术纽带和桥梁。最后是为现代化管理提供技术手段。推行质量管理和质量保证系列国家标准、制定企

业管理标准和工作标准、建立企业计量检测体系等都为企业提高管理水平提供了技术手段。大量的信息技术标准，比如汉字编码、物品编码、商品条码、统一社会信用代码、计算机语言、电子通讯、电子数据交换、信息网络等标准，精确的计量器具，先进的测试方法，都为提高信息管理水平提供了有力的技术手段。

二、为科学技术的迅速发展提供技术保障

当今，科学技术日新月异，科学研究领域日益深广，小到基本粒子，大到宇宙空间。无论开展哪种科学研究，都需要对有关量进行精密的计算和测量。研究的项目越高精尖，要求测量的精度越高。搞好计量，保证量值统一，提供精度很高的计量器具，就能为科学研究提供可靠的测量技术手段，测得准确的数据。同时，人们在自然科学各个领域内从事的研究工作，一般是利用已知的规律对观测、试验的结果进行概括、推理，从而对所研究的对象取得定性的概念并发现它的规律性，然后上升到理论。因此，现代化检验检测手段所达到水平在很大程度上决定了科学研究的深度和广度，检验检测技术达到的水平越高，提供的信息越丰富、越可靠，科学研究取得突破性进展的可能性就越大。此外，理论研究的一些成果也必须通过实验或观测来加以验证，这同样离不开必要的检验检测手段。标准化是技术积累的平台，标准化的基本功能就是总结科技研发创新的经验，并把这些经验规范化、普及化，从而为技术创新奠定基础。通过制定和实施重点科技成果的标准和推广计划，充分发挥技术标准的扩散作用，借助市场和网络推广科技成果标准化、国际化和市场化，可以大幅缩短科技成果转化为生产力的周期，促进科技成果迅速转化为现实生产力。

三、为市场经济创造公平竞争秩序

市场经济具有自主性、竞争性、平等性、开放性和法制性。

质量技术监督部门可以在维护市场经济秩序、维护国家利益和消费者合法权益中，采取有力措施，发挥重要作用，为企业创造一个公平竞争的市场环境，为消费者创造一个放心满意的购物环境。主要表现为：①为市场提供判定产品质量和商品计量是否合格的统一法定依据，以及提供经济主体之间在契约合同中约定质量要求的依据、标准和规范。②要求生产者和经营者强制执行涉及人体健康、人身财产安全、环境保护、国家安全、动植物生命与健康，以及其他一些重要领域的强制性标准；要求生产企业在商品的标签或说明书中标明商品所采用的标准；对生产者和经营者用于贸易结算、安全防护、医疗卫生、环境监测方面，并列入《中华人民共和国强制检定的工作计量器具目录》的计量器具实施强制检定。③对重要的工业产品发放生产许可证，对涉及人体健康和人身财产安全的产品实施强制性安全认证制度和开业审查；对制造、修理计量器具实行许可证制度。④实施产品质量监督检查制度和锅炉、压力容器安全监察制度，查处违反法律、法规规定，标实不符、以次充好、掺杂使假、缺斤短两的质量和计量违法行为。⑤组织打击制造和销售假冒伪劣商品的违法行为，查处大案要案，捣毁制假、售假窝点。⑥为企业和消费者提供质量认证、公正检验、仲裁检验、委托检验和质量、标准化、计量信息等方面的服务。

四、为国家和人民的财产及健康提供安全保障

安全问题是底线、红线，维护质量安全是质量技术监督工作的重点。质量技术监督管理部门按照《中华人民共和国标准化法》(以下简称《标准化法》)、《中华人民共和国产品质量法》(以下简称《产品质量法》)、《中华人民共和国特种设备安全法》(以下简称《特种设备安全法》)、《中华人民共和国食品安全法》(以下简称《食品安全法》)、《中华人民共和国工业产品生产许可证管理条例》(以下简称《工业产品生产许可证管理条例》)等法律、法规的内容，对产品及产品生产、储运和使用中的安

全、卫生标准，劳动安全、卫生标准，以及工程建设的质量、安全、卫生标准，环境保护的污染物排放标准和环境质量标准等实行强制实施，通过提高能耗限额标准指标淘汰落后产能；对用于贸易结算、安全防护、医疗卫生、环境监测方面的列入强制检定目录的工作计量器具实行强制检定；对可能危及人体健康和人身、财产安全的产品，影响国计民生的重要工业产品以及消费者、有关组织反映有质量问题的产品进行抽查；对人身和财产安全有较大危险性的锅炉、压力容器（含气瓶）、压力管道、电梯、起重机械等特种设备实行目录管理；对乳制品、肉制品等直接关系人体健康的加工食品，电热毯、压力锅、燃气热水器等可能危及人身、财产安全的产品，税控收款机、防伪验钞仪等关系金融安全和通信质量安全的产品，安全网、安全帽等保障劳动安全的产品，电力铁塔、危险化学品等影响生产安全、公共安全的产品等，实行生产许可证管理，有力地保障了国家和人民生命财产安全和人身健康。

五、为促进国际贸易搭建桥梁

随着科学技术的飞速进步和经济全球化趋势的加快，国际贸易得到迅速发展。为了规范世界贸易行为，削减贸易壁垒，充分利用世界资源，促进贸易自由化，世界贸易组织（WTO）制定了一系列多边贸易规则。其中，《世界贸易组织贸易技术壁垒协定》《卫生与植物卫生措施的协定》《装船前的检验协定》《原产地规则协定》《进口许可证协定》《知识产权方面的贸易协定》《服务贸易总协定》等，都与质量技术监督工作相关。特别是《世界贸易组织贸易技术壁垒协定》，详细规定了对技术法规、标准的制定、批准、采用和实施的要求；对合格评定（认证）的程序、承认和国际性、区域性体系的要求，技术法规、标准、合格评定程序的信息传递要求，以及对发展中国家成员的特殊和区别待遇等。质量技术监督部门一方面通过关注贸易国的技术标准、技术法规、合格评定等信息，并及时采取或帮助国内生产企业采取应对措施，消除技术贸易壁垒；另一方面，通过引导生产企业采用国际标准、国外先进标准，积极参与国际标准的制定，推动产品质量与国际或发达国家接轨，促进我国对外贸易的发展；此外，还通过推动标准、计量、质量、检验检测结果等的互认，减少消除贸易技术壁垒、简化双边贸易手续、降低贸易成本、促进市场互通，促进国际贸易的发展。

六、为建设质量强国提供技术和服务支撑

质量发展是转型之要、立业之本、强国之基。进入新世纪以来，党中央、国务院明确提出建设质量强国目标。建设质量强国，包括质量强省、质量强市、质量强县已经成为全社会的共同追求、共同行动。质量技术监督部门作为国家质量管理部门，在党中央、国务院的正确领导下，坚持质量为本、安全第一、改革当先，着力提升质量供给水平、安全监管水平，以及服务经济社会发展水平，为全面建成小康社会提供质量安全保障。在发挥技术支撑方面，通过推动建设高水平的标准体系、计量基（标）准体系、检验检测技术保障体系和认证认可体系，引领、支撑、倒逼产品质量、服务质量、工程质量、社会治理质量、环境质量等大质量的提升和发展，促进经济发展转型升级。在发挥服务支撑方面，通过推动实施《质量发展纲要（2011—2020年）》等质量强国行动计划，促进质量发展任务落实到位。牵头组织对省级政府质量工作考核，引导地方政府进一步加强质量工作，提升质量总体水平。推进名牌发展战略，开展“全国质量强市示范城市”“全国知名品牌示范区”“农业标准化示范区”“服务业标准化试点”等创建活动，以及推动“中国质量奖”“地理标志保护产品”评选及认定，促进产业质量提升。积极推广、导入六西格玛、卓越绩效管理等先进的管理方法，提高企业产品质量和管理水平。

第二章　标准化

第一节　概　述

一、基本概念

（一）什么是标准

1. 标准的定义

标准是通过标准化活动，按照规定的程序经协商一致制定，为各种活动或其结果提供规则、指南或特性，供共同使用和重复使用的文件。

标准宜以科学、技术和经验的综合成果为基础。规定的程序指制定标准的机构颁布的标准制定程序。诸如国际标准、区域标准、国家标准等，由于它们可以公开获得以及必要时通过修正或修订保持与最新技术水平同步，因此它们被视为构成了公认的技术规则。其他层次上通过的标准，诸如专业协（学）会标准、企业标准等，在地域上或可影响几个国家。

2. 标准的含义

标准的定义揭示了“标准”是一种规范性文件；“标准”这一概念的含义如下：

（1）标准的最基本含义是“规则、指南和特性”

“规则、指南和特性”，就是在特定的地域和年限里对其对象作出的“一致性”规定。具体来说，产品标准就是在特定的范围内对产品的质量特性和参数及其他要求作出的规定；术语标准是在特定的范围内对名词概念的含义作出的规定；管理标准和工作标准就是对管理和工作的职权、任务、时间和质量上的要求等作出的规定。简而言之，标准就是一种规定，对规则、指南和特性的一种规定。但不能因此而认为规定都是标准，即便在经济领域也是如此。在人类生活和社会实践中，除了标准这样的规定，还有其他各种各样的规定。

（2）制定标准的对象的特征是“重复性”

这里所说的“重复”，指的是同一事物反复多次出现的性质。例如，成批大量生产的产品在生产过程中的重复投入、重复加工、重复检验、重复出产；同一类技术活动（如某零件的设计）在不同地点不同对象上同时或相继发生；某一种概念、方法、符号被许多人反复应用等。

（3）标准产生的基础是科学、技术和经验的综合成果以及协商一致

标准的两个特性是科学、技术和经验的综合成果和协商一致。每制定一项标准，都必须踏踏实实地做好两方面的基础工作。一方面是将科学研究的成就、技术进步的新成果同实践中积累的先进经验纳入标准，奠定标准科学性的基础。经过分析、比较、选择以后再加以综合。另一方面，标准中所反映的不应是局部的片面的经验，也不能仅仅反映局部的利益。这就不能凭少数人的主观意志，而应该同有关各方面认真讨论、充分协商，从全局利益出发做出规定。

（4）标准文件有着自己的一套格式和制定颁发的程序

标准的编号、印刷、幅面格式和编写方法的统一，既可保证标准的编写质量，又便于资料管理，同时也体现标准文件的严肃性。至于标准从制定到批准发布的一整套工作程序和审批制度，则是标准产生的科学规律的体现，也是标准本身所具有的约束性的表现。我国国家标准 GB/T 1 系列、GB/T 20000 系列就是按这样一套程序颁布的系列标准。

（二）什么是标准化

1. 标准化的定义

标准化是为了在既定范围内获得最佳秩序，促进共同效益，对现实问题或潜在问题确立共同使用和重复使用的条款以及编制、发布和应用文件的活动。

标准化活动确立的条款，可形成标准化文件，包括标准和其他标准化文件。标准化的主要效益在于为了产品、过程或服务的预期目的改进它们的适用性，促进贸易、交流以及技术合作。

2. 标准化的含义

简而言之，标准化是一项活动。标准化活动是一项制定条款以及编制、发布和应用文件的活动过程。这里的“条款”是规范性文件内容的表述方式，一般采取陈述指示、推荐或要求等形式。条款的特点是共同使用的和重复使用的。条款的对象是研究现实的问题和潜在的问题。标准化的目的是为了在一定范围内获得最佳秩序。标准化的本质是统一，即统一的状态、一致的状态、均衡有序的状态。

（三）标准的分类

1. 按标准的制定主体分类

按标准制定的主体，标准分为国际标准、区域标准、国家标准、行业标准、地方标准、企业标准、团体标准。

（1）国际标准

国际标准是指国际标准化组织（ISO）、国际电工委员会（IEC）和国际电信联盟（ITU）制定的标准，以及国际标准化组织确认并公布的其他国际组织制定的标准。即国际标准包括两大部分：第一部分是三大国际标准化机构制定的标准，分别称为ISO标准、IEC标准和ITU标准；第二部分是其他国际组织制定的标准，目前ISO通过其网站公布认可的“其他国际组织”共有49个，但并非这49个组织制定的标准都是国际标准，只有经过ISO确认并列入ISO国际标准年度目录中的标准才是国际标准，如CAC（食品法典委员会）标准。

（2）区域标准

区域标准是指由区域标准化组织或区域标准组织通过并公开发布的标准。区域标准的种类通常按制定区域标准的组织进行划分。目前有影响的区域标准主要有：欧洲标准化委员会（CEN）标准；欧洲电工标准化委员会（CENELEC）标准；欧洲电信标准协会（ETSI）标准；欧洲广播联盟（EBU）标准；独联体跨国标准化、计量与认证委员会（EASC）标准；太平洋地区标准会议（PASC）标准；东盟标准与质量咨询委员会（ACCSQ）标准等。

（3）国家标准

国家标准是指由国家标准机构通过并公开发布的标准。我国的国家标准是指对在全国范围内需要统一的技术要求，由国务院标准化行政主管部门制定并在全国范围内实施的标准。

我国国家标准的代号，用“国标”两个字汉语拼音的第一个字母“G”和“B”表示。强制性国家标准的代号为“GB”，推荐性国家标准的代号为“GB/T”。

国家标准的编号由国家标准的代号、国家标准发布的顺序号和国家标准发布的年号三部分构成。

（4）行业标准

行业标准是指由行业组织通过并公开发布的标准。我国的行业标准是指由国家有关行业行政主管部门公开发布的标准。根据我国《标准化法》的规定，对没有国家标准而又需要在全国某个行业范围内统一的技术要求，可以制定行业标准；行业标准由国务院有关行政主管部门制定。作为对国家标准的补充，当相应的国家标准实施后，该行业标准应自行废止。行业标准由行业标准归口部门审批、编号、发布。行业标准的归口部门及其所管理的行业标准范围，由国务院标准化行政主管部门审定，并公布该行业的行业标准代号。

行业标准代号由国务院标准化行政主管部门规定。目前，国务院标准化行政主管部门已批准发布了58个行业标准代号，例如机械行业标准的代号为“JB”。行业标准的编号由行业标准代号、标准顺序号及年号组成。

（5）地方标准

地方标准是在国家的某个地区通过并公开发布的标准。对没有国家标准和行业标准而又需要在省、自治区、直辖市范围内统一的工业产品的安全、卫生要求，可以制定地方标准。制定地方标准的项目，由省、自治区、直辖市人民政府标准化行政主管部门确定。地方标准由省、自治区、直辖市人民政府标准化行政主管部门编制计划，组织草拟，统一审批、编号、发布，并报国务院标准化行政主管部门和国务院有关行政主管部门备案。制定地方标准一方面可以满足地方急需，另一方面也可以为将来制定国家标准和行业标准做准备。在相应的国家标准或行业标准实施后，地方标准应自行废止。

地方标准的代号，由汉语拼音字母“DB”加上省、自治区、直辖市行政区划代码前两位数、再加斜线、顺序号和年号共四部分组成。

（6）企业标准

企业标准由企业制定，由企业法人代表或法人代表授权的主管领导批准、发布，由企业法人代表授权的部门统一管理。通常包括：企业产品标准；对国家标准、行业标准的选择和补充；工艺、工装、半成品和方法标准；管理标准和工作标准等。

企业生产的产品没有国家标准和行业标准的，应当制定企业标准，作为组织生产的依据。已有国家标准或者行业标准的，国家鼓励企业制定严于国家标准或者行业标准的企业标准，在企业内部适用。企业标准虽然是我国标准体系中最低层次的标准，但其技术水平并不是低于国家标准、行业标准、地方标准、团体标准。制定企业标准应该遵守的原则是：一是贯彻国家和地方有关的方针、政策、法律、法规，严格执行强制性国家标准、行业标准和地方标准；二是保证安全、卫生，充分考虑使用要求，保护消费者利益，保护环境；三是有利于企业技术进步，保证和提高产品质量，改善经营管理和增加社会经济效益；四是积极采用国际标准和国外先进标准；五是有利于合理利用国家资源、能源，推广科学技术成果，有利于产品的通用互换，符合使用要求，技术先进，经济合理；六是有利于对外经济技术合作和对外贸易；七是与本企业内的企业标准之间应协调一致。

企业标准的代号，由“Q/”加上企业代号、顺序号和年号共四部分组成。企业代号可用汉语拼音字母或阿拉伯数字，或者两者兼用组成。企业应将自主制定的产品和服务标准及执行的国家标准、行业标准、地方标准、团体标准，在企业标准信息公共服务平台（http：//www.cpbz.gov.cn）进行自我声明公开。

（7）团体标准

团体标准是由团体按照自行规定的标准制定程序制定并发布，供团体成员或社会自愿采用的标准。近年来，我国一些学会、协会、商会、联合会、产业技术联盟等社会团体为满足市场、科技快速变化及多样性需求开始开展标准制定与实施活动，由此出现了协会标准、学会标准等多种形式的团体标准。这些团体标准的制定和实施体现了市场在标准化资源配置中的决定性作用，在支撑市场经济运行中发挥了积极作用。

团体标准编号依次由团体标准代号（T/）、社会团体代号、团体标准顺序号和年代号组成。团体标准编号中的社会团体代号应合法且唯一，不应与现有标准代号相重复，且不应与全国团体标准信息平台上已有的社会团体代号相重复。

2. 按标准的约束力分类

（1）强制性标准

保障人体健康、人身财产安全的标准和法律、行政法规规定强制执行的标准是强制性标准，其他标准是推荐性标准。省、自治区、直辖市标准化行政主管部门制定的工业产品安全、卫生要求的地方标准，在本地区域内是强制性标准。强制性国家标准的代号为“GB”。强制性标准是由法律规定必须遵照执行的标准。不符合强制性标准的产品，禁止生产、销售和进口。强制性标准可分为全文强制和条文强制两种形式。

（2）推荐性标准

强制性标准以外的标准是推荐性标准，国家鼓励企业自愿采用推荐性标准。推荐性国家标准的代号为“GB/T”，行业标准中的推荐性标准也是在行业标准代号后加个“T”字，如“JB/T”即机械行业推荐性标准，不加“T”字即为强制性行业标准。推荐性地方标准的代号为“DB/T”。

（3）指导性技术文件

指导性技术文件是为仍处于技术发展过程中（如变化快的技术领域）的标准化工作提供指南或信息，供科研、设计、生产、使用和管理等有关人员参考使用而制定的标准文件。

符合下列情况的可制定指导性技术文件：

①技术尚在发展中，需要有相应的标准文件引导其发展或具有标准化价值，尚不能制定为标准的项目；

②采用国际标准化组织、国际电工委员会及其他国际组织（包括区域性国际组织）的技术报告的项目。

国务院标准化行政主管部门统一负责指导性技术文件的管理工作并负责编制计划，组织草拟，统一审批、编号、发布。指导性技术文件不宜由标准引用使其具有强制性或行政约束力。

3. 按标准的属性分类

按标准的专业性质，通常将标准划分为技术标准、管理标准和工作标准 3 大类。

（1）技术标准

对标准化领域中需要统一的技术事项所制定的标准称技术标准，主要是事物的技术性内容，它是从事生产、建设及商品流通的一种共同遵守的技术依据。技术标准包括基础技术标准、产品标准、工艺标准、检测试验方法标准，及安全、卫生、环保标准等。

（2）管理标准

对标准化领域中需要协调统一的管理事项所制定的标准叫管理标准。管理标准主要是对管理目标、管理项目、管理业务、管理程序、管理方法和管理组织所作的规定。

（3）工作标准

为实现工作（活动）过程的协调，提高工作质量和工作效率，对每个职能和岗位的工作制定的标准叫工作标准。

4. 按标准的对象分类

基于社会对标准的需求，为了对常用的量大面广的标准进行管理，通常将标准分为：基础标准、产品标准、方法标准、安全标准、卫生标准、环保标准和管理标准。

（四）标准化的作用

标准化由于其领域的广泛性、内容的科学性和制定程序的规范性，它在经济发展中发挥着不可替代的重要作用，主要表现在以下几个方面。

1. 标准化是建立最佳秩序的工具

现代化的大生产是以先进的科学技术和生产的高度社会化为特征的。前者表现为生产过程的速度加快、质量提高、生产的连续性和节奏性等要求增强；后者表现为社会分工越来越细，企业之间的经济联系日益密切。这种社会化的大生产，必定要以某种秩序的建立为前提，而标准恰是建立这种秩序的工具。标准既有规范效用，又有自我约束的作用。标准的约束力就是一种权威，一种能够对现代化大生产从技术上和管理上进行协调和统一的权威，这是标准化很重要的社会功能。这种功能的发挥是和技术进步、管理现代化和社会生产力的增进密不可分的。所谓质量的提高、成本的降低、消耗的减少、工期的缩短等都是这种功能的体现。

2. 标准化是市场运转的必要因素

市场经济的良好运转，国家的干预是必要的。维护公平竞争、保护消费者是政府义不容辞的责任。因为标准与市场上的商品直接相关，同时标准又是在有关各方共同参与并有效协调的基础上制定的，它就可以作为市场调节的一种工具，为生产者、销售者、消费者所认同，既可直接推动市场交易，又可成为政府对市场实施干预，维护公平竞争、保护消费者利益的手段。例如，因消费者不具备检验商品质量的手段和能力，因而无法做出判断和选择时，消费者只需选择具有合格标志的商品，便可享受标准化为其提供的保证和好处。

3. 标准化是国际市场的调节手段和竞争战略

在全球统一大市场的发展过程中，企业实现了跨国经营和商品的跨国生产，商品和资源的跨国大流通以及世界范围的技术交流世界各国，尤其是 WTO 意识到标准在建立共同遵守的规则方面、在保证商品质量和提高市场信任度方面、在维护公平竞争秩序加速商品流通方面，尤其是在消除或减少贸易壁垒、促进贸易发展方面的作用，对标准化予以格外关注，使得标准在国际市场中的游戏规则作用也日益凸显。在这种形势下，一些国家的标准化组织纷纷制定并实施标准化战略，并且都瞄准一个目标，即抢占国际标准这个制高点。经济全球化的浪潮，把标准化推上了战略地位。

4. 标准化是建设创新型国家的重要支撑

创新能力日益成为一个国家综合国力的象征，企业的创新能力就是企业竞争能力的核心要素。科技的发展，知识的创新，越来越决定着一个国家、一个民族的发展进程。不断创新所形成的技术成果实际上是经验和技术的积累过程，这也是一个标准化的过程，它不断把前人的经验积淀到标准里，实现重大突破并形成新的标准。

取得创新成果并不是最终目的，创新成果要扩散、要转化为商品。由于标准的科学性、权威性，使它成为扩散创新成果并将其商品化的重要途径，同时，这也是促进标准创新的动力。标准与创新之间的这种交互作用，既是揭示标准化与创新之间关系的一把钥匙，又可能是探索市场经济条件下标准化内在规律的切入点。同时，标准化是科技成果转化为生产力的重要“桥梁”和平台，先进的科技成果可以通过标准化手段，转化为生产力，推动社会的进步。

5. 标准化引领和助推质量强国战略

实施质量强国战略是党中央、国务院作出的重大决策部署，是推动我国经济转型升级的重要抓手。标准是国际公认的重要质量技术基础，品牌是质量水平和竞争力的综合体现，实施质量强国战略必须充分发挥标准化的支撑引领作用和品牌的示范带动作用。坚持标准引领，建设质量强国、制造强国，是结构性改革尤其是供给侧结构性改革的重要内容，有利于改善供给、扩大需求，促进产品产业迈向中高端。标准化的作用主要表现在推动工业转型升级、保障和改善民生、服务绿色发展、促进文化繁荣、提升行政效能等多个方面。因此，深入实施标准化战略，围绕深入推进标准化结构性改革，充分发挥企业的主体作用，加快建立标准化技术服务体系，加快推进标准国际化进程，不断壮大标准化人才队伍和大力，开展“标准化＋”行动，努力提升标准化建设水平，全面发挥标准化在经济社会发展中的基础性、战略性、引领性作用。

6. 标准化的负面作用

标准化是人类社会的一个伟大创造，对社会进步起着特别重要的作用。但是我们必须清醒地认识到标准化作为一项技术政策，任何一项标准其正确性、科学性或适用性都是相对的，标准化也是有风险的。由于种种主观和客观的原因，所制定的标准有的正面作用明显，有的负面作用明显，不能盲目地认为只要是标准就有积极作用。尽量减少起负面作用的标准，尤其是强制标准更要慎之又慎，时刻提防标准化这把“双刃剑”的杀伤作用，把风险发生的概率降至最低限度，是一项不可忽视的艰巨任务。

（五）标准化法律法规

与标准化相关的法律有：《标准化法》；

与标准化相关的法规有：《中华人民共和国标准化法实施条例》（以下简称《标准化法实施条例》）；

与标准化相关的规章有：《国家标准管理办法》《行业标准管理办法》《地方标准管理办法》《企业标准化管理办法》《采用国际标准和国外先进标准管理办法》等。

（六）标准化工作管理体制

按照《标准化法》和《标准化法实施条例》的规定，我国标准化工作实行统一管理和分工负责的管理体制。具体分工如下：

（1）国务院标准化行政主管部门统一管理全国标准化工作。

（2）国务院有关行政主管部门分工管理本部、本行业的标准化工作。

（3）省、自治区、直辖市人民政府标准化行政主管部门统一管理本行政区域的标准化工作。

（4）省、自治区、直辖市有关行政主管部门分工管理本行政区域内、本部门、本行业的标准化工作。

（5）市、县标准化行政主管部门和有关行政主管部门的职责分工，由省、自治区、直辖市人民政府规定。

二、标准化发展战略与趋势

（一）国外标准化发展战略与趋势

随着全球经济日趋一体化，国与国之间的经济交往、技术交流逐渐打破原有的界限，形成全球范围的大生产和大流通。

标准，不仅是企业之间的竞争，更是国家与国家之间的竞争。标准，已成为世界各地通用的一种技术语言，尤其是国际标准已成为国际贸易游戏规则的一部分和产品质量仲裁的准则。国际上的一些标准化组织和一些工业发达国家，为了在国际标准化活动中争取主动权、发言权，反映本国的要求，体现本国的利益，开始制定并实施标准化战略，全球形成了一股“标准化战略热”。有关国际组织、区域组织及一些发达国家、发展中国家纷纷研究制定标准化战略，主要原因是经济全球化的发展使标准化环境发生了重大变化，传统的标准体系受到严峻挑战，同时也迎来了标准化发展的重要机遇。

标准是一体化经济必不可缺的管理工具。世界各国意识到技术标准在建立共同遵守的规则、保证商品质量和提高市场信任度、维护公平竞争以及加速商品流通、推动全球大市场发展方面具有不可替代的作用。与此同时，也意识到标准是应对市场竞争的有力武器，开发标准同开发产品一样具有战略意义，一项标准被国际采纳，可带来极大的经济效益，甚至能决定一个行业的盛衰和影响整个国家的经济利益。“三流企业卖产品，二流企业做品牌，一流企业定标准”，这是当今国际市场的真实写照。在这种背景下，世界各国把标准化当作保护自身利益的重要手段来制定相关战略和政策，标准化工作呈现出新的发展趋势。

（二）我国标准化发展战略趋势

新中国成立以来，我国政府就十分重视标准化事业，并取得长足进展。目前，我国已经形成了由国家标准委统一协调管理，相关部委、地方标准化行政主管部门分工管理的标准管理体制；中国标准化研究院、有关部委、地方标准化研究机构构成的标准研究体系；全国专业标准化技术委员会、分技术委员会形成的标准化工作体制，形成了国家标准、行业标准、地方标准、企业标准的四层次标准体制。

1. 战略思想与战略目标

随着全球一体化的深入发展，根据对我国技术标准工作走过的历程及对我国的优势与问题的分析，考虑到各方面对标准化的战略需求，结合所处国际、国内这两种环境、两个市场的客观形势以及深化标准化改革的要求，中国标准化发展的总体战略要以解决我国标准化的问题为战略思想，以协调企业、政府、用户的相互关系为战略方针，实现历史的跨越进行战略部署，提升我国标准在国际标准化领域的影响力和话语权。

标准化发展战略的研究是一项复杂的系统工程。要制定一个科学、合理、完善的技术标准发展战略，就必须首先对标准本身的理论问题以及标准的外在环境进行深入的研究，就必须跟踪研究国内、国外标准化活动的发展趋势，就必须全面分析我国标准化工作的现有基础及其存在的问题。结合理论研究和现状分析的成果，确定我国标准化战略的最终目标和实施办法，以充分发挥标准的基础作用与战略地位。“适应市场为本、推进制度建设、实现跨越发展”是我国标准化发展战略的战略思想，“以市场为主导、以企业为主体、政府宏观管理、社会广泛参与”是我国标准化发展战略的战略方针。

2015 年 3 月，国务院出台了《深化标准化工作改革方案》，该方案强调改革坚持简政放权、放管结合、国际接轨、统筹推进的原则，明确了建立高效权威的标准化统筹协调机制、整合精简强制性标准、优化完善推荐性标准、培育发展团体标准、放开搞活企业标准、提高标准国际化水平等 6 个方面的改革措施。

到 2020 年，我国将完善标准化制度建设，提升我国技术标准工作在国际标准化领域中的地位，基本建成结构合理、衔接配套、覆盖全面、适应经济社会发展需求的新型标准体系，以及与之相适应的管理体制和运行机制。①通过技术标准将技术研发成果转化为现实生产力的比例明显上升，标准能充分反映我国的自主技术，技术标准的市场适应性明显提高，并且充分适应国内、国际市场。②以“创新、协调、绿色、开放、共享”五大发展理念为遵循，强有力地支撑科教兴国、可持续发展和“一带一路”等国家战略，最大限度地满足国际国内贸易以及全面建设小康社会的需要。③我国标准国际影响力不断提升，迈入世界标准强国行列，在国际标准化领域中成为欧、美、日之后的一个重要力量。④以标准为基础的技术制度逐步完善，标准与技术法规已成为人们经济社会生活中必不可少的准则。

到2050年，我国的技术标准具有显著的国际地位，我国将成为对国际标准化工作具有重大贡献的国家，我国的技术标准与美、英、法、德、日等发达国家的国家标准具有相同的地位，对国家的经济发展和社会进步起到充分的基础支撑作用。

2. 发展趋势

在上述战略思想和战略目标的指导下，我国的标准化工作必将进入一个蓬勃发展的时期。我国将建立起规范、透明、高效的运行机制，标准的自愿性属性将被确立，标准将更加适应市场，中国标准将更多地反映我国的科技发展水平，国际经济竞争、企业竞争在很大程度上表现为标准的竞争，中国将成为对国际标准化工作做出较大贡献的国家，与标准有关的法规体系进一步完善，信息化促进标准化的发展。

标准运行过程规范，更加重视程序管理，标准制修订程序更加公开、公正、公平、透明。标准的运行机制由类似行政文件运行转为技术文件的运行方式。通过运行机制的转变，标准化技术委员会的作用将充分发挥，企业通过积极参与技术委员会活动，参加协会、国家、国际标准的起草工作，企业标准化主体作用显著增强，企业产品和服务标准自我声明公开和监督制度基本完善并全面实施。产业技术联盟作用凸显，形成一批有较大知名度和影响力的团体标准制定机构，达到提高标准市场适应性的目的。

高新技术、健康、安全、环保、节能、信息、贸易等领域将成为标准化的战略重点，专利技术和标准体系的关系日益紧密，并充分体现我国自有技术水平。标准化服务业迅速发展，成为支撑中小企业标准化发展的第三方机构。标准化管理机构的主要工作将集中在制定标准化政策，出台相应的法律法规上，标准化的各种资源得到整合，进一步强化国家标准的统一管理。

第二节 标准的制定与实施

一、制定标准的目的和原则

制定标准是一项技术性和经济性很强的工作，必须紧紧围绕制定标准的目的，合理选择制定标准的对象，按照规定的工作程序和方法，遵循制定标准的原则进行工作，才能保证标准的质量。

（一）制定标准的目的

根据《标准化法》，在我国制定标准的根本目的是为了发展社会主义商品经济、促进技术进步、改进产品质量、提高社会经济效益、维护国家和人民的利益、适应社会主义现代化建设和发展对外经济关系的需要。

制定一项标准，不可能把所有相关技术内容都写入标准，要依据所确立的目的来选择标准规定的内容。例如，以健康、安全、环保等目的标准，解决健康、安全、环保等方面存在的问题是我们制定标准的目的；以接口、互换性、兼容性为目的的标准，要解决如插头与插座的接口尺寸、螺钉的替换、计算机与投影仪之间的数据传递等问题，制定这类标准的目的主要是解决生产、使用成本高或无法使用的问题；以满足贸易需求为目的的标准，其目的在于如何从技术角度支撑合同，如何保护消费者的安全使用等问题来满足贸易的需求；以产品适用性为目的的标准，目的是为了有效提高产品的质量，满足各方面的使用要求，保证产品的适用性，使产品具有更强的竞争力。

（二）制定标准的基本原则

制定标准时必须遵循以下各项基本原则：

（1）符合国家的政策，贯彻国家的法律法规；

（2）积极采用国际标准；

（3）合理利用国家资源；

（4）充分考虑使用要求；

（5）正确实行产品的简化、选优和通用互换；

（6）技术先进、经济合理；

（7）从全局出发，考虑全社会的综合效益；

（8）有关标准应协调配套；

（9）广泛调动各方面的积极性；

（10）适时制定，适时复审。

标准制定后应保持相对稳定，使有关各方在一定的技术发展水平上组织实施，以获得经济效益。但是随着科学技术的发展，标准的作用会有所变化。因此，标准实施后，制定标准的部门应当根据科学技术的发展和经济建设的需要适时进行复审，以确认现行标准继续有效或者予以修订、废止。国家标准、行业标准和地方标准的复审时间一般不超过 5 年，企业标准的复审时间一般不超过 3 年。

二、制定标准的程序

制定标准不仅有大量的技术工作，而且还有大量的组织协调工作。必须采取有效的形式，把有关方面的专家组织起来，严格按照统一规定的工作程序和要求开展工作，才能保证和提高标准的质量和水平，加快制定标准的速度。

（一）制定标准的组织形式

1. 制定国家标准、行业标准的组织形式

目前，我国制定国家标准和行业标准的组织形式主要有全国专业标准化技术委员会、标准化技术归口单位（包括归口组织、标准制定的工作组）等。

（1）全国专业标准化技术委员会

全国专业标准化技术委员会是有关部门共同组织的全国性专业标准化工作机构，负责标准的起草和技术审查工作。技术委员会的建立及其负责的标准化领域，由国务院标准化行政主管部门会同有关部门共同商定。

技术委员会是一个由有关各方面的代表和专家组成的权威组织，通常包括生产、使用、质量技术监督部门和科研、设计单位以及高等院校的代表。专业范围较宽的技术委员会下面可建立若干个分技术委员会。技术委员会和分技术委员会可根据工作需要，设置若干个制定标准的工作组，完成任务后撤销。

（2）标准化技术归口单位

标准化技术归口单位是国务院有关行政主管部门根据标准化工作的需要，指定某一单位归口负责某一领域的标准化工作。标准化技术归口单位应根据承担的任务，建立相应的标准化专职机构，配备专职人员开展工作。

（3）制定标准的工作组

制定标准的工作组由负责起草单位及其他有关部门的代表组成，负责某一范围内的标准制定工作。这种工作组，大多数都是临时性的，也有少数是较长期的，视工作任务而定。在标准制定任务完成后即行撤销。

2. 制定地方标准的组织形式

地方标准的制定参照国家标准、行业标准的组织形式进行。地方标准化行政主管部门组织或委托专业标准化技术委员会、归口单位、标准编制单位负责地方标准的起草工作。省级专业标准化技术委员会的建立及其负责的标准化领域，由各省、自治区、直辖市标准化行政主管部门会同有关部门共同商定。

3. 制定企业标准的组织形式

制定企业标准的工作，通常在企业最高管理者的统一领导下，由企业的标准化机构或标准化人员负责组织。具体的组织形式应根据标准化对象的内容与适用范围的不同，结合企业的实际情况，可采用不同的编制方式。

（1）标准化人员负责编制

这种方式适用于制定通用性强的基础标准，如抽样方法标准、互换性标准、技术管理标准等。这类标准牵涉面广、影响大，由标准化人员负责制定，有利于通盘考虑，避免可能发生的局限性。

（2）专业人员负责编制

这种方式适用于制定专业性强的工艺、工装等技术标准和业务管理标准。专业人员对专业的生产和设备状况比较了解，编制的标准切合实际，易于实施。此时，标准化机构或标准化人员则负责督促、检查，统一组织审批、编号和发布工作。

（3）联合编制

这种方式适用于制定内容复杂、工作量大、牵涉面广的标准，如原材料、半成品、外购件、产品和检测方法标准等。这些标准涉及设计、工艺、生产、供应等各个方面，也关系到生产、经营的各个环节，采取标准化人员和专业人员联合编制的方式，可以集中各方面的意见，有利于标准的协调统一，标准发布后，也便于执行。

（4）委托编制

有些中小型企业或乡镇企业，如果缺少具备条件的专业人员，可以委托有关的标准化技术委员会、标准化专业归口单位以及地方的标准化技术委员会，或者有关的行业协会、科学研究机构和学术团体协助制定标准。

4. 制定团体标准的组织形式

具有法人资格和相应专业技术能力的学会、协会、商会、联合会以及产业技术联盟等社会团体可协调相关市场主体自主制定发布团体标准，供社会自愿采用。社会团体应组建或依托相关技术机构，负责团体标准制定工作。

社会团体可在没有国家标准、行业标准和地方标准的情况下，制定团体标准，快速响应创新和市场对标准的需求，填补现有标准空白。鼓励社会团体制定严于国家标准和行业标准的团体标准，引领产业和企业的发展，提升产品和服务的市场竞争力。

（二）制定国家标准的一般程序

制定标准是一项涉及面广，技术性、政策性很强的工作，必须以科学的态度，按照规定的程序进行。只有严格地遵循这些程序，才能保证所制定标准的质量。

正常情况下国家标准的制定程序分为 9 个阶段，与 WTO、ISO/IEC 的阶段划分相对应，具体见表 2－1。

表 2－1 国家标准制定程序的阶段划分

阶段代码	阶段名称	阶段任务	阶段成果	完成周期（月）	WTO 对应阶段	ISO/IEC 对应阶段
00	预阶段	提出新工作项目建议	PWI			00
10	立项阶段	提出新工作项目	NP	3	Ⅰ	10
20	起草阶段	提出标准草案征求意见稿	WD	10	Ⅱ	20
30	征求意见阶段	提出标准草案送审稿	CD	5	Ⅲ	30
40	审查阶段	提供标准草案报批稿	DS	5	Ⅲ	40
50	批准阶段	提供标准出版稿	FDS	8	Ⅳ	50

续表

阶段代码	阶段名称	阶段任务	阶段成果	完成周期（月）	WTO对应阶段	ISO/IEC对应阶段
60	出版阶段	提供标准出版物	GB，GB/T，GB/Z	3	Ⅳ	60
90	复审阶段	定期复审	确认，修改，修订	60	Ⅴ	90
95	废止阶段		废止			95

（三）快速程序

为了缩短标准制定周期，以适应对社会主义市场经济快速反应的需要，我国于1998年开始按照国际惯例与ISO/IEC“快速程序”，在符合下列情况之一时，采用快速程序（FTP），省略标准起草阶段和（或）征求意见阶段。

（1）等同或修改采用国际标准制定国家标准、行业标准或地方标准；

（2）等同或修改采用国外先进标准制定国家标准、行业标准或地方标准；

（3）现行国家标准、行业标准或地方标准修订；

（4）现行行业标准或地方标准转化为国家标准；

（5）制修订应急标准（即为了应付突发紧急事件急需实施的标准）。

（四）制定行业标准、地方标准、企业标准的程序

行业标准制定程序由国务院有关行政部门确定。地方标准参照国家标准制定程序，制定地方标准的程序一般是：立项、标准起草、征求意见、审查、标准报批、备案、出版、复审、

废止等阶段，特殊情况下，亦可参照国家标准的快速程序制定。行业标准、地方标准发布后，由标准主管部门按要求报送国家标准委备案。

制定企业标准的程序一般程序是编制计划，调查研究、收集信息，起草标准草案，编写标准审查稿，审查标准，编制标准报批稿，批准发布，企业产品和服务标准的自主声明或备案等程序。企业标准发布实施后，应将自主制定的产品和服务标准在企业标准信息公共服务平台（http：//www.cpbz.gov.cn）进行自我声明公开。

食品安全企业标准，应按照《食品安全法》等有关法律法规的要求，到卫生计生行政主管部门办理相关手续。

三、标准的质量要求

（一）标准质量的评价要素

对标准质量的评价，主要依据以下 3 个要素。

1. 标准的适用性

标准的适用性是评价标准质量好坏的首要因素。标准发布实施以后，应该产生较好的社会和经济效益，对保证我国市场经济的发展起到很好的促进作用。具有较好适用性的强制性标准发布后，会对保障国家安全、防止欺诈、保护人体健康和人身财产安全、保护动植物的生命和健康、保护环境等起到很好的作用。具有较好适用性的推荐性标准发布后会对技术语言的相互了解及技术性能的规范化起到保证作用，从而促进贸易的发展。

一项较好适用性的标准就有可能产生较好的社会效益，提高工作效率，降低成本，增强产品的市场竞争力，促进新技术的发展，规范管理，便利消费者，提高生产水平。

2. 标准的先进性和合理性

标准技术内容具有先进性和可操作性是评价标准质量的第

二个因素。标准的技术内容的水平决定了标准的水平，所指定标准的水平目前以“国际先进”“国际一般”“国内先进”来评价。在保证标准先进性的同时还要考虑标准的可操作性。

3. 标准编写的规范性

标准编写的规范性是评价其质量的第三个因素。标准应按照标准的编写规定编写。标准编写应符合 GB/T 1.1 的要求，以及按照 GB/T 1.1 细化的不同类别标准编写规定的要求。

（二）如何编制一项合格的标准

在标准的编写过程中要把好质量关，要认真考虑以下问题：

（1）对标准立项进行充分论证；

（2）标准起草小组要搭配合适人员；

（3）充分检索有关文献；

（4）做好标准起草前的准备工作；

（5）写好征求意见稿和编写说明；

（6）开好审查会；

（7）及时上报。

（三）加强标准审查的规范性

标准审查是保证标准质量的重要环节。标准审查的内容与起草人在制定标准时所要考虑的内容基本一致。这些要求无论是在征求意见的过程中还是在审查过程中都应该遵守，只是依不同的标准、标准制定的不同阶段和标准审查的不同形式而对这些内容审查的侧重点有所不同。在审查中要考虑的主要内容有：

（1）标准立项时的要求是否已经达到；

（2）标准制定的程序和材料是否规范化；

（3）标准是否执行了有关法律、法规、强制性标准的要求；

（4）采用的标准是否符合采标要求；

（5）是否符合标准协调性的要求；

（6）是否符合标准技术内容的要求；
（7）是否符合标准编写规范化的要求。

四、标准的实施

标准的实施是整个标准化活动中最重要的一环。在标准制定结束后，实施成为标准化工作的中心任务，是标准能否取得成效、实现其预定目的的关键。

（一）标准实施的意义

标准的实施，就是要将标准规定的各项要求，通过一系列具体措施，贯彻到生产、建设和流通中去。只有通过实施，才能实现制定标准的各项目的，充分发挥出标准化的作用。

（二）标准实施的主要任务

标准的实施是一项复杂细致的工作。由于各类标准都有不同的对象和不同的内容，其实施对于生产、管理上的影响作用也有所不同，很难采用统一的方法。但是一般来说，大致都包括组织宣传、贯彻执行、监督检查等几项主要任务。

1. 标准的宣贯

这是标准实施过程中的一项首要工作。在任何一项标准制定后，负责制定该项标准的标准化专业技术委员会或标准化技术归口单位都要根据标准的内容、范围及复杂程度，组织动员各方面的力量制定计划、统筹安排、逐级进行宣贯，必要时还要组织专门的宣贯工作组。

2. 标准的贯彻执行

根据标准的性质，标准的贯彻执行分强制性和自愿性两种形式。我国的标准化法规定，强制性标准必须执行，不得擅自更改或降低强制性标准所规定的各项要求。对于违反强制性标准的，应由法律、行政法规规定的行政主管部门依法处理。推荐性标准，是由有关各方自愿采用的标准，国家一般不强制要求执行，但可以采取多种措施鼓励有关方面贯彻执行。

3. 标准实施的监督检查

标准实施后，必须经常性地进行各种形式的监督检查，以保证强制性标准得到认真贯彻执行，促进推荐性标准更广泛地被采用。我国的标准化法规定，由县级以上人民政府标准化行政主管部门负责，对标准贯彻执行情况依法进行监督、检查和处理。对产品是否符合标准，还可专门设置检验机构或授权其他单位的检验机构，负责产品质量检验。

（三）标准的复审

为了保证标准的适用性，在其实施一段时间后，必须根据科学技术的发展和经济建设的需要，对标准的内容及其中规定的要求是否仍能适应当前的科学技术和生产先进性的要求进行审查。这种标准实施后进行的定期审查称为复审，对国家标准来说，其一般周期为3～5年。

标准的复审工作，由该项技术标准的主管部门或标准化专业技术委员会组织有关单位进行。复审前，由负责复审的单位收集标准实施中所发现的问题和标准化对象的发展情况，经过分类整理后，作为复审的主要内容。

五、标准实施的推广模式

标准实施的推广模式种类繁多、形式各异，其效果也各不相同，总体上可概括为以下几种类型。

（一）政府导向型

政府导向型的主要特征是以政府推动为主，以项目实施的方式进行标准化的推广普及和标准的实施示范。其主要做法包括以下几方面：

（1）政府制定规划。政府部门根据国家政策、区域优势及市场环境，选择若干标准作为行业主导推广标准，在一定的范围内有目的地培育主导产品和技术，并推动相关的技术咨询和市场推广等配套工作。

（2）广泛进行培训。包括针对标准化专业人员、技术人员和管理人员的不同内容、不同层次的培训。

（3）建立标准化生产示范区（基地）。各级政府部门、标准化管理部门通过建立标准化生产示范区（基地），实现以点带面的示范效应，使区域内所有相关企业均能自觉按标准组织生产或提供服务。

（二）市场导向型

市场导向型模式是使用最为广泛的标准实施推广模式。它是通过市场需求促进生产和服务标准化，使标准得到社会认可。其主要表现为产销双方根据生产实际和市场需求，签订产销合作协议。在产销合作协议中明确产品质量、安全水平以及共同遵循的技术标准和双方的权利与义务。

实施市场导向型模式的基础是该项标准已得到行业和社会认可，当前主要适用于一般的国家标准或行业标准的实施推广。

（三）企业导向型

企业导向型的主要特征是行业中领先的企业，利用资金和品牌优势，通过标准化手段，将企业的加工、贸易和服务行为同上下游产业链有机结合起来，通过合约的方式，形成生产、技术、品牌、资金相融的利益共同体。

其具体做法包括以下 4 个方面：

（1）打造品牌。品牌是推动标准实施的原动力和基本准则。

（2）制定标准。主要是围绕品牌的创建和经营，根据市场需求和过程控制，制定完善的标准体系。

（3）签约实施。领先企业根据品牌要求和生产发展的需要，按照制定的品牌质量保证标准，与上下游产业链的产品供应方签订生产合作协议，明确贯彻实施的标准和要求。

(4) 按标收购。根据协议，领先企业依照标准要求统一收购签约的上游产业链产品。企业导向型模式适用于商品化、产业化程度比较高的地区和行业，特别适合于集约化程度高的行业，如汽车行业的 QS 9001 质量管理标准的推广就是典型的企业导向型模式。

（四）行业自律型

行业自律型的主要特征是行业协会通过牵头制定统一标准，规范其协会成员的产品生产或服务提供行为，本着共同受益的原则，将市场做大、做强。

行业自律型模式的主要做法包括以下几方面：

(1) 在充分调研分析的基础上，制定技术标准或规范。

(2) 加强培训和督导。对其协会成员按照所制定的技术标准或规范进行统一的培训，同时实施统一监督以确保其协会成员的产品生产或服务提供行为完全符合标准的要求。

(3) 统一品牌和销售。协会可拥有自己的品牌和标志，协会成员可统一使用协会标志。行业协会通过各种手段确保市场和价格的稳定。

（五）市场准入型

市场准入型的主要特征是涉及安全、卫生、环境保护方面的标准必须强制执行。在标准实施的结果考核上，必须经过一定的程序证明符合标准要求，达到法律、法规规定的最低准入条件。该模式具体体现以下几个方面：

(1) 市场准入的要求是强制的，大多为国家法律法规在实施层面的技术规范、技术准则，在我国具体体现为强制性标准。

(2) 强制性要求的实施是靠自律行为约束的。强制性标准一旦发布，所有的标准调整对象和适用范围，均应严格遵循，而且是自觉遵守，不需要任何推广手段。贯彻实施标准是一种责任和义务。

(3) 国家相应的行政管理部门开展的例行监督检查是推动强制性标准实施的主要手段。

(4) 处罚措施严厉，通常有相应的法律法规对处罚作出具体规定。

(六) 认证促进型

认证促进型的主要特征是认证机构按照相应的评定准则和程序，对标准的实施效果作出客观公正的评定，并颁发认证证书和（或）认证标志。

认证促进型模式是一种比较有效的、利用市场化手段促进标准实施推广的措施与办法，是世界各国普遍推崇的标准实施推广模式，特别是对一些推荐性标准，采用认证的方式，可极大地促进标准的实施与推广。

采用认证促进型模式必须具备两个基本条件：一是在市场上已有被行业普遍认可的标准；二是在国家层面上已经建立起完善的合格评定制度。合格评定是一种较为成熟和长效的标准推广模式，是标准推广的重要手段，也是当前国际贸易中的技术性贸易措施之一。

ISO 9001 标准认证、3C 认证就是典型的认证促进型模式。

第三节　标准实施监督

一、标准实施监督的概念

标准实施监督是贯彻执行标准的手段，是提高产品质量与取得经济效益的措施，是标准化工作的重要组成部分。标准实施情况如何，可以通过监督机制进行检验。

标准实施监督是国家行政机关对标准贯彻执行情况进行监督、检查、处理等活动。它是政府标准化行政主管部门和其他有关行政主管部门领导和管理标准化活动的重要手段，其目的是促进标准的贯彻、监督标准贯彻执行的效果、考核标准的先进性和合理性。通过标准实施的监督，随时发现标准中存在的问题，为进一步修订标准提供依据。同时，可通过对标准实施情况的监督，进一步发现与其他相关标准的关系，从而把标准化活动引向深入，推动标准化活动的良性循环。

二、标准实施监督的形式

标准实施监督必须建立严格的监督检验制度，并采取有效的政策和相应的措施，以便更好地督促、指导、检查和处理标准实施的各种问题。标准实施监督一般分为以下几种形式：

1. 企业自我监督

这种监督是生产企业的一种内部监督，也可以说是第一方或供方的监督。从原材料进厂到产品加工、装配、包装入库，直至产品出厂为止，在各个生产阶段和工序之间都必须依据标准进行监督和检验。这种监督和检验是生产工序之一，是把好质量的第一关，是社会监督、行业监督和国家监督的基础。

2. 社会监督

这是一种社会性的群众监督，也可说是第二方或用户和顾客的监督。这类监督由新闻媒体、人民团体、社会组织及产品经销者、消费者和用户对标准实施情况进行监督。一般是对出厂后的产品或者企业在所从事的直接影响人民生活及社会公共利益的活动中是否符合标准要求所进行的监督。例如，商业部门、物资部门、使用部门的监督和检验，以及广大消费者的反映意见等。群众对各种违反标准的现象，可以利用社会舆论、新闻报道、群众投诉、举报等多种形式进行公开揭露和批评。

3. 国家监督

这种监督是指国家授权，指定第三方具有公正立场的专门机构进行监督和检验。这是确保产品质量，提高经济效益，增强产品竞争力，保障国家经济权益和消费者利益的有效措施。

县级以上政府标准化行政主管部门，根据我国《标准化法》的规定，对标准的实施进行监督检验，并设立有专门的检验机构。国家级检验机构由国务院标准化行政主管部门会同国务院有关行政主管部门规划审查；地方级检验机构由省、自治区、直辖市政府标准化行政主管部门会同省、自治区、直辖市政府有关行政主管部门规划审查。这些检验机构的设置，为标准化行政主管部门的行政执法，提供了必要的技术保障。

4. 行业监督

有关行政主管部门的监督称行业监督。根据《标准化法》第五条规定，国务院有关行政主管部门分工管理本部门、本行业的标准化工作。因此，各行业主管部门对本部门、本行业内标准实施情况有进行监督检查的责任，这种监督是行政管理需要的监督。

上述 4 种监督是相互补充、相辅相成的。企业监督是一切监督的基础，也是企业提高自身产品质量，加强产品的市场竞争力的重要手段；国家监督和行业监督是为提高全社会的产品质量、保障消费者的权利，从国家的角度进行的监督；社会监督是对国家监督的补充，它虽不具备法律特性，但具有广泛的群众性。各种监督对保证产品质量的目的是一致的。

对标准的实施进行监督检查时，主要依据国家标准、行业标准、地方标准和企业标准进行检查。其中，强制性标准（包括强制性国家标准、行业标准、地方标准）是标准实施监督的重点内容，凡不执行强制性标准要求的行为，都将依法承担法律责任，其行为人将受到法律制裁；对于国家标准、行业标准中的推荐性标准，国家鼓励企业自愿采用，推荐性标准企业一经采用，作为组织生产依据的，也将属于监督检查的对象；国家标准和行业标准中无论是强制性标准还是推荐性标准，只要被指定为产品质量认证所使用的标准，也属于实施监督检查的对象；企业已经备案或自主公开声明的产品标准和服务，也应作为监督检查对象，从而保证企业产品标准的先进性和适用性，杜绝企业产品的无标生产现象；对于企业在研制新产品、改进产品和进行技术改造活动中所采用的其他一些标准，也应当列入监督检查的对象，以促使企业技术改造的合理化和发展新品种，达到提高质量和降低生产成本的目的。

第四节　标准的应用服务

一、农业标准化

（一）农业标准化的概念、目标和任务

1. 农业标准化的概念

农业标准化是以农业为对象的标准化活动，即为了在农业相关领域获得最佳秩序，促进共同效益，对现实问题或潜在问题确立共同使用和重复使用的条款以及编制、发布和应用文件的活动，农业标准化包括农业、林业、牧业、渔业的标准化。

农业标准化是农业和农村经济重要的基础性工作，是农业现代化建设的一项重要内容，直接关系到实现农业的市场化、产业化、集约化、现代化具有重要意义。它通过把先进的科学技术和成熟的经验组装成农业标准，推广应用到农业生产和经营活动中，把科技成果转化为现实的生产力，从而取得经济、社会和生态的最佳效益，达到高产、优质、安全、高效的目的。没有农业标准化，就没有农业现代化。

2. 农业标准化的工作目标

（1）结构合理，层次分明，重点突出，适应现代化农业发展的农业标准体系基本完善；

（2）大宗农产品、“菜篮子”产品标准化生产水平有较大幅度提高，标准化示范辐射带动作用更加明显；

（3）农业标准化工作模式不断创新，服务农村经济社会发

展的有效性进一步增强；

（4）农业领域全国和省级标准化专业技术队伍基本健全；

（5）农业标准化研究进一步加强，标准水平不断提高；

（6）我国优势特色农产品和技术标准化为国际标准的数量进一步增加，参与国际标准化工作的能力和水平明显增强。

3. 农业标准化的主要任务

（1）完善农业标准体系；

（2）加大标准实施与创新力度；

（3）大力开展“菜篮子”产品标准化生产示范工作；

（4）健全专业标准化队伍；

（5）加强农业标准化研究；

（6）积极参与国际标准化工作。

（二）农业标准化示范区

1. 农业标准化示范区概念

农业标准化示范区是指国家标准委为提高农业标准化生产管理水平所开展的示范试点项目的管理，包括农业标准化示范区和良好农业规范（Good Agricultural Practices，简称 GAP）试点项目。

农业标准化示范区是指以实施农业标准为主，具有一定规模、管理规范、标准化水平较高，对周边和其他相关产业生产起示范带动作用的标准化生产区域。包括农业、林业、畜牧业、渔业、烟草、水利，以及农业生态保护、小流域综合治理等与农业可持续发展密切相关的特定项目。良好农业规范试点是指在农业种植、养殖和加工生产中以实施《良好农业规范》国家标准为主，运用标准化和认证认可手段，以提高农产品和食品质量安全水平，提升农业综合生产能力和市场竞争力，推进农业生产经营管理规模化、集约化、标准化为目的的试点项目。

农业标准化示范区分为国家级示范区和省级示范区。国家级示范区由国家标准委组织和管理，日常管理由国家标准委委托各省、自治区、直辖市和国务院有关部门标准化管理部门负责管理。省（自治区、直辖市）级农业标准化示范区由各省（自治区、直辖市）标准化行政主管部门组织和管理。

2. 示范区建设的具体目标和任务

（1）示范区建设的具体目标

①农业生产经营标准化水平和组织化程度有较大的提高，促进农业规模化、产业化、现代化的发展。

②生产经营和管理者标准化意识普遍提高，特别是农民标准化生产意识与技能明显增强，形成相对稳定的技术服务和管理队伍。

③农业新品种、新技术、新方法等农业科技成果的转化和应用推广能力明显增强。

④农产品质量安全水平明显提高，形成基本的检测手段和监测能力，能够保障食品安全。

⑤农业生产效率、农民收入明显提高，生态环境改善，示范带动作用显著，取得良好经济、社会和生态效益。

（2）示范区建设的主要任务

实施产前、产中、产后全过程的标准化、规范化管理，以及可食用农产品生产经营要强化从农田到餐桌的全过程的质量控制。

3. 农业标准化示范区试点工作程序

（1）项目的申报

国家标准委负责示范试点项目的申报组织管理，具体申报工作由国家标准委委托各省、自治区、直辖市标准化行政主管部门和国务院各有关部门开展。

（2）项目申报的基本条件

示范试点单位具有较好的标准化工作基础，所在地政府和主管部门重视标准化工作，积极支持示范试点工作，并给予项目建设配套经费。试点项目的基本条件应符合《国家农业标准化示范区管理办法（试行）》（国标委农〔2007〕81号）的有关要求。

示范项目建设要以当地优势、特色和经深加工附加值高的产品（或项目）为主，实施产前、产中、产后全过程质量控制的标准化管理。示范项目应优先选择预期可取得较大经济效益、科技含量高的示范项目；示范项目要地域连片，具有一定的生产规模，有集约化、产业化发展优势，产品商品化程度较高。示范项目所在地人民政府重视农产品质量安全工作，重视农业和农村经济可持续发展，重视农业标准化，将示范区建设纳入当地的经济发展规划，对示范区建设有总体规划安排、具体目标要求、相应的政策措施和经费保证。示范项目有龙头企业、行业（产业）协会和农民专业合作组织带动，农民积极参与。有一定的农业标准化工作基础，有相对稳定的技术服务和管理人员。

（3）项目申请的受理和审批

示范试点项目由国家标准委农业食品标准部负责申请受理，并组织对申报材料进行审查，审查合格的报分管委主任审批后，报国家标准委主任办公会审议，审议通过的由国家标准委下文批准立项，正式启动项目建设工作；良好农业规范试点项目由国家标准委会同国家认证认可监督管理委员会联合下文批准立项。

（4）项目的建设

示范试点项目的建设周期一般为 3 年。示范试点项目一经确定，项目归口管理部门应及时督促项目承担单位按有关要求组织开展好工作。

（5）项目的日常管理

示范试点项目的日常管理由国家标准委委托各省、自治区、直辖市和国务院有关部门标准化管理部门负责管理。

①在各省、自治区、直辖市和国务院有关部门标准化管理部门对示范试点项目的建设进展情况加强督促检查基础上，国家标准委农业食品标准部对示范试点项目每年至少要组织一次

检查。对组织实施不力、补助经费使用不当的，要责令其限期整改。对经整改仍不能达到要求的，经各省、自治区、直辖市和国务院有关部门标准化管理部门报请国家标准委同意后，取消其示范试点资格。对取得明显成果的，要及时总结经验并加以推广。

②示范试点项目承担单位每年要对示范工作进行一次总结，总结情况及时报送上一级主管部门，经各省、自治区、直辖市和国务院有关部门标准化管理部门汇总后，于年底前报国家标准委备案。

（6）项目的信息化管理

试点项目实行信息化管理。项目的申报、受理、审批、年度工作检查和总结、项目的目标考核等相关动态信息的管理，各省、自治区、直辖市和国务院有关部门标准化管理部门要按《农业标准化示范区信息平台》的管理要求及时对信息进行维护，保证信息的及时有效。国家标准委农业食品标准部要加强对相关工作的指导和检查，提高信息化管理的有效性。

（7）项目的目标考核

示范试点项目的目标考核工作由国家标准委统一组织，国家标准委依据《国家农业标准化示范区项目目标考核规则》和《国家农业标准化示范区项目目标考核评价表》的要求，组织或委托各省、自治区、直辖市和国务院有关部门标准化管理部门开展工作。完成示范试点任务，经项目目标考核合格的，由国家标准委统一下发示范试点项目合格证书。良好农业规范试点项目目标考核合格后由国家标准委会同国家认证认可监督管理委员会联合下文。

（8）项目的延期、调整和撤销

①项目的延期

示范试点项目因自然灾害、突发事件等客观原因不能按时完成确需延期的，应由项目承担单位提出申请，说明原因，报上级主管部门核实后上报国家标准委，国家标准委审核批准后方可延期。示范试点项目一般只能申请延期一次，延期时间一般为一年。

②项目的调整

示范试点项目因生产环境、产业调整等因素影响，已无法继续按原计划实施的，由项目承担单位提出申请，说明原因，报上级主管部门核实后上报国家标准委，国家标准委批准后方可调整。

③项目的撤销

示范试点项目因自然灾害、突发事件等客观原因无法完成的，应由项目承担单位提出申请，说明原因，报上级主管部门核实后上报国家标准委，国家标准委审核批准后方可撤销。

二、服务标准化

（一）服务标准化基本概念

1. 服务标准与服务标准化

服务标准是指规定服务应满足的要求以确保其适用性的标准。服务标准化是通过对服务标准的制定和实施，以及对标准化原则和方法的运用，以达到服务质量目标化、服务方法规范化、服务过程程序化，从而获得优质服务的过程。

由于服务本身具有无形性、非存储性、同时性、主动性等特点，服务领域的标准化更多地、间接地对提供服务的相关条件提出标准化要求，如对于服务经营的场所、服务提供能力、服务行为要求等。

2. 服务标准与管理标准、工作标准、技术标准

从标准类别的角度来看，现有的标准化理论侧重介绍技术标准、管理标准、工作标准，而服务标准是伴随服务经济时代而产生的一种新的标准类型，是对现有理论体系的补充。

虽然在划分层次上，服务标准与以上三种标准属于同一级别，但它们在标准外延上存在交叉，并且这种交叉主要存在于第三产业中。例如，对支撑服务业活动的技术事项的规范性要求属于原理论体系中技术标准的范畴，对服务业从业人员资质的规范性要求，以及服务安全、卫生标准等支持服务交付的标准，则属于原理论体系中管理标准的范畴。

3. 服务业标准与服务标准

服务业标准是按产业层次提出的概念，其外延十分广泛，即包括服务标准，也有技术标准、管理标准与工作标准等。而服务标准是从标准的性质角度提出的概念，横跨多个产业。相对来说，服务标准主要存在于服务业中，但又不仅限于服务业，最为典型的例子是：农、林、牧、渔服务业就属于第一产业。

（二）服务标准化的范围和内容

1. 服务标准化的范围

服务标准是指规定服务应满足的要求以确保其适用性的标准。服务标准的制定可以涉及服务业的各个领域，如饭店管理、汽车维修、银行、旅游、居民社区服务等领域内编制。

2. 服务标准化的内容

（1）服务组织质量管理标准

服务组织质量管理标准化的基本内容是对服务组织建立质量管理体系中的质量方针、质量目标、环境管理等提出各项要求，以及对服务组织的诚信、服务提供能力、服务组织应有的社会责任、保护消费者权益提出的要求等。

（2）服务质量标准

对服务质量制定标准，是指对一项服务所具有的所有特性满足要求的程度的规定，服务的特性包括：舒适性、方便性、安全性、时间性、美观性、经济性、信息可获得性、卫生要求、环境美化程度等方面，如对美容、美发服务制定标准，应规范服务提供过程所用的方法和程序。在规范某项服务活动时应重点针对服务特性提出要求，服务的特性可以是定量的（可测量的）或者是定性的（可进行比较的）。

（3）服务资质标准

服务资质标准的制定是为了建立服务业市场的准入条件，服务资质的规范应包括服务组织的服务提供能力和服务从业人员职业资质的基本要求，如：服务经营的场地、服务提供能力、服务合同文件格式、服务从业人员的职业素质、服务行为要求等。

（4）服务设施标准

服务设施标准是对服务组织提供服务的设施提出的基本要求，如：提供服务的设备、设施数量、等级和安全技术要求，服务管理必需的基本设备、设施和信息系统（硬件和软件）的技术要求等；各种配套的设备、设施的基本数量和等级要求等以及服务提供的环境要求等。

（5）服务安全、卫生标准

服务安全、卫生标准是对服务组织提供的服务应达到的安全、卫生要求，如：服务场所的安全、卫生要求；服务用品使用的安全、卫生要求；服务设施的安全、卫生要求；服务从业人员的健康卫生要求等。

（6）服务业环境保护标准

服务业环境保护的标准是对服务业环境保护提出的基本要求，如：废弃物的排放要求、噪声控制要求、提供服务的物品环保要求、自然和生态环境的保护要求等。

（三）服务业标准化试点

以标准化为手段提高服务质量，为服务业的科学发展提供支撑，实现服务业规范化管理，已成为落实科学发展观、构建和谐社会的必然要求。贯彻落实国务院《关于加快发展服务业若干政策措施的实施意见》，提高服务业整体发展水平和国际竞争力，促进和谐社会建设，推动服务业标准化试点工作的有序开展，更好发挥标准化对服务业发展的促进作用，培育服务品牌，根据国家标准委、国家发改委等六部委下发的《关于推进服务标准化试点工作的意见》，积极在相关服务行业内组织开展服务业标准化试点工作。

1. 试点概念

服务业标准化试点是指由国务院标准化行政主管部门牵头并会同国务院有关部门和地方标准化行政主管部门、地方有关部门共同组织，开展以建立和实施服务业标准体系为主要内容，以实现管理规范、服务质量良好、顾客满意度高为目标的探索性活动的组织或园区。

服务业标准化试点分为国家级试点和省级试点。国家级试点工作由国家标准委牵头组织和管理，并会同国家发改委及国务院相关部门共同推进，国务院有关部门进行业务指导，地方标准化行政主管部门组织有关部门具体实施。省级试点工作由各省（自治区、直辖市）质量技术监督部门牵头组织和管理，并会同省发改委及相关部门共同推进。国家级试点原则上应在省级试点工作成功的基础上建设。

2. 试点原则

服务业标准化试点工作按照“政府推动，部门联合，企业为主，有序实施”的模式进行推进。推进试点工作应遵循以下原则：

（1）标准的制定与行业发展要求相结合。服务标准的制定过程和实际内容要体现行业特点，满足行业发展需求，内容及时更新。

（2）标准的实施与规范行业行为相结合。服务标准的实施过程要立足于规范服务业行为，提高服务业管理水平和市场竞争力，维护服务提供者和消费者的合法权益。

（3）标准的实施效果评价与持续改进相结合。推广实施服务标准要因地制宜、注重实效，要通过对实施效果的评估，不断摸索和总结经验，修订标准、改进实施方法，不断提高服务标准化效果。

（4）试点效果与创建服务品牌相结合。将创建服务品牌作为衡量实施效果的重要指标，引导服务企业向标准化、品牌化的方向发展。

3. 试点条件、申请与受理

国务院标准化行政主管部门负责制定试点工作相关方针政策、编制规划和计划、组织相关工作的协调。地方标准化行政主管部门负责试点申请的受理和推荐，开展服务性组织建立标准体系及开展标准化工作的咨询服务与指导，受国家标准化管理委员会委托组织地方发改委及相关部门的专家对试点工作情况进行评估和复查。各级标准化行政主管部门应当积极争取所在地政府对试点工作的支持，会同发改委及有关部门共同组织实施试点。试点所在区域的地方政府应作为试点的保证单位或承担单位，提供人、财、物的保障，视情况可成立试点工作领导小组。

（1）试点条件

试点单位可以是服务性企事业单位、一定行政区域内的服务行业、服务企业比较集中的园区及区域性综合服务机构（以下分别简称试点企业、试点行业、试点区域）。

①试点企业具备的基本条件：

——具备独立法人资格，能够独立承担民事责任；

——诚信守法，企业三年内未发生重大产品（服务）质量、安全健康、环境保护等事故，未受到市级以上（含市级）相关部门的通报、处分和媒体曝光；

——服务能够体现行业特色，对其他行业具有明显的示范带动作用；

——企业的市场占有率和经济效益排名位于本地区同行业前五位，具有良好的发展潜力；

——具有一定的标准化工作基础，设立标准化管理机构并配备专兼职标准化人员，最高管理者具有较强的标准化意识。

②试点行业和试点园区的基本条件：

——所在地政府重视标准化工作，能够为试点提供政策、资金及其他支持；

——开展试点的行业应为当地的支柱产业，在地方国内生产总值中占有较大比例；

——试点行业和试点园区应有统一的管理机构作为组织实施部门；

——试点行业和试点园区内的主要服务企业应当自愿参与，参与试点的企业数不得少于本行业或本区域内服务企业总数的50%。

（2）试点申请

试点申请由服务性组织/园区自愿提出，填写《服务业标准化试点申请表》《服务业标准化试点任务书》、实施方案，并经试点承担单位、保证单位、参加单位及管理单位盖章后上报。

（3）试点受理

试点申请由省（自治区、直辖市）标准化行政主管部门负责受理。受理单位应在接到申请后的10日内完成对申请单位提交的申请材料与试点条件基本要求的符合性进行审核。

对于符合条件的，由省（自治区、直辖市）标准化行政主管部门汇总并确定推荐名单后，报国家标准化管理委员会确定后下达。

4. 试点实施

（1）试点工作主要目标

①试点单位服务提供的各个环节应有标准可依，标准齐全。标准覆盖率达到80%以上。

②与本行业、本单位有关的国家标准、行业标准、地方标准和企业标准应得到有效实施，实施率达到90%。

③试点单位的服务质量符合标准要求，服务行为规范，顾客满意度达到90%以上。

④形成具有行业特点与优势的服务品牌。

（2）试点工作的主要任务

①试点单位应成立由主管领导任组长的试点工作领导小组，

对试点工作进行统一领导、统一组织、统一协调、统一实施。领导小组的主要任务是：确定试点工作的具体目标，组织编制试点实施方案，结合实际制定试点工作的规划计划、实施步骤和保障措施；协调部门分解目标和任务，督促任务落实；组织标准的宣传培训，开展标准的实施和实施效果的评价；总结各阶段工作。

②建立健全标准体系。试点单位应根据服务提供的实际需要构建科学合理、层次分明、满足需要的标准体系框架，编制标准体系表。标准体系应在组织内部有效运行。

③制定相关服务标准。试点单位应围绕顾客需求，结合生产经营实际，确定标准化对象。搜集并采用现行的相关国家标准、行业标准、地方标准及法律法规；若无相应国家标准、行业标准、地方标准的，应制定企业标准。制定企业标准时，应积极采用国际标准。

④开展标准的宣传培训。试点单位应有计划地对管理、工作人员开展标准化基本理论和标准化专业知识的培训，提高服务业标准化意识；结合本行业、本单位的实际需要，开展各类相关标准的宣传与培训，使全员了解、熟悉并掌握标准要求，增强执行标准的自觉性。

⑤组织标准实施。试点单位应确保纳入标准体系表的所有标准得到实施，尤其是服务提供过程每个环节的标准均应制定实施方法和措施，确保标准的有效实施。

⑥开展标准实施评价。试点单位应建立标准实施情况的检查、考核机制，定期组织内部检查和自我评价。

⑦制定持续改进措施。试点单位应建立持续改进的工作机制，定期总结试点工作中的方法、经验并在此基础上加以推广应用，对标准实施过程中发现的问题应及时提出修订标准的建议，在不断完善标准中改进和提升服务质量。

⑧创建行业品牌。试点单位应积极开展“标准提升服务质量行动”，以标准化、规范化管理为手段，以提高服务质量和水

平为目的，争创本行业服务品牌。

5. 试点评估

（1）评估要求

国家级试点的评估由国家标准委组织，具体评估工作委托试点所在省（自治区、直辖市）标准化行政主管部门负责，省发改委及相关部门参加。评估工作可邀请国家标准委、发改委及有关部门共同参与，并积极发挥中介组织和行业协会的作用。

试点一般为2年，标准体系应运行半年以上方可申请评估。试点期满前3个月，试点单位应按照试点任务书和服务业标准化试点评估计分表内容进行自查，自查合格的，逐级向省（自治区、直辖市）标准化行政主管部门提出评估申请，并填报《服务业标准化试点评估申请表》。

试点单位试点期间如发生过重大质量、安全、环保等事故的，或受过通报批评、处分、媒体曝光的，将不予受理。

根据需要，可成立评估组开展评估工作。评估组由标准化、有关行业专家和管理人员组成，成员一般为3～5人。专家的选取应主要来源于各省、自治区、直辖市建立的专家库。

评估组依据评估计分表对试点单位进行现场考核评估，并根据试点单位的实际情况制定评估方案。

（2）现场考核评估程序

①宣布评估组成员、评估程序及有关事宜；

②评估组听取试点单位工作汇报；

③查阅必备的文件、记录、标准文本等资料；

④考核服务现场；

⑤随机调查消费者满意程度；

⑥依据评估计分表进行测评；

⑦形成考核评估结论；

⑧评估组向试点单位通报评估情况，提出改进意见和建议。

评估组向省级标准化行政主管部门提交试点评估报告。评估得分达到80分以上的试点为合格。

（3）评估结果处理

省、自治区、直辖市标准化行政主管部门会同有关行业主管部门，根据评估报告和申请材料，确定并公布对试点评估的结果。对未通过评估的试点单位提出整改意见，对通过评估的试点单位报国家标准委。

国家标准委会同国务院有关部门对通过评估的国家级试点单位发放“服务标准化（试点）单位”证书，证书有效期为三年。

6. 试点管理

各省、自治区、直辖市标准化行政主管部门协助国家标准委组织实施试点工作，加强对当地试点工作的管理和指导，推动试点工作有序开展，对试点工作开展不利的单位提出改进意见并限期改进。

试点单位所在省、自治区、直辖市标准化行政主管部门应当会同当地发改委及行业主管部门，加强对辖区内试点工作的管理，指导试点单位按照试点工作的有关要求推广服务标准的实施，及时向国家标准委报告试点工作进展情况。

各级标准化行政主管部门会同发改委及相关行业主管部门应及时总结服务业标准化成功经验，采用多种形式加大服务业标准化试点成果的宣传，不断增强全社会的服务业标准化意识。

各级标准化行政主管部门会同发改委及相关行业主管部门应对试点合格单位进行跟踪考核，发现不符合标准或发生重大责任事故的单位，将限期整改或上报国家标准委。国家标准委可视情节作出书面警告、通报批评或撤销证书的处理。证书被撤销的，两年内不得重新申请试点。

各省、自治区、直辖市标准化行政主管部门应及时总结试点工作取得的成果，推广在建立标准体系、开展标准实施等方面的经验，并向国家标准委提出工作建议和意见。

各省、自治区、直辖市应建立专家库。专家库的专家一般应具备大专以上学历和中级以上技术职称；从事标准化工作

5年以上；具有较扎实的专业知识，具备一定的组织管理和综合评审能力。

7. 试点复查

（1）复查要求

复查对象为已获得“服务标准化单位”证书且有效期届满的单位。

复查工作由国家标准委统一领导，各省、自治区、直辖市标准化行政主管部门负责组织实施。复查工作应制度化、规范化、程序化，坚持科学、公正、公平、公开的原则，并建立长效机制。

“服务标准化单位”证书有效期届满前3个月，试点单位可向所在地的省、自治区、直辖市标准化行政主管部门提出复查申请，并提交《服务准化单位复查自检报告》和《服务标准化单位复查申请表》。逾期不提交申请的视为自动放弃。

各省、自治区、直辖市标准化行政主管部门会同有关部门对本区域内提交申请的试点单位进行复查，并在收到申请材料之日起的1个月内组织专家完成复查工作。

复查期间如申请单位发生重大质量事故或标准化体系运行出现重大问题，则停止复查工作；如申请单位有弄虚作假行为，一经发现，则停止复查工作并通报批评。

参与复查工作的有关人员如有违规行为，将取消其参与复查工作资格，并通报相关单位。

（2）复查工作步骤

①成立复查专家组。复查专家组应由标准化、相关专业领域的技术专家以及管理人员组成。专家组成员人数一般为2～3名，在申请单位复查时间一般为1～2天。

②复查申请材料评价。专家组对申请单位复查申请材料依据相关标准和文件进行评价。

③现场复查。申请材料符合要求的，专家组对申请单位进行现场复查。主要包括对标准体系文件的审查及现场抽查两个

方面内容。专家组对申请单位建立的技术标准体系、管理标准体系和工作标准体系的适宜性、有效性及标准化工作情况予以审查。可采取查阅相关文件、记录、向相关人员提问等方式进行。对不合格项及有关问题做好现场记录，填写评分表。

④形成复查结论。专家组根据现场审核结果，集体讨论后，提出结论意见，并就有关问题与被复查单位沟通。

（3）复查结果

复查工作完成后，各省、自治区、直辖市标准化行政主管部门应将列入国家级试点的《服务标准化单位复查自检报告》《服务标准化单位复查申请表》和《服务标准化单位复查报告》上报国家标准委备案。

经复查合格的试点单位，由国家标准委换发“服务标准化单位”证书。

三、标准化良好行为企业

（一）标准化良好行为企业的概念、评价依据及意义

1. 概念

“标准化良好行为企业”是指按照《企业标准体系》系列国家标准的要求，运用标准化原理和方法，建立健全以技术标准为主体，包括管理标准、工作标准在内的企业标准体系并有效运行，生产、经营等各环节已实行标准化管理，且取得良好的经济效益和社会效益的企业。

2. 评价依据

“标准化良好行为企业”的评价主要依据：

（1）《关于开展“标准化良好行为企业”试点工作的通知》；

（2）《关于做好“标准化良好行为企业”试点确认工作的通知》；

（3）GB/T 15496《企业标准体系要求》；

（4）GB/T 15497《企业标准体系技术标准体系》；

（5）GB/T 15498《企业标准体系管理标准和工作标准体系》；

（6）GB/T 19273《企业标准体系评价与改进》。

3. 创建“标准化良好行为企业”的意义

“标准化良好行为企业”是我国标准化事业发展新形势下企业标准化工作的创新，它从更高的层面上去指导企业标准体系的建设，是推动企业提高核心竞争力的有效手段。企业标准体系不但是企业生产经营活动的行为准则，同时也是符合企业与外界贸易、交流的行为规范。

“标准化良好行为企业”是以“以标治企”的“法治”环境为基础，通过追求标准制修订、执行过程的有效性，随时保持企业标准的先进性、科学性与法规符合性，使企业赢得更广阔的市场和获得更大的效益。因此，“标准化良好行为”是建立在健全的企业标准体系的基础之上的，是一种企业全体追求卓越、高效的“标准化良好”行为，是为了使企业获取最佳秩序和效益为目的的行为。

开展创建“标准化良好行为企业”活动，一方面，企业可强化标准化工作基础，提高质量总体水平和综合竞争力，在创建过程中结合自身特点，建立结构合理、完善配套、满足企业发展需要的企业标准体系并有效运行，在生产、经营的全过程实行标准化管理；另一方面，企业可以强化严格按照标准组织生产和检验的观念，使企业标准化工作得到加强，使生产、经营管理更加规范科学，真正从源头把住产品质量关。

（二）创建标准化良好行为的工作流程

企业根据管理和生产发展的需要，本着实事求是、注重实效的原则，按照《企业标准体系》系列国家标准的规定，建立适合本企业的标准体系并有效实施。创建标准化良好行为的工作流程主要工作包括以下方面：

（1）活动策划：包括领导决策、工作小组（委员会）成立、培训与宣贯、制定创建活动实施目标及行动方案等。

（2）建立企业标准体系：包括对现行标准化工作的梳理、企业标准体系的设计、相应标准体系文件的编写和标准的制定。

（3）标准体系的运行：包括相应文件的发布、培训与宣贯、实施过程监督。

（4）自我评价与改进：包括自我评价的组织、评价结果的反馈、标准化体系的优化和改进。

（5）申请与确认。

（三）标准化良好行为企业的申请和确认

1. 申请确认的基本条件

（1）企业已按GB/T 19273完成对标准体系的自我评价，并有效运行3个月以上；

（2）企业三年内未发生重大产品质量、安全健康、环境保护等事故，未受到通报、处分、媒体曝光；

（3）企业产品近两年内无国家或地方产品质量监督抽查不合格记录。

2. 申请确认时需提供的材料

（1）标准化良好行为确认申请表；

（2）企业标准体系表及标准体系文件；

（3）企业标准体系自我评价报告及评价文件；

（4）有效期内法定质量检验机构出具的产品质量检测报告；

（5）企业组织管理机构图或管理文件。

各省、自治区、直辖市标准化行政主管部门受理试点企业的确认申请，并依照申请确认条件，对企业报送的材料进行审查，对符合条件的，受理确认；不符合条件的，书面说明不予受理理由，并于15天内通知企业。

3. 确认流程

标准化良好行为企业的确认流程包括以下步骤：

（1）组织确认专家组

确认工作采取专家确认的方式进行，各省、自治区、直辖市标准化行政主管部门应建立本地区的专家队伍。专家一般应具备大专以上学历和中级以上技术职称，从事标准化工作5年以上，并具有一定的组织管理和综合评审能力，且通过标准化良好行为确认专业知识培训。专家组成员由各省、自治区、直辖市标准化行政主管部门从符合上述条件的专家中选派。

（2）标准体系评价

专家组应对企业申请材料进行评价。按照企业的组织机构及职责分工，依据GB/T 15496、GB/T 15497、GB/T 15498对企业标准体系文件进行评审；依照GB/T 19273审核企业自我评价报告及评价记录等文件，验证企业自我评价是否符合标准要求。

标准化良好行为确认的基本分为400分，加分为100分，总分为500分。

①基本分达到280分以上，可评为A级标准化良好行为企业；

②基本分达到320分以上，可评为AA级标准化良好行为企业；基本分达到300分以上，总分达到350分以上的可评为AA级标准化良好行为企业；

③基本分达到370分以上，可评为AAA级标准化良好行为企业；基本分达到360分以上，总分达到420分以上的可评为AAA级标准化良好行为企业；

④基本分达到390分以上，且总分达到450分以上的，或者基本分达到380分以上，总分达到460分以上的可评为AAAA级标准化良好行为企业。

（3）现场确认

标准体系文件初审符合要求的，制定现场确认计划，就确认具体事宜与企业沟通，做好现场确认实施准备。

（4）确认结果的处理

确认工作完成后，专家组应形成确认档案材料，提交省、自治区、直辖市标准化行政主管部门留存。档案材料一般应包括：确认申请表、确认报告、确认评分表、确认不合格项报告、企业标准体系自我评价报告。各省、自治区、直辖市标准化行政主管部门应将列入国家试点企业的“确认申请表”及“确认报告”上报国家标准委备案。

（5）证书颁发及标志使用

列入国家试点的企业，备案材料经国家标准委复核符合要求的，颁发“标准化良好行为”证书；其他试点企业由省、自治区、直辖市标准化行政主管部门颁发“标准化良好行为”证书。获得证书的企业，可在产品包装、标识、说明书及其宣传品上使用“标准化良好行为”标志。

（6）抽查

列入国家试点并通过标准化良好行为确认的企业，国家标准委可视需要组织抽查，以保障标准化良好行为企业的标准化水平。

四、统一社会信用代码与商品条码

（一）统一社会信用代码

1. 发展现状

1989年，国务院正式确立了全国组织机构代码标识制度，开启了我国对机关、企业、事业单位和社会团体等各类法人和其他组织统一代码标识制度的先河。组织机构代码得到了广泛应用，但是由于缺乏国家层面的法律支撑，多种机构标识体系仍然在各个行政管理系统中长期存在和使用，如工商注册号、纳税人识别号、机构信用代码等。机构标识的不统一，导致各部门之间缺乏有效的协调管理和信息共享工作机制，影响了我国信息化共享机制和社会信用体系的建设。为此，2013年《国务院机构改革和职能转变方案》提出，要建立以公民身份证号码和组织机构代码为基础的统一社会信用代码制度。2015年6月，国务院发布了《关于转批发展改革委等部门法人和其他组织统一社会信用代码制度建设总体方案的通知》（国发〔2015〕33号），自2015年年底前全面实施，正式建立了覆盖全面、稳定且唯一的以组织机构代码为基础的法人和其他组织统一社会信用代码制度。为了满足我国传统企事业机构转型升级的发展要求，组织机构代码管理部门与时俱进，被赋予了新的职责——负责管理统一代码资源，建立和运行维护统一代码数据库，为各部门提供信息服务，促进统一社会信用代码业务相关领域数据系统建设朝着科学规范、精准透明、开放共享的方向发展。

2. 概念及意义

GB 32100—2015《法人和其他组织统一社会信用代码编码规则》强制性国家标准规定，统一社会信用代码（以下简称统一代码）是指每一个法人和其他组织在全国范围内唯一的终身不变的法定身份识别码。法人和其他组织统一社会信用代码由法人和其他组织登记管理部门、组织机构代码管理部门根据GB 32100—2015编制。

《法人和其他组织统一社会信用代码制度建设总体方案》要求建立覆盖全面、稳定且唯一的以组织机构代码为基础的法人和其他组织统一社会信用代码制度。实施统一代码制度，是为法人和其他组织发放一个唯一的、终身不变的标识代码，并以其为载体采集、查询、共享、比对各类主体信用信息。

建立和完善统一代码制度，是国家整个经济和社会实现现代化管理的基本制度。该制度的建立和应用有利于促进信用信息资源共享，降低社会管理成本，提高公共服务水平，促进国家治理体系和治理能力现代化建设，推动社会信用体系建设。

3. 构成和特性

统一代码根据GB 32100—2015《法人和其他组织统一社会信用代码编码规则》国家强制性标准的规定，以组织机构代码为基础编制的全国统一的法人和其他组织的识别标识码。GB 32100—2015规定了统一代码的编码方法，使全国各类机关、团体、企事业单位等组织机构均获得一个唯一的、始终不变的法定标识代码，以适应政府部门的统一管理和业务单位实现信息共享、互通互联的需要。该标准适用于对全国统一代码的编码、信息处理和共享交换。

统一社会信用代码的长度为18位，由阿拉伯数字或大写英文字母组成，包括第1位登记管理部门代码、第2位机构类别代码、第3～8位登记管理机关行政区划码、第9～17位主体标识码（组织机构代码）、第18位校验码五个部分。具体表现形式见表2-2。

出于书写识别易发生混淆、税控机应用、校验算法等考虑，统一代码的18位字符不使用大写英文字母“I”“O”“Z”“S”和“V”。

表2-2　统一社会信用代码的编码规则

<table>
<tr><td>代码序号</td><td>1</td><td>2</td><td>3</td><td>4</td><td>5</td><td>6</td><td>7</td><td>8</td><td>9</td><td>10</td><td>11</td><td>12</td><td>13</td><td>14</td><td>15</td><td>16</td><td>17</td><td>18</td></tr>
<tr><td>代码</td><td>×</td><td>×</td><td>×</td><td>×</td><td>×</td><td>×</td><td>×</td><td>×</td><td>×</td><td>×</td><td>×</td><td>×</td><td>×</td><td>×</td><td>×</td><td>×</td><td>×</td><td>×</td></tr>
<tr><td>说明</td><td>登记管理部门代码1位</td><td>机构类别代码1位</td><td colspan="6">登记管理机关行政区划码6位</td><td colspan="9">主体标识码（组织机构代码）9位</td><td>校验码1位</td></tr>
</table>

作为组织机构的一种编码规则，统一代码具有以下5个特性。

（1）唯一性：一个主体只能拥有一个统一代码，一个统一代码只能赋予一个主体。

（2）兼容性：统一代码最大程度地兼容现有各类机构代码，既能体现无含义代码的稳定可靠，又能发挥有含义代码便于分类管理的作用。

（3）稳定性：在主体存续期间，不管其信息发生什么变化，统一代码均保持不变。

（4）全覆盖：对新设立的法人和其他组织，在注册登记时发放统一代码；对已设立的法人和其他组织，通过适当方式换发统一代码。

（5）协调性：法人和其他组织统一代码和自然人统一代码（公民身份证号码）位数一致，都是18位。

4. 统一社会信用代码是组织机构代码的升级版

组织机构代码具有以下优点：组织机构代码是无含义码，可适用于所有类型的组织机构；集中赋码机制保证了国家代码数据库的良好质量，为各部门的数据共享和数据应用奠定了基础。从技术上来说，组织机构代码已经具备了机构“身份证”的功能。但是，作为机构登记成立之后发放的“衍生码”，组织机构代码无法在源头对机构进行赋码以保证数据的权威性和及时性。

统一代码采用组织机构代码作为主体标识码，并通过预赋码段、源头赋码、信息回传的方式，有效避免了组织机构代码存在的不足；通过立法将统一代码的地位予以明确，使其成为各类机构的唯一通行标识码。因此，统一代码就是组织机构代码的升级版。通过继承组织机构代码的唯一性、稳定性、全覆盖性、经济性等优点，并通过国家层面的顶层制度设计有效克服其不足，统一代码将彻底解决我国当前机构代码混乱的局面，全面推动社会诚信体系建设步入正轨。

5. 应用与发展

统一代码的发展在于应用，应用的基础在于信息质量。统一代码信息目前已广泛应用于金融、税收、公检法、车辆管理等多个部门，在统一社会信用代码制度实施后，还将被更多的部门所应用，其在国民经济建设中的基础地位也越发重要。例如：在登记管理环节，通过统一代码实现工商、质检、税务、公安等监管部门的业务联动，可以实现法人和自然人信用信息的共享，从源头对非诚信机构和个人设立准入门槛；财政、金融、外贸等有关部门，可以用统一代码作为纽带实现各部门之间信息的互联互通，加强联合监管，防止偷漏税及金融诈骗等问题；外贸、海关、税务、银行等部门可以通过统一代码高效地解决进出口贸易问题，加强出口退税等管理工作；公检法等部门可以利用统一代码，更有效地采集信息、打击犯罪，保障社会的安定。

（二）商品条码

1. 商品条码含义

商品条码是指由一组规则排列的条、空及其对应字符组成的表示一定信息的商品标识。

2. 商品条码的作用

商品条码是 GS1 全球统一编码标识系统的核心组成部分，是应用最为广泛的编码标准。商品条码最通俗易懂的作用是进入超市的“商品身份证”，超市采用的是快速、准确、自动化的售货方式，条码能快速、准确地为生产厂商和销售商采集、处理和交换各种信息，以其低廉、便于机器识读等实用性、经济性而被全世界的超市所采用。

3. 国内常用零售商品条码

GS1 全球统一编码标识系统是一种开放的、多环节、多领域应用的全球统一商务语言，由国际物品编码协会（GS1）制定，是服务于物流、供应链管理的开放的标准体系。GS1 全球统一编码标识系统的编码体系主要包括六个部分：全球贸易项目代码（GTIN）、系列货运包装箱代码（SSCC）、全球可回收资产标识符（GRAI）、全球单个资产标识符（GIAI）、全球参与方位置代码（GLN）和全球服务关系代码（GSRN）。

（1）代码介绍

全球贸易项目代码（GTIN）是为贸易项目提供唯一标识的一种代码，通用于世界各地，是国际范围内流通使用最广泛的商品条码。我国目前在国内推行使用的零售商品条码有 GTIN－13

和 GTIN－8 两种。

（2）代码结构

GTIN－13 代码结构：13 位代码由厂商识别代码、商品项目代码、校验码三部分组成，分为四种结构（见表 2－3），可采用 EAN/UPC 条码表示，见图 2－1。

表 2－3　GTIN－13 代码结构

结构种类	厂商识别代码	商品项目代码	校验码
结构一	$X_{13}X_{12}X_{11}X_{10}X_9X_8X_7$	$X_6X_5X_4X_3X_2$	X_1
结构二	$X_{13}X_{12}X_{11}X_{10}X_9X_8X_7X_6$	$X_5X_4X_3X_2$	X_1
结构三	$X_{13}X_{12}X_{11}X_{10}X_9X_8X_7X_6X_5$	$X_4X_3X_2$	X_1
结构四	$X_{13}X_{12}X_{11}X_{10}X_9X_8X_7X_6X_5X_4$	X_3X_2	X_1

图 2－1　表示 13 位数字代码的条码示例

GTIN－8 代码结构：小包装的产品可使用 GTIN－8，代码结构见表 2－4。

表 2－4　GTIN－8 代码结构

前缀码（690～695）	商品项目代码（中国物品编码中心分配）	校验码
$X_8X_7X_6$	$X_5X_4X_3X_2$	X_1

使用 GTIN－8 结构时，其商品项目代码应由中国物品编码中心分配，企业不得自行分配。GTIN－8 的申请要符合国家标准规定的包装面积条件：①GTIN－13 条码符号的印刷面积超过

商品标签最大面面积的四分之一或全部可印刷面积的八分之一；②商品标签的最大面面积小于 40 cm^2 或全部可印刷面积小于 80 cm^2；③产品本身是直径小于 3 cm 的圆柱体。

（3）结构图释义

①前缀码

前缀码是用来标识国家或地区的代码。前缀码由国际物品编码协会赋码。前缀码只能说明条码的注册地。国际物品编码组织分配给我国的前缀码有 690、691、692、693、694、695、697、698、699 共 9 个。

②厂商识别代码

指国际通用的商品标识系统中表示厂商的唯一代码，用来标识生产者、销售者的代码，是商品条码的重要组成部分。由中国物品编码中心赋码，即厂商识别代码是由中国物品编码中心分配。

③商品项目代码

——商品项目代码是用来标识商品的代码。由系统成员赋码，即由系统成员自己编，自己使用。

——编码原则：唯一性、稳定性和无含义性。

唯一性是指同一商品项目，只应有一个代码。不同的商品必须分配不同的商品代码，基本特征不同的商品视为不同的商品。通常情况下，商品的基本特征包括商品名称、商标、种类、规格、数量、包装类型等产品特性。

稳定性原则是指商品标识代码一旦分配，只要商品的基本特征没有发生变化，就应保持不变。同一商品无论是长期连续生产还是间断式生产，都必须采用相同的商品代码。如果该商品停止生产，建议企业根据行业特点，待其确认完全不在市场流通后，方可将该代码用于其他商品上。

无含义性原则是指商品代码中的每一位数字不表示任何与商品有关的特定信息。有含义的代码通常会导致编码容量的损失。厂商在编制商品代码时，宜使用无含义的流水号。

④校验码

校验码是用来校验商品条码中前12个数字代码正确性的。校验码是商品条码的 X_1 共1位。校验码是根据一定的算法计算得来的。

（4）商品条码的构成（以GTIN－13为例）

构成商品条码的基本单位是模块。不同放大系统的条码模块尺寸不一样，放大系数为1.0的模块宽度是0.33 mm。左侧、右侧空白区：用来提示条码扫描识读设备归零；起始符、终止符：分别用来标识商品条码的起始和结束；中间分隔符：是用来区分条码左、右侧数据符的。

4. 商品条码印刷

（1）选择印刷企业

系统成员应当委托由编码中心依据国家有关规定统一组织认定的印刷企业印刷商品条码。

系统成员在与印刷企业联系业务时应该注意以下几点：

——查验印刷企业的条码印刷资格证书：证书上的名称、地址、法人等项目是否与营业执照上的内容相同？证书有效期是否到期？颁发机关是否为中国物品编码中心？

——印刷企业承揽的印刷方式是否适合系统成员所采用的包装载体的印刷方式？

——签订合同，条款清晰，责权惩罚明确。

（2）条码在设计、制版、印刷过程中应注意的事项

①条码颜色选择

条码识读仪器是通过条码的条和空的颜色对比度来实现的。绝大多数的扫描设备的光源发出的是红光，条应该吸收红光，空应该反射红光。通常采用浅色作空的颜色：白、橙、黄色等；采用深色作条的颜色：黑、深蓝、暗绿、深棕色等；不宜作条的颜色有：红、金、浅黄；不宜作空的颜色有：透明、金；最好的颜色搭配是：黑条白空。

②条码印刷位置的选择

应能保持条码符号表面平整不变形，且便于操作，便于识读。一般情况下，条码符号（包括空白区和供人识别的字符）应印在距包装容器的边、角、叠缝、折痕或小曲面 5 mm 的位置。特殊情况：桶形包装，如果弧度大于 30°，就应将条码旋转 90 度；吸塑包装，当凸出包装距纸板的高度大于 12 mm 时，条码符号应放在离凸出包装尽量远处；真空包装，外加包装或加条。

5. 应用和发展

随着全球经济向一体化、多元化发展，特别是互联网和大数据时代的来临，使得供应链上的所有企业，特别是零售行业，不得不进一步降低经营成本，提高服务质量，保持与提升企业的竞争力。商品条码是商品流通的“身份证”，是现代经济社会发展的基础信息支撑。20 多年来，我国累计已有 50 多万家企业、上亿种商品、90%以上的快速消费品使用了商品条码，条码技术已从传统零售业渗透到制造业、运输物流、医疗卫生、电子商务、移动商务及军事装备等国民经济各行各业。据 2014 年数据统计显示：全球每天扫描商品条码的次数达 50 亿次，每年为全球消费品行业节省 3000 多亿美元。条码技术在促进我国商业现代化、现代物流业发展和对外贸易等方面发挥了十分重要的作用，为服务经济提质增效做出了积极贡献。

射频识别技术（RFID）是 20 世纪中叶进入实用阶段的一种非接触式自动识别技术，其基本原理是利用射频信号及其空间耦合和传输特性，实现对静止或移动物体的自动识别。随着全球经济一体化的发展，基于射频识别与互联网的一项物流信息管理新技术产品电子代码（EPC）应运而生。EPC 系统是在计算机互联网的基础上，利用射频识别、无线数据通信等技术，构造的一个覆盖世界范围的实物互联系统。

商品条码是 EPC 的基础，EPC 是商品条码的发展和延续，EPC 是 GS1 系统的重要组成部分。应用上，EPC 与商品条码各有特点，在许多领域可以联合应用。但 EPC 推广应用还有一个相对较长的过程，在这些领域就需要条码技术和 RFID 技术的共存，条码技术可以成为解决这些问题的必要补充。

五、采用国际标准与技术性贸易壁垒

（一）采用国际标准和国外先进标准

1. 概念

采用国际标准是指以相应的国际标准为基础制定并发布标明了与国际标准之间差异的国家规范性文件。

采用国际标准和国外先进标准（简称“采标”）是指将国际标准或国外先进标准的内容，经过分析研究和试验验证，等同或修改转化为我国标准并贯彻实施。

（1）国际标准

国际标准是指国际标准化组织、国际电工委员会和国际电信联盟以及 ISO 确认并公布的其他国际组织制定的标准。

（2）国外先进标准

国外先进标准是指：

①未经 ISO 确认并公布的其他国际性组织的标准；

②发达国家的国家标准，如美国国家标准（ANSI）、德国国家标准（DIN）等；

③区域性组织的标准，如欧洲标准化委员会（CEN）、欧洲电工委员会（CENELEC）；

④国际上有权威的团体标准，如美国保险商实验室标准（UL）、美国军用标准（MIL）等；

⑤国外企业（公司）标准中的先进标准。

采用国际标准和国外先进标准是我国的一项重大技术经济政策，是促进技术进步、提高产品质量、扩大对外开放、加快与国际惯例接轨的重要措施。

2. 采用国际标准和国外先进标准和目的意义

（1）采用国际标准能够协调国际贸易中有关各方的要求，减少和避免与贸易各方的贸易争端，从而使本国的产品或服务冲破贸易壁垒打入和占领国际市场。

（2）采用国际标准能够促进本国与世界各国的交流，加深与各国的相互理解。

（3）采用国际标准有利于提高标准水平，健全标准体系。

3. 采用国际标准和国外先进标准的原则

（1）符合我国有关法律、法规、遵循国际惯例，做到技术先进、经济合理、安全可靠。

（2）制定（包括修订，下同）我国标准应当以相应国际标准（包括即将制定完成的国际标准）为基础；除非这些国际标准由于基本气候、地理因素或者基本的技术问题等原因而对我国无效或者不适用。

（3）对于国际标准中通用的基础性标准、试验方法标准应当优先采用。

（4）采用国际标准中的安全标准、卫生标准、环保标准制定我国标准，应当以保障国家安全、防止欺骗、保护人体健康和人身财产安全、保护动植物的生命和健康、保护环境为正当目标。

（5）采用国际标准时，应当尽可能等同采用国际标准。由于基本气候、地理因素或者基本的技术问题等原因对国际标准进行修改时，应当将与国际标准的差异控制在合理的、必要的并且是最小的范围之内。

（6）我国的一个标准应当尽可能采用一个国际标准，当我国一个标准必须采用几个国际标准时，应当说明该标准与所采用的国际标准的对应关系。

（7）采用国际标准制定我国标准，应当尽可能与相应国际标准的制定同步、并可以采用标准制定的快速程序。

(8) 采用国际标准，应当同我国的技术引进、企业的技术改造、新产品开发、老产品改进相结合。

(9) 采用国际标准的我国标准的制定、审批、编号、发布、出版、组织实施和监督，同我国其他标准一样，按我国有关法律、法规和规章规定执行。

(10) 企业为了提高产品质量和技术水平，提高产品在国际市场上的竞争力，对于贸易需要的产品标准，如果没有相应的国际标准或者国际标准不适用时，可以采用国外先进标准。

4. 与国际标准一致性程度和表示方法

(1) 与国际标准的一致性程度

我国标准与国际标准的一致性程度共分为三种：等同、修改和非等效，具体如下：

①等同

等同采用指国家标准与国际标准在技术内容和文本结构方面完全相同，或在技术内容上相同，仅有可允许的编辑性修改，编写方法完全对应。允许的编辑性修改可参考国家标准GB/T 20000.2《标准化工作指南第2部分：采用国际标准》。

②修改

国家标准与国际标准之间存在技术性差异，这些差异应清楚地标明并给出解释。国家标准在结构上与相应的国际标准对应。只有在不影响对国家标准和国际标准的内容及结构进行比较的情况下，才允许对文本结构进行修改。

③非等效

非等效指与相应国际标准在技术内容和文本结构上不同，它们之间的差异没有被清楚地标明。非等效还包括在我国标准中只保留了少量或者不重要的国际标准条款的情况。

当与国际标准的一致性程度为等同和修改时，表明我国标准采用了国际标准。非等效不属于采用国际标准，只表明我国标准与相应国际标准有对应关系。

（2）表示方法

我国标准与国际标准一致性程度及代号的表示方法见表 2－5。

表 2－5　我国标准与国际标准一致性程度及代号

一致性程度	代号
等同	IDT
修改	MOD
非等效	NEQ

5. 采用国际标准产品标志

为了鼓励企业积极采用国际标准，引导企业将产品推向国际市场，我国在 1993 年 12 月推出了采用国际标准产品实施采标标志制度。使用采用国际标准产品标志的条件如下：

（1）产品按照等同、修改采用国际标准的我国标准组织生产；

（2）采标产品的各项质量指标要求稳定地达到所采用标准的规定；

（3）属于国家质检总局公布的实施采标标志产品及其标准目录中的产品。

（二）技术性贸易壁垒

1. 贸易壁垒的概念

在国际贸易中，有两种障碍（或称壁垒）：

（1）关税壁垒

关税壁垒是指进出口商品经过一国的关界时，由政府设置的海关向进出口商征税所形成的一种贸易壁垒。在 20 世纪 70 年代以前，阻碍国际贸易的主要是关税壁垒，各国之间通过高关税对贸易加以限制。

（2）非关税壁垒

非关税壁垒是指关税以外的限制进口的各种措施，或指那些不通过征收关税而是通过法律、政策等措施形成的限制进口的贸易壁垒。非关税壁垒又分为两大类：①进口国直接对进口商品的数量或金额加以限制，如进口配额制、进口许可证制、外汇管制等；②间接对进口商品制定严格的条例，如苛刻的技术标准，卫生安全标准，检验、包装和标签规定以及各种强制性的名目繁多的技术法规。

技术性贸易壁垒（TBT）属于非关税壁垒，是指一国政府或非政府机构，以国家安全或保护人类健康和安全、保护动物或植物的生命和健康、保护环境、防止欺诈行为等为由，采取一些技术法规、标准、包装、标签以及符合这些要求和确定产品质量及适用性能的认证、检测、检疫的规定和程序，成为其他国家商品自由进入该国市场的实实在在的障碍。广义的技术性贸易壁垒应该是因种种技术问题引起的贸易障碍。

2. 技术性贸易壁垒的表现方式

（1）苛刻复杂的技术标准

部分国家对于制成品规定了极为严格和繁琐的技术标准，并有意识地利用标准作为竞争的手段，把标准的差别作为贸易保护的措施，特别是更广泛地利用安全、卫生标准作为限制进口的武器。

（2）技术法规

技术法规与技术标准既相互联系又有区别。技术法规是包含或引用有关标准或技术规范的法规。它所包含的内容主要涉及劳动安全、环境保护、卫生与保健、交通规则、无线电干扰、节约能源与材料等。技术法规不像技术标准那样可以互相协商，技术法规一经颁布即强制执行，故在国际贸易中构成了比技术标准更难逾越的技术壁垒。

（3）商品包装和标签的规定

一些国家对商品的包装和标签也做了苛刻繁琐的规定。进口商品必须符合这些规定，否则不准进口或禁止在市场上销售。

（4）认证制度

各国认证制度的差异也构成贸易的障碍，有些国家限制没有经过产品认证、实验室认可、企业质量体系认证的产品进入本国市场。

3. 主要发达国家的技术性贸易壁垒

（1）在技术标准、法规方面的壁垒

主要表现有：技术标准、法规繁多，让出口国防不胜防；技术标准要求严格，发展中国家难以达到；有些标准经过精心设计和研究，专门用来对某些国家的产品形成技术壁垒；利用各国标准的不一致性，灵活机动地选择对自己有利的标准。

（2）在合格评定方面的技术壁垒

对从国外进口的商品，利用认证、安全、卫生检疫等进行严格的检查。如，进入欧盟市场的产品，必须符合欧盟指令和标准才能在欧洲流通。

（3）在标签、包装方面的壁垒

美国对强化食品营养标签提出膳食成分信息等要求，甚至对强化食品标签的格式、字体大小、线条的粗细等都做了明确而具体的规定；欧盟对进口的纺织品还要求加贴生态标签等。

（4）绿色技术壁垒

面对全球环境的日益恶化，许多国家纷纷制定和修订环境与贸易法规，并按照一定的环境标准颁发了环境标志（也称“绿色标志”），虽有利于促进环境保护，但是发达国家利用自己的经济、技术优势，假借环保之名，对其他国家特别是发展中国家设置贸易“绿色技术壁垒”。这种壁垒已越来越成为发达国家在国际贸易中所使用的主要技术壁垒。

（5）发达国家的其他技术性贸易壁垒

这方面主要有利用计量单位制设置技术性贸易壁垒、利用电子数据交换设置技术性贸易壁垒等，如，欧美对不采用电子数据交换方式办理海关业务的，海关手续将被推迟受理。

第五节　企业标准化

企业标准化是指以提高经济效益为目标，以做好生产、管理、技术和营销等各项工作为主要内容，制定、贯彻实施和管理维护标准的一种有组织活动。企业标准化是一切标准化的支柱和基础，做好企业标准化对于提升企业竞争能力、加速经济社会发展有重要意义。

一、企业标准化的基本任务

企业标准化是企业科学管理的基础，其基本任务是：贯彻执行国家有关标准化的法律、法规、方针政策，建立和实施企业标准体系，实施国家标准、行业标准和地方标准，制定和实施企业标准，对标准的实施进行监督检查，采用国际标准和国外先进标准，参加国内、国际有关标准化活动。

二、企业标准化的工作内容

企业标准化的工作内容，应由企业根据本企业标准化管理的范围和任务而确定。虽然不同类型、不同规模的企业，其工作内容不尽相同，但按工作的性质划分，一般包括技术工作和管理工作两个方面。

（一）技术业务工作

企业的标准化技术业务工作，是指企业的法人代表或其授权主管标准化的企业负责人，组织企业标准化专职机构（或人员）会同企业有关职能部门，运用标准化技术手段，做好企业产品开发、质量管理、技术引进、技术改造、生产和经营管理各个领域的标准化工作。内容除了履行企业标准化的基本任务外，还应做好下列工作：

（1）企业标准的制、修订和复审。积极承担国家标准、行业标准、地方标准的制、修订任务；有能力的企业应力争参与、承担国际标准的制、修订；

（2）参与新产品开发、产品改进、技术改造、技术引进中的标准化工作，提出标准化要求、负责标准化审查、标准化技术服务等；

（3）积极推动产品的三化（系列化、通行化、标准化）、组合化、模块化、成组技术等的应用；

（4）参与企业生产、经营过程中相关的标准化工作；

（5）参与企业信息技术的标准化工作等。

（二）企业标准化管理工作

标准化是企业管理的基础，企业标准化管理同企业的计划管理、技术管理、生产管理等其他各项管理一样，是整个企业管理系统的一个不可缺少的组成部分，并服务于其他各个管理系统。在具备一定的管理基础（机构和人员、职责、标准化工作管理标准等）上，企业标准化管理工作有：企业标准化规划和计划、编制企业标准体系表、信息管理与服务、宣传培训（各级领导、工程技术人员和管理人员、生产现场作业人员、标准化人员等）等。

三、企业标准体系

企业标准体系是企业内的标准按其内在联系形成的科学的有机整体。企业为实现确定的目标，将其生产（服务）、经营、管理全过程需要采用的标准，运用系统管理的原理和方法将相互关联、相互作用的标准化要素加以识别，并建立和实施一套企业适用的，持续有效和协调统一的企业标准化体系。在GB/T 13017《企业标准体系表编制指南》、GB/T 15496《企业标准体系　要求》、GB/T 15497《企业标准体系　技术标准体系》、GB/T 15498《企业标准体系　管理标准和工作标准体系》等标准对建立企业标准体系的有关问题作出了规定，供企业参考应用。

工业（制造业）企业标准体系由技术标准体系、管理标准体系、工作标准体系三大标准子体系构成，其中技术标准体系为主体、管理标准体系和工作标准体系相配套，管理标准体系应能保证技术标准体系的实施，工作标准体系应能保证技术标准体系和管理标准体系的实施。

服务业组织的标准体系由服务通用基础标准体系、服务保障标准体系、服务提供标准体系三大子体系组成。服务通用基础标准体系是服务保障标准体系、服务提供标准体系的基础，服务保障标准体系是服务提供标准体系的直接支撑，服务提供标准体系促使服务保障标准体系的完善。该标准体系是服务业组织其他体系，如质量管理体系、环境管理体系等的基础和融合体。

（一）编制企业标准体系的原则和要求

1. 编制原则

编制企业标准体系应遵循三项原则，即系统原则、实践原则、发展原则。

2. 编制要求

（1）企业标准体系应以技术标准体系为主，以管理标准体系和工作标准体系相配套；

（2）应符合国家有关法律、法规，实施有关国家标准、行业标准和地方标准；

（3）企业标准体系内的标准应能满足企业生产、技术和经营管理的需要；

（4）企业标准体系应在企业体系表的框架下制定；

（5）企业标准体系内的标准之间相互协调，管理体系、工作标准体系应能保证技术标准体系的实施；

（6）企业标准体系与其他管理体系相协调并提供支持。

（二）企业标准体系的组成

企业标准体系是由“企业标准体系表”表达的，即企业标准体系表是用图表来表达企业建立的企业标准体系。企业标准体系一般由技术标准子体系、管理标准子体系和工作标准子体系构成。其组成单元是企业内应有的标准，企业要根据实际需要和发展水平来具体确定本企业标准体系的构成。企业标准体系表是企业标准体系内的标准按一定形式排列起来的图表。“标准体系”是就所表现的内容而言，而“标准体系表”是就所表现的形式而言。企业标准体系表一般由企业标准体系结构图、明细表、汇总表和编制说明构成。通过这几部分资料可以了解企业标准体系的现状、水平、薄弱环节、发展方向和重点。

1. 结构图

结构图表示各个标准子体系及其分层之间的相互关系。包括：企业标准体系结构图，是表述企业标准体系构成的形式，一般有层次结构和并列结构；技术标准体系结构图，是表述标准体系（或子体系）的构成形式，有序列结构和层次结构两种；管理标准体系（子体系）结构图，是表述管理标准体系（子体系）的构成形式。企业一般根据管理职能的划分、管理机构及其层次的设置编制。

2. 明细表

企业标准明细表是企业标准的详细清单，包含了企业标准信息的核心内容。

3. 编制说明

企业标准体系表编制说明的内容一般应包括：

（1）编制体系表的依据及要达到的目的；

（2）与本企业有关的国内外标准及行业现行标准概况；

（3）分析企业现行标准水平，明确今后的工作重点；

（4）企业标准体系中子体系的交叉情况和处理意见；

（5）标准体系表的管理，审批程序及重要内容的解释；

（6）其他应说明的事项，如参考资料目录等。

（三）编制方法

编制企业标准体系表这项工作可由企业标准专职机构、人员负责组织，在企业有关负责人的领导下进行。大体上可分为以下几方面的工作，有些工作可以交叉开展。

1. 调查分析

（1）要调查分析企业产品及生产技术、经营管理情况，研究各方面对标准的需求，必要时要进行专题调查；

（2）研究分析国内外有关标准状况。一是本企业已有的企业标准状况及其存在的问题；二是与本企业产品和生产过程、经营管理有关的标准；三是与本企业产品和生产过程、经营管理有关的国际标准及国外先进标准；

（3）研究分析国家和有关行业主管部门发布的安全、卫生、环保等方面的法律、法规和规章及这方面的国际通行惯例。

2. 确定体系方案

从企业整体需求出发全面考虑综合研究，确定企业标准体系的总体结构。注意以下问题：

（1）结构图的选择要从企业实际情况考虑决定；

（2）要充分保证有关技术法规和强制性标准的贯彻要求；

（3）要围绕企业的经营目标和工作重点，提供科学合理协调配套的标准体系。

3. 确定各类标准子体系

（1）技术标准子体系。技术标准是企业标准化的主体，是根据国家技术经济政策及市场需求，为实现规定的工业产品质量而确定的工程技术方面的标准项目；

（2）管理标准子体系。为提高管理业务水平、工作效率、保证各项技术标准的贯彻实施，实现科学管理保证产品质量所必须的标准项目；

（3）工作标准子体系。对企业生产技术、产品质量、经营管理具有重要影响的有关工作，如制造工序、操作（作业）要求等进行分析并确定其标准项目。

4. 绘制图表和编写编制说明

根据所确定的体系方案和子体系结构，绘制企业标准体系结构图，然后按子体系分别将标准项目填入明细表并根据明细表填写汇总表，最后编写编制说明。

5. 审批实施

企业标准体系表编制完成后，应组织会议讨论审查，修改补充。定稿后由企业领导批准，发布实施。

四、企业标准的贯彻实施与监督

标准的实施及其监督在企业标准化工作中占有重要地位和作用，是一项基本工作任务。同时，应将企业标准体系表的实施与贯彻、实施标准的工作融为一体，以促进企业标准体系表的持续改进和有效运行。

（一）标准的实施

标准的实施是指在企业生产技术、经营管理的实践中，为实现标准规定的内容进行的全部活动，是把科学技术和实施经验的综合成果转化为生产力的过程。标准只有在实践中实施后才能体现其作用的效果。

1. 标准实施原则

包括强制性国家标准、行业标准企业必须执行；推荐性国家标准、行业标准企业一经采用必须执行；企业标准在企业内部必须执行。企业有关经济技术合同、协议中承诺采用其他标准如国际标准、国外先进标准，其他企业（公司）标准，均应转化为企业标准贯彻实施。

2. 标准的实施程序

标准实施是一项细致、复杂、涉及面广的工作，必须有组织、有计划，按照一定程序进行，才能达到预期的效果。对于简单、不涉及物质准备的标准，其实施程序可适当简化。

企业应建立对企业标准体系表管理、调整和完善的办法，企业标准体系表的实施信息要及时汇总，实行动态管理。企业标准化职能部门应根据企业标准体系表并结合有关业务要求，定期向企业管理层和有关部门通报标准、企业标准体系表的实施情况，特殊情况及时汇集通报。

（二）标准实施的监督检查

对标准实施进行监督检查是指对标准实施情况与结果进行监督、检查和处理的活动。标准实施的监督检查对于推动标准正确、持久实施和企业建立内部监督、自我约束的机制起着重要作用。标准实施的监督检查包括政府监督、行业监督、社会监督和企业自我监督。GB/T 15496 规定了企业自我监督检查的要求。

1. 监督检查的范围和对象

凡是企业已通知实施的标准均属于监督检查范围。标准实施及其监督是一项严肃认真的工作。凡是企业要实施和废止的标准，都要以书面通知形式，按一定的程序通知到有关职能部门和生产部门，并以此为依据进行监督检查，其范围包括在企业实施的国家标准、行业标准、地方标准和企业标准，也包括国家、行业和地方法规以及企业标准化管理规章或标准等。同时，企业标准化职能部门应根据企业标准体系表并结合有关业务要求，应及时对企业标准体系表进行修改或修订。

2. 监督检查的组织

监督检查是企业标准化管理的一项重要职能，应按企业标准化工作的管理标准规定，分部门按分管范围进行。

标准实施的监督是企业建立内部监督实现自我约束的管理手段。企业在产品开发、设计、制造、营销和技术引进等工作中，通过对标准实施的监督，通过质量体系认证、产品认证等工作形成有效的自我约束的机制，以推动企业产品质量和经营管理水平不断提高。

第三章 计 量

第一节 概 述

一、计量的内容

（一）概念

计量是实现单位统一、量值准确可靠的活动。因此，它与一般测量工作相比，具有更广泛的工作内涵和更严谨的科学要求。

1. 基本工作任务

贯彻执行国家计量法律法规；协调计量工作发展规划；统一国家计量制度；推行法定计量单位；组建国家计量基准和标准；规范国家量值溯源体系；监督管理重要计量器具和商品量；组织仲裁检定，调解计量纠纷；研究计量学理论和测试技术手段和测量方法。

2. 测量技术要求

应采用法定计量单位；必须使用合格的计量器具；测量结果应进行不确定度的评定并能溯源至国家计量基准；测量技术人员应经过专门的测量技术培训等。

（二）分类

计量工作的基本内容概括起来包括计量技术工作和计量监督管理工作。

计量工作大体可分为科学计量、法制计量和企业计量三个方面。

科学计量是计量工作的科学技术基础，主要对象是计量学。计量学作为研究测量，保证测量准确和统一的学科，按照被测量参量的性质，逐步形成了几何量（亦称长度）、力学、温度、电磁学、光学、声学、无线电（亦称电子）、时间频率、电离辐射（亦称放射性）和化学等十大计量领域，并正向其他新领域扩展。

法制计量是指为了保护国家或人民免受不准确或不诚实测量所造成的危害，由法律调整或受政府计量机构调整的所有计量活动的总称。法制计量主要涉及计量单位、测量方法、测量设备和测量实验室的法定要求，它的测量结果需要特殊信任。

企业计量是指为获得准确可靠的测量数据以满足企业生产经营要求的各项活动。企业计量是计量工作的重要组成部分，是工业企业生产和经营管理中一项不可缺少的重要技术基础。

二、计量的特点

概括地说，计量工作基本特点为：统一性、准确性、溯源性和法制性。

统一性是计量的本质特性。计量的统一性在我国计量法中体现在：一是保障国家计量单位制的统一；二是保障全国量值的统一；三是对全国的计量工作实施统一的监督管理。

准确性是计量统一性的基础，没有准确性，就无法达到统一性。所谓准确性，就是要保证各种计量单位的量值准确一致，即要保证各行各业使用的计量器具和仪器仪表的量值准确可靠。

在实际工作中，由于目的和条件不同，对计量结果的要求也不相同。但为了使计量结果准确一致，所有量值都必须由相同的基准（或标准）来传递。即任何一个计量结果，都能通过连续的比较链与原始的标准器具联系起来，这就是溯源性。

计量本身的社会性就要求有一定的法制保障。要实现全国计量单位制的统一和量值的准确一致，不仅要有一定的技术手段，还要有相应的法律和行政管理，特别是对国计民生有明显影响的计量工作，更须有法制保障。

三、我国的量值传递系统

（一）计量检定系统

国家计量检定系统表简称检定系统，是指从计量基准到各等级的计量标准直至工作计量器具的检定程序所作的技术规定，检定系统由文字和框图构成。

我国的计量器具实行三级传递，从国家计量基准器具传递到计量标准器具再传递给工作计量器具，从而保证量值的准确统一和一致。

（二）计量检定机构

计量检定机构是指承担计量检定工作的有关技术机构，包括专门从事计量技术工作的技术机构以及有关部门所属的其他技术机构，见图 3－1。计量检定机构按照其职责及法律地位的不同可分为法定计量检定机构和一般计量检定机构。为实施计量监督管理提供技术保证的技术机构是法定计量检定机构，它是指县级以上人民政府计量行政部门依法建立和授权的计量检定机构。一般计量检定机构是指其他部门或企业、事业单位根据需要所建立的计量检定机构。法定计量检定机构是为实施法制监督提供计量技术保证的主体。这是实现量值传递或溯源，进行计量检定、校准等技术工作的物质保证。

四、计量监督体制

（一）计量法律、法规、规章以及技术性法规体系

计量法律法规、规章以及技术性法规包括《计量法》《计量

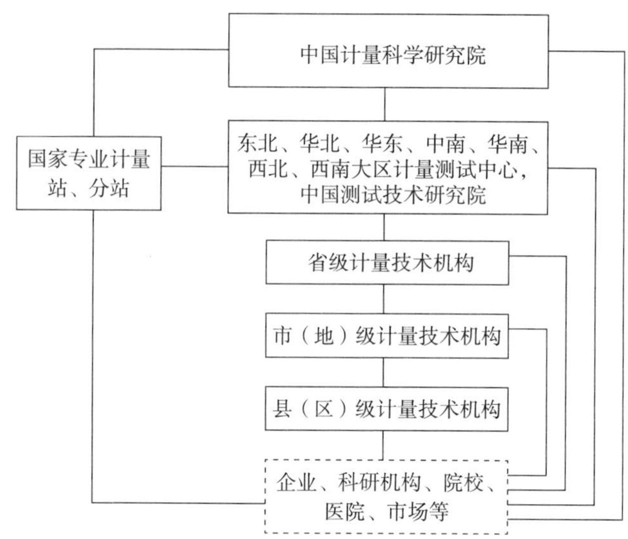

图 3－1　法定计量技术机构体系示意图

法实施细则》，及地方计量法规、部门规章、计量技术规范等。

（二）计量行政管理体系

1. 国家计量行政主管部门

根据《计量法》的规定，国务院计量行政部门对全国计量工作实施统一监督管理。县级以上地方人民政府计量行政部门对本行政区域内的计量工作实施监督管理。

2. 计量行政管理部门的职责范围

主要职能如下：推行国家法定计量单位；组织量值传递和溯源；组织建立和管理社会公用计量标准；组织制定、修改和管理计量技术规范和检定规程；对计量器具的制造、修理、销售、进口、使用、检定进行监督管理；对计量检定机构、产品质量监督检验机构和为社会提供公正数据的实验室进行计量认证和监督管理；规范和监督商品的计量行为；调解计量纠纷，组织仲裁检定。

（三）计量技术保障体系

1. 中国计量科学研究院

中国计量科学研究院成立于1955年，隶属国家质检总局，是社会公益型基础研究类科研事业单位，是国家最高的计量科学研究中心和国家级法定计量技术机构。承担着研究建立、维护、保存国家计量基准、标准和研究相关的精密测量技术的职责。

2. 各省、市、县法定计量技术机构

各省、市、县政府计量行政部门一般均下设计量检定所（院），负责本地区的量值传递工作。由于地区发展水平的差异，各地的法定计量检定机构开展的项目、技术水平也有差距。

3. 授权计量机构

县级以上人民政府计量行政部门可以根据需要，授权其他单位的计量检定机构和技术机构，在规定的范围内执行强制检定和其他检定、测试任务。授权形式包括：授权专业性或区域性计量检定机构，作为法定计量检定机构；授权建立社会公用计量标准；授权某一部门或某一单位的计量检定机构，对其内部使用的强制检定计量器具执行强制检定；授权有关技术机构，承担法律规定的其他检定、测试任务。

五、计量监督方式

（一）行政执法

计量行政执法是政府计量行政部门依据计量法律法规和规章的规定，对违反规定的单位或个人处以相应的行政处罚。

（二）仲裁调解

县级以上人民政府计量行政部门负责计量纠纷的调解和仲

裁检定，并可根据司法机关、合同管理机关、涉外仲裁机关或者其他单位的委托，指定有关计量检定机构进行仲裁检定。

计量纠纷当事人对仲裁检定不服的，可以在接到仲裁检定通知书之日起十五日内向上一级人民政府计量行政部门申诉。上一级人民政府计量行政部门进行的仲裁检定为终局仲裁检定。

第二节 法定计量单位

一、我国的法定计量单位

法定计量单位是指国家以法令形式，明确规定允许在全国范围内统一实行的计量单位就是法定计量单位。我国于 1984 年由国务院发布了《关于在我国统一实行法定计量单位的命令》，并颁布了《中华人民共和国法定计量单位》。

我国的法定计量单位是以国际单位制（SI）为基础，保留了少数其他计量单位组合而成的。它包括了它包括了 SI 的基本单位、辅助单位、导出单位和词头，同时选用了一些国家选定的非国际单位制单位以及上述单位构成的组合形式的单位。其主要特点是：完整、具体、简单、科学、方便，同时与国际上广泛采用的计量单位更加协调统一。

1. SI 基本单位

SI 基本单位只有 7 个，分别是长度（米）、质量（千克）、时间（秒）、电流（安培）、热力学温度（开尔文）、物质的量（摩尔）、发光强度（坎德拉）。

2. SI 导出单位

由 SI 导出并具有专门名称的单位共有 19 个，分别为频率（赫兹）、力、压力、能量、功率、电荷量、电压、电容、电阻、电导、磁通、磁感应强度、电感、摄氏温度、光通量、照度、活度、吸收剂量和剂量当量等的单位。

平面角（弧度）和立体角（球面度）的单位称为 SI 辅助单位，它们是具有专门名称和符号的量纲一的量的导出单位。

3. SI 单位的倍数单位

SI 单位的倍数单位包括单位的十进制倍数和分数单位。其词头符号与所紧接的单位符号应作为一个整体对待，它们共同组成一个新单位（十进制倍数或分数单位），并具有相同的幂次，而且还可以和其他单位构成组合单位，但不得使用重叠词头。

4. 国家选定的非国际单位制单位

国家选定的非国际单位制单位共有 16 个。这些单位之所以未完全被 SI 单位取代，是因其在某些应用场合比相应的 SI 单位更方便和更符合使用者的习惯。例如在日常生活中使用时间单位日、小时、分比使用秒要方便得多。这 16 个单位中既有国际计量委员会允许的在国际上保留的单位，如时间单位日、时、分，平面角的单位度、[角] 分、[角] 秒，体积的单位升等；也有我国根据本国具体情况自行选定的单位，如旋转速度的单位转每分，长度的单位海里，面积的单位公顷等。

5. 由以上单位组合成的单位

我国的法定计量单位除国际单位和国家选定的非国际单位制单位以外，还包括组合形式的单位（简称组合单位）。组合单位是指两个或两个以上的单位，用乘法形式组合而成的新单位，也包括分母只有一个单位、分子为 1 的单位。构成组合单位的可以是国际单位制的基本单位、具有专门名称的导出单位、国家选定的非国际单位制单位，也可以是它们的十进倍数和分数。

二、我国推行法定计量单位的步骤和要求

根据国务院关于《全面推行我国法定计量单位的意见》，全国各行业应在 1990 年年底以前，全面完成向法定计量单位的过渡；自 1991 年 1 月起，除个别特殊领域外，不允许再使用非法定计量单位，并提出了 11 条要求：

（1）政府机关、人民团体、军队以及各企业、事业单位的公文、统计报表，从1986年起必须使用国家规定的法定计量单位。

（2）教育部门要在所有新编教材中普遍使用法定计量单位。

（3）报纸、刊物、图书、广播、电视，从1986年起均要按规定使用法定计量单位；国际新闻使用非我国法定计量单位者，应以法定单位注明发表。所有再版出版物重新排版时，都要按法定计量单位进行统一修订。古籍、文学书籍不在此列。

（4）科学研究与工程技术部门，应率先使用法定计量单位。

（5）仪器仪表和检测设备的改制：

①新设计制造的仪器设备及其图纸、使用说明书、操作规程、产品铭牌，应一律使用法定计量单位。

②仪器仪表老产品，允许有一个生产过渡时间，但需尽早改为法定计量单位。

③使用中的仪器设备，应通过调整、改装，使其符合法定计量单位的要求；不能调整改装的，在设备更新时解决。

（6）计量基准器和计量标准器应全部满足新、旧两种计量单位检定的要求。

（7）市场贸易允许市制单位使用到1990年年底。

（8）农田土地面积单位“亩”的改革在适当时候统一进行。

（9）英制单位必须限制使用。

（10）个别科学技术领域中，如有特殊需要，可使用某些非法定计量单位，但必须与有关国际组织规定的名称、符号相一致。

（11）自1986年起新印制的各种票证改用法定计量单位。

总的来讲，法定计量单位的推行已经取得了巨大的成就。但是，由于历史原因和习惯势力的影响，至今在一些文章、报纸以及广播、电视中，不正确使用法定计量单位，甚至继续使用已废除的计量单位的现象仍时有发生。所以，推行法定计量单位任重道远，有赖于全社会共同努力。

第三节 计量器具

一、概念

计量器具是指单独地或连同辅助设备一起用以进行测量的器具。它包括以下3类：仪器仪表，是将被测的量转换成可直接观察的指示值或等效信息的计量器具；实物量具，是使用时以固定形态复现或提供给定量的一个或多个已知值的器具；标准物质，是有一种或多种足够均匀和很好地确定了的特性，用以校准测量装置、评价测量方法或给材料赋值的一种材料或物质。

计量器具按技术性能和用途可分为：计量基准器具、计量标准器具和工作计量器具。

（一）计量基准器具

计量基准器具，简称计量基准，是在特定领域内复现和保存计量单位量值，并具有最高计量学特性，经国家鉴定、批准作为统一全国量值最高依据的测量标准。《计量法》和《计量基准管理办法》对建立计量基准的原则、条件、程序、法律保护和国际比对都作了明确规定。

（二）计量标准器具

计量标准器具，简称计量标准，是指准确度低于计量基准，用于检定或校准其他计量标准或工作计量器具的计量器具。它在保证单位统一和量值准确可靠的活动中，起着承上启下的关键作用。计量标准按其法律地位、作用和管辖范围的不同，分为社会公用计量标准、部门和企业、事业单位使用的计量标准。社会公用计量标准是指经政府计量行政主管部门建立考核、批准，作为统一本地区量值的依据，在社会上实施计量监督具有公证作用的计量标准。在处理计量纠纷时，只有以计量基准或社会公用计量标准仲裁检定的数据才具有法律效力。计量基准器具和社会公用计量标准器具共同组成我国量值传递系统的“主根系”。部门和企业、事业单位可以根据需要建立本部门、本企业、事业单位的计量标准。

（三）工作计量器具

工作计量器具，相对于计量标准器具而言，亦称普通计量器具，它是指一般日常工作中所用的计量器具。虽然通常它不是计量标准，不用于计量检定，但是也具有一定的计量性能。由于通常它位于量值溯源链的终端，因此工作计量器具的计量性能主要体现在可获得某给定量的测量结果。

二、计量器具的基本特性

（一）计量器具的测量范围和量程

计量器具的测量范围，即计量器具的误差处在规定极限内的一组被测量的值，标称范围两极限之差的模就是量程，即测量范围的最高值与最低值之差。

（二）计量器具的灵敏度

是指计量器具响应的变化除以对应的激励变化，可以理解为计量器具对被测量变化的反应能力。

（三）计量器具的准确度、示值误差

计量器具的准确度是计量器具给出接近真值的响应的能力。

计量器具的示值误差是指计量器具示值与对应输入量的真值之差。

（四）计量器具的重复性

是指在相同的测量条件下，重复测量同一个被测量，测量仪器提供相近示值的能力。

三、工作计量器具的分类管理

依据《计量法》，工作计量器具可以分为两大类：一类是用于贸易结算、安全防护、医疗卫生、环境监测等方面并被列入强制检定目录的工作计量器具；另一类是非强制检定的工作计量器具。

（一）强制检定的工作计量器具的管理

强制检定的管理包括：强制检定的工作计量器具种类和目录由国家法规规定，检定周期与检定规程由政府计量部门根据其实际使用情况规定，使用单位必须按周期申请检定；政府计量行政部门对强制检定的工作计量器具直接按周期实行检定，或授权某单位代表政府计量行政部门严格进行强制检定，任何使用单位或个人均不能拒检，拒检就是违法；强制检定工作计量器具应固定检定关系并定期定点送检。

（二）非强制检定的工作计量器具的管理

非用于贸易结算、安全防护、医疗卫生、环境监测等方面或未列入强制检定工作计量器具目录的为非强制检定工作计量器具。一般多用于生产和科研。使用非强制检定工作计量器具的企业、事业单位，根据这些计量器具的实际使用情况，建立计量器具管理制度，取得相应资质后依法自行定期检定，或送其他具备相应资质的计量检定机构检定。在管理制度确定后，必须严格执行，以保证生产、科研的顺利进行。政府计量行政部门依权进行监督检查，并对危害生产和科研的违法行为追究法律责任。

第四节 计量的监督管理

一、计量器具生产许可管理

对制造、修理计量器具实行许可证制度，实质上是由政府计量行政部门对制造、修理计量器具的单位是否具有制造、修理此种计量器具资格和能力的认可。它是针对列入《依法管理的计量器具目录（型式批准部分）》的装置、仪器仪表和量具等特殊产品依法取的管理手段。《计量法》明确规定，生产单位必须严格按照国家规定组织计量器具的生产。国家质检总局就此公布了《制造、修理计量器具许可证监督管理办法》。

（一）计量器具的型式批准

1. 型式批准的定义

型式批准是承认计量器具的型式符合法定要求的决定，是政府计量行政部门对计量器具的型式是否符合法定要求而进行的行政许可活动，包括型式评价、型式的批准决定。

根据定义，型式批准的性质是属于政府计量行政部门依法履行的行政许可活动，包括了型式评价和型式批准决定两个方面的内容。型式评价是指为确定计量器具型式是否符合计量要求、技术要求和法制管理要求所进行的技术评价；型式批准的目的是为了确定计量器具的型式是否符合法定的要求。

2. 型式评价的定义

型式评价是指为确定计量器具型式可否予以批准，或是否应当签发拒绝批准文件，而对该计量器具的型式进行的一种检查。型式评价是型式批准的重要组成部分，是由政府计量行政部门授权的技术机构负责实施的具有法制性的技术活动。型式评价的内容包括计量要求、技术要求和法制管理要求 3 个方面。

型式评价的依据是计量器具型式评价大纲等技术性法规。

3. 型式批准的法律依据

对计量器具新产品实施型式批准，法律依据是《计量法》《计量法实施细则》和《计量器具新产品管理办法》等法律法规。

4. 型式批准的范围

2005 年，国家质检总局发布《依法管理的计量器具目录(型式批准部分)》，在中华人民共和国境内，凡制造以销售为目的，并且是纳入该目录的计量器具新产品，必须申请型式批准。

5. 层级管理

国务院计量行政部门负责统一监督管理全国的计量器具新产品型式批准工作。省级人民计量行政部门负责本地区的计量器具新产品型式批准工作。

列入重点管理目录的计量器具，型式评价由国务院计量行政部门授权的技术机构进行；其他计量器具的型式评价由国务院或省级计量行政部门授权的技术机构进行。

（二）制造、修理计量器具许可

1. 制造、修理计量器具许可

制造、修理计量器具许可，是县级以上人民政府计量行政部门根据单位或者个人的申请，依据《计量法》规定的要求对其设施、人员和检定仪器设备等必须具备的条件进行考核，经考核合格的准予其从事制造、修理计量器具的行政许可行为。

2. 法律依据

根据《计量法》《计量法实施细则》相关规定，国家质检总局于 2007 年颁布《制造、修理计量器具许可监督管理办法》(质检总局第 104 号令)，进一步明确了对保障国家计量单位制的统一和量值的准确可靠，促进生产、贸易和科学技术的发展，维护市场经济秩序发挥了重要的作用。

3.《制造、修理计量器具许可监督管理办法》的调整范围

根据《制造、修理计量器具许可监督管理办法》调整的范围，包括地域范围、行为范围和计量器具范围。

（1）地域范围

凡是发生在中华人民共和国境内的属于本办法调整的制造、修理计量器具的行为都属于管辖的范围。

（2）行为范围

该办法调整的行为包括三个方面：一是以销售为目的制造计量器具的行为；二是以经营为目的修理计量器具的行为；三是实施制造、修理计量器具许可的监督管理行为。对制造、修理计量器具许可实施监督管理的行为，贯穿于行政许可的全过程，包括受理、考核、核准、发证、监督和处罚等行为。

（3）计量器具范围

应纳入该办法管理的，是列入《依法管理的计量器具目录（型式批准部分）》的75类计量器具。

4. 监督管理职责

国务院计量行政部门统一负责全国制造、修理计量器具许可监督管理工作，省级计量行政部门负责本行政区域内制造、修理计量器具许可监督管理工作，市、县人民政府计量行政部门在省级质量技术监督部门的领导和监督下，负责本行政区域内制造、修理计量器具许可监督管理工作。

二、计量器具检定管理

（一）计量器具强制检定管理

1. 强制检定的范围

计量器具的强制检定是政府实施法制管理的重要内容。根据《计量法》的规定，国务院先后颁布了《计量法实施细则》和《强制检定的工作计量器具检定管理办法》，规定县级以上政府计量行政部门对社会公用计量标准器具、部门和企业、事业单位使用的最高计量标准器具以及用于贸易结算、安全防护、医疗卫生、环境监测方面的列入《强制检定的工作计量器具目录》的计量器具，实施定点定期检定。

强制检定的工作计量器具依照国务院发布的工作计量器具强检管理办法的规定，用于贸易结算、安全防护、医疗卫生、环境监测方面的尺、秤、水表等60项117种工作计量器具属于实行强制检定的对象。这和国际法制计量组织推荐的法制计量重点领域是一致的。多数经济发达国家的规定也都大同小异。有的国家较多侧重于贸易方面的计量器具，也有的国家超出上述范围，还涉及官方执法、政府统计等方面的计量器具。特别应该指出的是，强制检定的工作计量器具必须是被列入《强制检定的工作计量器具目录》中并且直接用于贸易结算、安全防护、医疗卫生、环境监测方面的工作计量器具，上述两个条件必须同时具备，缺一不可。

对已列入强检目录的工作计量器具实施强制检定，随着全国法制计量管理的不断完善，具体的实施方式会依法加以调整。另一方面，对于未列入强检目录，但对保护消费者利益有较大影响的工作计量器具，也可以按法定程序增补进目录中。

2. 执行强制检定的机构

《计量法》第二十条规定：县级以上人民政府计量行政部门可以根据需要设置计量检定机构，或者授权其他单位的计量检定机构，执行强制检定和其他检定、测试任务。实施强制检定应进行合理布局，尽可能就地就近，按行政区划定点定周期进行。即由当地县（市）级政府计量行政部门指定的计量检定机构进行检定，当地不能检定的，则由上一级政府计量行政部门指定的计量检定机构进行检定。各级政府计量行政部门必须依法实施强制检定和监督。

3. 强制检定标识

强制检定的标识为英文字母“CCV”组成，是“China Compulsive Verify”的缩写，即“中国强制检定”的意思。强制检定印证的管理：法定计量检定机构或授权的计量检定机构根据检定结果出具的检定合格印证，是对被检计量器具计量性能及法律地位的证明。因此，检定印证的管理工作是强制检定全部过程中的重要环节。

计量检定印证目前有检定证书、检定结果通知书、检定合格证、检定合格印（鉴印、喷印、钳印、漆封印）和注销印五种。

（1）检定证书。计量器具经检定合格的，由检定机构发给计量检定证书。一般来说，需要确定计量器具示值误差给出修正值的计量器具出具检定证书。检定证书是证明计量器具检定合格的、具有法律效力的技术文件，对其规格、内容及样式有统一的规定。

（2）检定结果通知书。一般用于两种情况：经检定不合格的计量器具，由计量检定机构出具检定结果通知书，并通常要指明不合格的原因；对那些尚无适用的计量检定规程或只需给出检定数据、不需要确定是否合格的计量器具，有时也可以出具检定结果通知书。

（3）检定合格证。检定合格证是在计量器具上使用的一种合格标志，一般用于不宜使用检定印的计量器具，如钢卷尺、竹木直尺、台案秤等。

（4）检定合格印。它也是一种合格证，包括鉴印、喷印、钳印、漆封印等形式，以证明计量器具经检定合格。喷印主要用于一次性检定的玻璃量器；钳印和漆封印对防止某些影响计量器具计量性能的部件被任意变更或调整起保护作用，如电能表、水表、煤气表、出租汽车计价器等。

（5）注销印。为确保强制检定的计量器具准确可靠，对使用频繁的计量器具，应加强对计量器具的抽检工作（如燃油加油机），如抽检不合格，必须对周期检定时作出的合格标记予以撤销，停止使用，这时要使用注销印。

4. 法律责任

《计量法》第二十五条规定：属于强制检定范围的计量器具，未按照规定申请检定或者检定不合格继续使用的，责令停止使用，可以并处罚款。

（二）非强制检定计量器具的管理

1. 法律相关规定

《计量法》第九条第二款规定：非强制检定的计量标准器具和工作计量器具“使用单位应当自行定期检定或者送其他计量检定机构检定，县级以上人民政府计量行政部门应当进行监督检查。”

《计量法实施细则》第十二条规定：企业、事业单位应当配备与生产、科研、经营管理相适应的计量检测设施，制定具体的检定管理办法和规章制度，规定本单位管理的计量器具明细目录及相应的检定周期，保证使用的非强制检定的计量器具定期检定。

2. 溯源体系以及方式

非强制检定的计量器具原则上由使用单位自行决定量值溯源方式。可根据实际，送到具有相应资质的计量检定机构检定，或者是自行建立计量标准开展量值传递。

3. 管理现状及展望

随着社会的发展和改革的深入，国务院计量行政部门对非强制检定的计量器具的管理将规划系列改革，计量器具校准服务已从实施层面逐步引入量值传递溯源系统。虽然当前国家计量法律法规体系暂未对计量器具校准给予明确的法律地位，但部分计量器具量值传递溯源依据已由原计量检定规程（JJG）向计量校准规范（JJF）转换，计量器具校准业务及校准机构的法制管理工作改革动态值得密切关注。

三、计量标准器具核准许可管理

计量标准器具核准，是指县级以上人民政府计量行政部门对计量标准测量能力的评定和开展量值传递资格的确认，包括对新建计量标准的考核和对计量标准的复查考核。

（一）法律法规依据

根据《计量法》第六、七、八条及《计量法实施细则》相关规定，国家质检总局2004年颁布了《计量标准考核办法》，为社会公用计量标准、部门和企业、事业单位的各项最高等级的计量标准考核及监督提供了具体的实施依据。

（二）计量标准器具核准管理

1. 层级管理

国务院计量行政部门组织建立的社会公用计量标准及省级人民政府计量行政部门组织建立的各项最高等级的社会公用计量标准，由国务院计量行政部门主持考核；地（市）、县级地方人民政府计量行政部门组织建立的各项最高等级的社会公用计量标准，由上一级人民政府计量行政部门主持考核；各级地方人民政府计量行政部门组织建立其他等级的社会公用计量标准，由组织建立计量标准的人民政府计量行政部门主持考核。

国务院有关部门和省、自治区、直辖市有关部门建立的各项最高等级的计量标准，由同级的人民政府计量行政部门主持考核；国务院有关部门所属的企业、事业单位建立的各项最高等级的计量标准，由国务院计量行政部门主持考核；省、自治区、直辖市有关部门所属的企业、事业单位建立的各项最高等级的计量标准，由当地省级政府计量行政部门主持考核；无主管部门的企业建立的各项最高等级的计量标准，由该企业工商注册地的计量行政部门主持考核。

主持考核的政府计量行政部门所辖区域内的计量技术机构具有与被考核计量标准相同或者更高等级的计量标准，并有该项目备案计量标准考评员的，应当自行组织考核；不具备上述条件的，应当呈报上一级政府计量行政部门组织考核。

2. 行政许可

受理申请后，主持考核的计量行政主管部门应当将考核所需时间和组织考核的计量行政主管部门通知申请考核单位；组织考核的计量行政部门应当委托具有相应能力的单位（即考评单位）或者考评组承担计量标准考核的考评任务。

经考核确认合格的，由主持考核政府计量行政部门颁发《计量标准考核证书》，计量标准考核证书的有效期为 4 年。在证书有效期内，如需要更换、封存和撤销计量标准，应当向主持考核的政府计量行政部门申报、履行有关手续。计量标准考核证书有效期届满 6 个月前，持证单位应当向主持考核的计量行政部门部门申请复查考核。

（三）计量标准证后监督

主持考核的政府计量行政部门应该不定期地对有效期内的计量标准进行监督抽查。抽查不合格的，限期整改，整改后仍达不到要求的，由主持考核的政府计量行政部门注销其《计量标准考核证书》并予以通报。

主持考核的政府计量行政部门应当采用量值比对、盲样试验或测量过程控制等方式，对《计量标准考核证书》有效期内的计量标准运行状况进行技术监督。建立了计量标准的单位，应当参加由主持考核的政府计量行政部门组织的相应项目的技术监督活动。技术监督结果不合格的，应当限期整改，无正当理由不参加技术监督活动或整改后仍不合格的，由主持考核的政府计量行政部门注销其《计量标准考核证书》并予以通报。

四、计量授权管理

计量授权是指县级以上人民政府计量行政部门，依法授权予其他部门或单位的计量检定机构或技术机构，执行计量法规定的强制检定和其他检定、测试任务。县级以上人民政府计量行政部门，应根据本行政区实施计量法的需要，充分发挥社会技术力量的作用，按照统筹规划、经济合理、就地就近、方便生产、利于管理的原则，实行计量授权。

（一）法律法规依据

根据《计量法》第十九条及《计量法实施细则》相关规定，原国家技术监督局1989年颁布了《计量授权管理办法》，2001年颁布了《法定计量检定机构监督管理办法》，分别对计量授权工作和法定计量检定机构的监督管理提出明确要求。

（二）计量授权形式及要求

计量授权包括以下4种形式：

（1）授权有关部门或单位的专业性或区域性计量检定机构，作为法定计量检定机构；

（2）授权有关部门或单位建立计量基准、社会公用计量标准；

（3）授权有关部门或单位的计量检定机构，对其内部使用的强制检定计量器具执行强制检定；

（4）授权有关部门或单位的计量检定机构或技术机构，承担计量标准、计量认证、申请制造修理计量器具许可证的技术考核，仲裁检定，计量器具新产品定型鉴定、样机试验，标准物质定级鉴定，计量器具产品质量监督试验和对社会开展强制检定、非强制检定。

申请计量授权必须具备以下条件：一是计量标准、检测装置和配套设施必须与申请授权项目相适应，满足授权任务的要求；二是工作环境能适应授权任务的需要，保证有关计量检定、测试工作的正常进行；三是检定、测试人员必须适应授权任务的需要，掌握有关专业知识和计量检定、测试技术，并经考核合格；四是具有保证计量检定、测试结果公正、准确的有关工作制度和管理制度。申请向社会开展计量检定工作的单位，应依据JJF 1069《法定计量检定机构考核规范》相关要求实施考核；申请承担单位内部强制检定工作的计量技术机构，应依据JJF 1033《计量标准考核规范》相关要求实施考核。

经考核合格的单位，由受理申请的人民政府计量行政部门批准，颁发相应的计量授权证书和计量授权检定、测试专用章，并公布被授权单位的机构名称和所承担授权的业务范围。计量授权证书应由授权单位规定有效期，最长不得超过5年。

（三）计量授权的证后监督

取得计量授权证书的机构应接受政府计量行政部门的监督管理，包括监督检查、复查、对投诉或变更等情况的检查等。

批准授权的部门应视机构执行考核规范情况，决定监督检查的频次和检查的范围。监督检查应由批准授权部门组织考核组进行现场检查，检查程序和要求与考核相同。批准授权部门将根据监督检查结论决定是否保留对机构的授权。

五、定量包装商品计量监督管理

随着我国改革开放的深入和经济建设的发展，企业的生产技术和工艺水平有了较大的改进，产品的内在质量和包装质量有了明显的提高，尤其是定量包装商品的大量生产，极大地方便了人们的生活，提高了人们的生活质量。但是，由于定量包装商品生产的特殊性，使得贸易双方不能直接对定量包装商品的净含量进行当面称量，因此给识别和选购定量包装商品的消费者带来了不便。如何保证定量包装商品的净含量计量准确，是生产者和消费者共同关心的问题。

（一）定量包装商品的定义

定量包装商品是指以销售为目的，在一定量限范围内具有统一的质量、体积、长度、面积、计数标注等标识内容的预包装商品，销售前预先用包装材料或者包装容器将商品包装好，并有预先确定的量值（或数量）的商品。需要注意的是，根据定义，日常在超市、商场中，现场称重后每份分别加贴不同标签的预包装商品不属于定量包装商品范畴。

（二）定量包装商品计量监督法律依据

为了保护消费者和生产者、销售者的合法权益，规范定量包装商品的计量监督管理，根据《计量法》并参照国际通行规则，国家质检总局于2005年发布《定量包装商品计量监督管理办法》，用以规范定量包装商品的生产、销售以及对定量包装商品实施计量监督管理行为。该《办法》对定量包装商品计量监督的调整范围、实施主体、生产者及销售者的义务、净含量标注的要求、单件定量包装商品和批量定量包装商品允许短缺量的要求、定量包装商品生产企业计量保证能力的要求、政府计量行政部门的责任与义务以及违反《办法》的处罚等都做出了明确的规定。同年，国家质检总局颁布JJF 1070《定量包装商品净含量计量检验规则》，用以规范定量包装商品净含量计量检验过程的抽样、检验和评价等活动的要求和程序。

（三）定量包装商品计量监督管理内容

国家质检总局对全国定量包装商品的计量工作实施统一监督管理，县级以上地方政府计量行政部门对本行政区域内定量包装商品的计量工作实施监督管理。对定量包装商品实施计量监督检查进行的检验，应当由被授权的计量检定机构按照JJF 1070《定量包装商品净含量计量检验规则》进行。

定量包装商品的计量监督，主要包含定量包装商品净含量标注和商品净含量两个方面的内容。

（1）定量包装商品应在显著位置正确、清晰地标注定量包装商品的净含量，净含量的标注方式符合相关要求；

（2）定量包装商品的实际含量应当准确反映其标注净含量，标注净含量与实际含量之差不得大于相关规定。

定量包装商品的生产者、销售者应当通过加强计量管理，配备与其生产定量包装商品相适应的计量检测设备，保证生产、销售的定量包装商品符合这两项要求。

（四）定量包装商品监督管理应注意的事项

（1）强制性国家标准、强制性行业标准对定量包装商品的允许短缺量以及法定计量单位的选择已有规定的，从其规定；没有规定的，按照《定量包装商品计量监督管理办法》执行。

（2）对定包装商品进行计量监督时，应当充分考虑环境及水分变化等因素对定量包装商品净含量产生的影响，储存和运输等环境条件也可能引起的商品净含量的合理变化。

六、注册计量师管理

（一）定义

注册计量师是指经考试取得相应级别注册计量师资格证书，并依法注册后，从事规定范围计量技术工作的专业技术人员。

（二）计量检定人员管理改革

为加强计量专业技术人员管理，提高计量专业技术人员素质，保障国家量值传递的准确可靠，国家人社部、国家质检总局于根据《计量法》和国家职业资格证书制度有关规定，于2006年联合颁布《注册计量师制度暂行规定》，对从事检定、校准、检验、测试等计量技术工作的专业技术人员，实行职业准入制度，纳入全国专业技术人员职业资格证书制度统一规划。国务院2016年印发《关于取消一批职业资格许可和认定事项的决定》（国发〔2016〕35号）中明确要求，取消原“计量检定员”职业资格许可，与注册计量师合并实施。

（三）注册计量师监管及考试制度

国家人社部、国家质检总局共同负责注册计量师制度工作，并按职责分工对该制度的实施进行指导、监督和检查。各省、自治区、直辖市人社行政部门、政府计量行政部门，按照职责分工负责本行政区域内注册计量师制度的实施与监督管理。

注册计量师资格实行全国统一大纲、统一命题的考试制度，原则上每年举行一次。注册计量师资格考试科目、考试大纲、考试试题，考试试题库由国家质检总局研究拟定，经人社部组织专家审定后组织考试。计量师资格考试合格，颁发人社部门印制的相应级别的《中华人民共和国注册计量师资格证书》。

取得注册计量师资格证书的人员，经过注册后方可以相应级别注册计量师名义执业。国家质检总局为一级注册计量师资格的注册审批机关；各省、自治区、直辖市政府计量行政部门为二级注册计量师资格的注册审批机关，并负责一级注册计量师资格的注册审查工作。经注册审批机关批准注册的人员，核发相应级别的《中华人民共和国注册计量师注册证》，每一注册有效期为 3 年。

第五节 企业计量

企业计量工作主要包括工业计量和商业及服务业计量。

一、工业计量

（一）计量在工业中的地位及作用

1. 技术保障作用

产品质量之优劣，经济效益之高低，物质消耗之多少都是以一定的计量数据来描述的。没有准确的计量手段和科学的计量管理，就不能控制、判断产品的质量，因此计量水平是衡量一个国家工业技术水平的重要标志，一些工业发达国家都把计量、原材料和工艺列为工业生产的“三大支柱”。

2. 决策的依据

ISO 9000质量管理标准中的八大管理原则，有一个是“基于事实的决策方法”原则。这个原则的主要内容指的是有效决策是建立在数据和信息分析的基础上的。而要获得客观真实、准确可靠的数据和信息，就必须依靠计量手段来保证。企业在做出市场决策和生产决策时，必须以计量数据为依据，才能制定出正确合理的政策方针。

3. 科研创新的支撑手段

科研创新活动都必须通过科学试验的手段来实现。科学试验的输出结果就是试验报告，也就是试验的数据结果。所有的结果都必须通过计量活动来保证其准确可靠，从这个角度来看，计量工作理所当然是科研创新的支撑手段。

（二）我国工业计量管理沿革

1. 计划经济时代的管理模式

在计划经济时代，国家设立国家计量局，统一管理计量工作。工业计量主要任务就是统一计量制度，监督指导工业企业建立量值传递体系，把计量工作作为企业生产经营的一项技术基础，建立健全计量技术和管理机构，制定计量规章制度，切实使工业计量在加强改善企业管理，提高产品质量，节约能源以及把整个经济工作纳入以提高效益为中心的轨道起重要作用。为满足国民经济改革、全面振兴的需要，在全国推行工业企业计量定级、升级活动。总的来说，在计划经济时代，企业作为国家行政直接控制的一个单位，计量工作很大部分是由政府计量行政部门通过行政文件和指令，直接参与管理和指导的。

2. 市场经济的管理模式

随着我国社会主义市场经济体制的逐步建立和完善，企业自主权的扩大和政府管理职能的转变，企业生产、经营活动主要是靠市场调节和有关法律法规的制约，企业计量工作逐步过渡到依法自主管理的轨道。近几年来，各级质量技术监督部门根据工业企业的实际需要，对不同类型的企业实行分类指导，引导企业自愿开展计量检测体系的评价，帮助企业完善计量检测体系，提高计量管理水平。现阶段的工业计量管理工作主要以引导、帮扶企业为主。

3. 工业计量管理模式未来展望

随着社会的发展，我国《计量法》的修订，工业计量管理的模式必将还会有所改变。政府计量行政管理将会以公共事务管理为主，能交由市场调节的，将不再直接插手。如具体的企业计量工作，若不涉及公共利益，将由企业根据自身实际和市场需求，自行管理。计量行政管理部门作为一个行政执法部门，只需要依法实施监督，管理公共事务。

（三）当前工业计量的管理

随着社会经济的发展，对企业计量管理工作提出了很多新的要求，在鼓励企业采用国际先进管理经验的同时，要求学习和借鉴国外企业在计量管理方面的先进经验。例如 ISO 10012：2003《测量管理体系　测量过程和测量设备的要求》国际标准在我国企业中的采用；在建设节约型社会中，能源计量工作显得尤为重要；对定量包装商品生产企业实施“C”标志管理，保护消费者和生产者利益等。

1. 测量管理体系

2003 年，ISO/TC 176 技术委员会发布了 ISO 10012：2003《测量管理体系　测量过程和测量设备的要求》国际标准，同年，国家质检总局将其等同转换为国家标准 GB/T 19022—2003。

（1）建立测量管理体系的目的和意义

国际标准 ISO 10012：2003 不仅对测量设备提出了管理要求，而且加大了对测量过程及其测量数据的控制的要求，提出了建立测量管理体系的管理模式。企业建立满足 ISO 10012：2003 的测量管理体系将有利于引导企业建立科学的计量体系，增强企业参与国内外市场竞争的能力。对测量管理体系实行统一的认证制度，将更加有利于企业自觉地按照国际先进的计量测试管理模式建立体系，了解和掌握国外企业计量测试工作在保障产品质量、物料交接、能源结算、环境监测、安全防护、经营管理和提高企业效率方面的通行做法。

企业依据 ISO 10012 标准建立测量管理体系的目的，是确保测量设备和测量过程能够满足预期用途。测量管理体系是通过对测量设备和测量过程的控制，管理因不正确测量结果给组织带来的风险，把产生不正确测量结果的可能性降低到最小程度；把不准确测量结果造成的产品质量风险降低到最小程度，以便使测量管理体系在组织实现产品质量目标和其他目标时起着重要的保证作用。

（2）测量管理体系的构成

测量管理体系主要由计量确认过程、测量过程、管理职责过程、资源管理过程、测量管理体系分析和改进过程等 5 个过程构成。其中，测量设备的计量确认、测量过程控制是核心过程，管理职责过程、资源管理过程、体系分析和改进过程是必要的支持。“所有测量设备应经确认”是计量确认过程的关键，测量过程则以“测量管理体系内的测量过程应受控”为重点。

在管理职责过程中，强调最高管理者和计量职能管理者在计量资源配置、测量管理体系建立及持续改进相关职责。强调最高管理者在测量管理体系中起的关键作用。以顾客为关注焦点，是 ISO 10012 标准的突出特点，要求在测量活动中首先应确定顾客的测量要求，并将其转化成计量要求；以满足顾客对测量过程的计量要求、对测量设备计量确认的计量要求为主线，将测量设备的计量确认和测量过程控制组成一个完整的测量管理体系。

在资源管理过程中，与测量管理体系有关人员的能力和培训、程序及程序文件、测量过程和结果计算有关的软件、测量管理体系运行信息记录、检测设备的控制、测量过程有关的环境条件及与测量相关的外部供方等重要资源的管理，均需要形成特定的程序文件加以规范。

计量确认过程是测量管理体系的核心之一，其输入是顾客的计量要求和测量设备的计量特性，输出包括测量设备的校准和测量设备的验证。在实施过程中，测量设备一览表的建立、测量设备的分类管理、明确测量设备的计量要求、对测量设备进行校准获得其计量物性、测量设备计量特性与计量要求进行比较及结果处置等均属关键步骤。

测量过程是测量管理体系的另一个核心，对每一个测量过程都应该进行设计，对每一个测量过程都应该识别有关的过程要素（影响测量准确的要素）和控制限（计量要求），必须评定测量过程的性能特性，测量过程的有效确认可以通过对相对测量过程的比较或连续分析方法来认可中，测量应该在受控的条件下实施。对测量管理体系覆盖的每个测量过程都应该进行测量不确定度评定，并且确保测量结果能溯源到 SI 单位标准。

测量管理体系分析和改进的目的是证实测量过程和计量确认过程的符合性，并持续改进测量管理体系的有效性。重点着力测量管理体系的内部审核、测量管理体系的监视、不合格测量管理体系、不合格测量过程及设备的控制、纠正及纠正措施、预防措施。

2. 能源计量

（1）能源计量的定义

能源计量作为计量科学的一个重要分支，是指在能源流程中，对各环节的数量、质量、性能参数、相关的特征参数等进行检测、度量和计算。能源计量是能源统计的技术基础。它是能源管理的一项重要技术手段，涵盖了社会生活的各个方面，尤其在工业生产领域，从原材料采集、运输、物料交接、生产过程控制到成品出厂，都需要通过能源计量数据控制能源的使用。

（2）能源计量的作用

能源计量是企业节能工作的基础。能源计量为企业加强能源管理、提高能源管理水平、贯彻国家节能法规、政策、标准，合理用能，提高能源利用效率提供重要的基础保证。

能源计量是落实国家节能政策、法律法规的要求。能源计量是建立节能目标责任制和评价考核体系、建立固定资产投资项目节能评估和审查制度、强化重点耗能企业的节能管理的基础保障。

能源计量是节能监督实施的重要依据。国家依法实施节能监督管理，评价企业能源利用状况的重要依据，是节能监测、节能诊断、能源审计、能源统计、能源利用状况分析等能源管理活动的基础和前提。

(3) 企业能源计量工作主要内容

建立企业能源计量管理体系。在能源进厂储存、加工、转换、输送、分配、消费、余能回收再利用等全过程中各个环节设置测量控制点，形成能源计量网络，实现计量数据化管理，利用现代化手段，例如能源计量信息管理系统软件对能源计量工作进行管理；合理设置能源计量的组织机构，加强企业能源计量和节能管理；制定合理的企业能源计量管理制度。

持续提升企业能源计量检测能力及控制水平。依据 GB 17167—2006《用能单位能源计量器具配备和管理通则》要求，在生产经营的全过程配备满足生产经营需要的能源计量器具，并规范计量器具量传溯源管理，确保计量器具的准确可靠。强化能源计量数据的采集、处理、使用的管理，充分发挥能源计量检测数据在生产经营、成本核算、能源平衡和能源利用状况统计分析等各项工作中的作用。

加强企业能源计量人才队伍的建设。造就一支掌握现代化计量技术和管理知识的专业人才队伍；切实提高重点用能单位的能源计量人员的综合素质。

(4) 能源计量行政管理及监督的主要工作思路

国家质检总局依据《中华人民共和国节约能源法》《计量法》制定《能源计量监督管理办法》，用以明确能源计量工作责任，规范用能单位从事能源计量活动以及实施能源计量监督。各级政府计量行政部门能源计量工作主要思路主要涉及以下内容。

制定相关奖励、激励政策，调动全社会能源计量与节能的积极性。鼓励和支持能源计量新技术的开发、研究和应用，推广经济、适用、可靠性高、带有自动数据采集和传输功能的智能型能源计量器具，促进用能单位完善能源计量管理和检测体系，引导用能单位提高能源计量管理水平。

建立和完善能源计量技术保障体系。鼓励和支持计量技术机构为能源计量监督管理提供技术支持，开展能源计量数据采集、监测；开展能源计量器具计量检定、校准技术研究，确保能源计量器具准确；开展能源计量技术研究、能源效率测试、用能产品能源效率计量检测；为能源审计、能源平衡测试、能源效率限额对标提供技术支持。

建立和完善能源计量考核评价体系，强化对重点用能单位能源计量法制监督。对重点用能单位能源计量器具配备和使用、计量数据管理以及能源计量工作人员配备和培训等能源计量工作情况开展定期检查，实现计量管理从单纯器具管理向过程管理和数据管理转变。

3. 定量包装生产企业的计量保证能力评价

在《定量包装商品计量监督管理办法》中，鼓励定量包装商品生产企业自愿申请计量保证能力评价。

（1）计量保证能力合格标志“C”来源及意义

我国的“C”标志（“China”的第一个字母）是借鉴欧盟实行的E标志的经验而实施的一种符合性评定程序。它既不是全面质量管理体系的认证制度，也不是包装能力检查制度，是介于两者之间的一种管理模式。从实质上看，是由政府对定量包装生产企业计量能力的检查制度；从形式上是企业自愿申请，并使用评审标志的符合性评定（认证）制度。

“C”标志管理方式对生产定量包装商品的企业提出了更高的要求。自愿采纳这种管理方式的企业，只有当其计量保证能力达到《定量包装商品生产企业计量保证能力评价规范》的要求，其生产的定量包装商品的净含量符合《定量包装商品计量监督规定》的要求时，才会允许其生产的定量包装商品的包装上使用“C”标志。

“C”标志管理是一种“三维”监督模式。首先，是企业的自我监督，因为“C”标志的使用源于企业的先行的自我评价；其次，是政府计量行政部门的监督，即在企业自我评价的基础上，政府部门组织必要的核查；最后，是来自市场和消费者的监督。实施“C”标志管理，对提高我国定量包装生产企业计量管理整体水平，保护消费者和生产者利益，促进我国计量工作与国际通行做法相接轨都有重要影响。

（2）定量包装商品生产企业计量保证能力评价

①评价依据。原国家质量技术监督局根据《计量法》《定量包装商品计量监督规定》制定《定量包装商品生产企业计量保证能力评价规定》《定量包装商品生产企业计量保证能力评价规范》，用以明确评价相关要求。

国家质检总局负责全国企业计量保证能力评价工作的指导、管理和监督；省级质监部门负责本行政区域内企业计量保证能力评价工作的监督管理。

②评价程序。自愿参加计量保证能力评价的企业，根据《定量包装商品生产企业计量保证能力评价规范》的要求进行自我评价，达到要求的企业用自我评价声明的方式，明示企业已达到《规范》要求，并向所在省质监部门申请计量保证能力评价。

受理申请的省质监部门对企业自我评价情况按照《规范》的要求组织实施核查。对经核查符合《规范》要求的企业予以备案并颁发《定量包装商品生产企业计量保证能力证书》，允许企业在相应的定量包装商品上使用计量保证能力合格标志“C”。

③评价内容。定量包装商品生产企业计量保证能力评价要求企业完善以下事项：在管理方面，建立与本企业生产相适应的计量体系文件或管理制度并有效实施；在技术方面，配备计量特性符合规定要求的计量设备并实施规范的量值溯源及使用

管理；在产品方面，产品净含量的标注、净含量的误差等均应符合有关规定。

4. 企业计量数据管理

计量数据是评价产品质量的依据，是经营管理的基础，可以通过它确定物资供应的品种和数量，决定销售的主攻方向；计量数据能反映能源消耗水平的高低，可以指导企业及时采取降低能耗的措施；计量数据标志着生产、技术、安全、环保水平，管理好计量数据是非常必要的。

（1）计量数据管理的定义

计量数据管理，主要是指计量数据的采集和反馈，即设法获得计量数据，再把这些数据反馈到有关部门，发挥计量数据的作用。

（2）计量数据管理的分类和特点

计量数据管理通常分为分散管理和集中管理两类。

分散管理即企业中各个部门自己管理有关计量数据，自己采集，自动形成反馈闭环。其特点是反馈迅速，但由于仅仅是一个小反馈系统，割断了数据间的联系，容易忽略数据变化的相互影响。

集中管理方式是由一个部门负责管理和监督各种计量数据并构成计量数据系统，再将其反馈到各决策部门，用来指挥生产。在这样的循环过程中，计量数据的调节作用也得到了充分发挥，计量人员可以不经任何部门而直接获得原始数据，计量部门可以不受计量数据种类的限制，出具一切计量数据。

计量数据管理具有准确性、公正性的特点，最有利于仲裁企业内部的计量纠纷的解决。由计量部门统一监督管理企业计量数据，把计量工作从单纯计量器具管理发展到计量数据管理，即狭义的计量发展到广义的计量，使计量工作更密切地联系企业和经营实际。

（3）计量数据管理的任务

计量数据管理的基本任务应该是考核和认证计量数据的实

测性、准确性和最佳性。计量数据的实测性，考核各部门有关计量数据是否真正由计量器具实际测量得来；计量数据的准确性，即对计量器具准确度是否满足测量要求、计量器具是否正常完好，使用人员是否合理操作，量值是否准确等进行监督、认证；计量数据的最佳性，是通过对测量数据的整理、分析、评价和判断，将计量信息及时反馈用以指导和提高工作质量、产品质量、节能降耗。

（4）计量数据管理的主要范围

根据企业的实际情况，主要对下列范围内的计量检测原始数据进行监督、认证：一是企业全部能源计量检测数据，包括进出厂能源量的检验记录和抄表值，企业发放的主要物料记录和各部门消耗报表等。二是企业全部经营管理物资的计量数据，包括主要原料进出厂的质量检验，铸造、热处理件工艺控制检测，产品关键零部件机构加工计量检测，主要外购件、外协件进出厂质量检测等。三是产品质量主要参数检测数据，指主导产品进出厂整机性能参数的计量检测。

（5）企业如何做好计量数据管理工作

完善计量管理制度，落实制度中关于计量数据管理方面的内容和要求。由企业计量职能部门负责统一管理全企业主要计量数据，建立计量数据记录、采集、确认、分析、反馈管理网络，使计量数据做到“数出一门、量出一家”。同时健全对计量数据的整理、存档保管、备份等制度，防止计量数据散失。

规范计量数据记录格式是管理好计量数据的基础。按照产品工艺文件和产品检验标准、物料和能量测量等项目要求，记录格式应设计应测参数项目等内容，统一采用法定计量单位，及时废止过时的记录格式，根据最新要求进行更新。

提高测量记录工作人员的责任心和技术素质。这是保证计量数据准确可靠的关键之一。在具备合格的环境、设备条件下，测量员应操作规范，正确观察记录示值，不可推算、估算，并填写记录格式要求的全部项目内容，消除涂改现象，以保证量值的实测性和可靠性，提高计量数据记录的清晰性和完整性。

推进企业计量现代管理手段，有条件的企业，应积极采用计算机软件对计量数据进行管理，特别是对于工艺和生产过程的关键控制点实现计量数据采集、监控、处理、输出等全部自动化、网络化，为企业经营管理提供方便、动态、清晰可靠的管理依据。目前，有越来越多的企业采用了计量管理系统软件对企业计量工作进行规范化、科学化的管理。

二、商业及服务业计量

（一）商业、服务业计量工作发展简介

2002—2005 年，为了加强商业及服务业计量监督管理，维护集贸市场经营秩序，保护消费者的合法权益，国家质检总局根据《计量法》《消费者权益保护法》等法律，先后出台了《集贸市场计量监督管理办法》《加油站计量监督管理办法》《眼镜制配计量监督管理办法》《零售商品称重计量监督管理办法》《定量包装商品计量监督管理办法》等，主要通过计量行政及执法手段，规范商业、服务业中的计量行为。

2007 年，为贯彻落实党中央和国务院关于推进社会信用体系建设和构建社会主义和谐社会的总体要求，努力培育市场诚信主体，探索诚信计量体系建设，全面提高商业、服务业诚信计量管理水平，引导行业自律，营造行业诚信经营、公平竞争的和谐市场计量环境，国家质检总局组织制定了《商业、服务业诚信计量行为规范》，拉开诚信计量建设序幕。2010—2015 年，国家质检总局连续组织实施“推进诚信计量、建设和谐城乡行动计划”“计量惠民生、诚信促和谐双十工程”，着力推动“经营者＋政府＋社会”诚信计量运行机制的形成。

2015 年，国家质检总局根据国务院《社会信用体系建设规划纲要》提出的构建守信激励和失信惩戒社会信用运行核心机制的要求，探索建立《诚信计量管理制度》，从企业诚信计量信

息收集、诚信计量信息公开、诚信计量分类管理、诚信计量监督、诚信计量守信激励和失信惩戒等方面寻求强化诚信计量体系建设的可行模式。

（二）商业、服务业诚信计量建设主要内容

商业、服务业经营者应当自觉遵守计量法律、法规、规章的规定，建立健全与自身相关的各项计量管理制度，完善计量管理体系，做好本行业的计量管理。

（1）建立健全进货计量验收、明码标价、计量器具档案管理、计量器具周期检定、计量器具日常维护、经营商品及提供服务计量责任等计量相关管理制度，确保在经营活动中使用合格计量器具、保证商品及服务计量准确。

（2）加强在用计量器具管理。配备符合国家规定及与经营服务相适应的计量器具；加强计量器具的检定、使用及维护管理，在经营过程中使用符合法定要求、性能稳定、准确可靠的计量器具。

（3）加强商品量的管理。销售商品或者提供服务结算短缺量应符合国家规定允许值；现场计量应明示操作过程和计量器具显示，并在必要时允许复测；不得以异物作为商品进行计量并销售。

（4）明确人员岗位职责要求。明确各项计量活动的责任人及其义务，配备专兼职的计量管理人员并强化专业培训，不断提高其计量法制意识和计量技术水平。

（5）建立诚信计量承诺机制。建立诚信计量承诺制度，公开向消费者做出诚信计量方面的承诺，保证经营商品或者提供服务的计量准确；在日常经营活动中认真履行承诺，主动接受社会监督；对自身违反诚信计量承诺的各类行为做出相应的改正和补偿规定。

（6）建立健全计量投诉处理机制。建立专门受理计量投诉的部门，并指定专人负责计量投诉的受理、协调和处理工作；

建立各类投诉举报渠道；在商品交易场所的显著位置设置经过计量检定合格的复验计量器具；及时处理各类计量投诉。

（三）政府计量行政部门推进诚信计量体系的主要思路

1. 加强机制建设，完善相应法律法规

把计量诚信体系建设纳入制度化、法制化建设轨道。积极形成经营者自我承诺、政府部门推动、社会各界监督的三位一体的诚信计量运行机制；通过国家立法、行业立规、社会立德形成法治与德治并重、自律与他律相统一的集社会计量诚信体制、计量诚信服务体制、计量失信惩戒体制为一体的计量诚信体系。

2. 建立计量诚信激励和失信惩戒体系

加大惩戒力度，将诚信计量信息纳入社会信用信息共享，与有关部门联动，形成失信行为联合惩戒机制，共同构建“一处失信、寸步难行”的良好社会氛围。同时，依法履行职责，加大计量监督执法范围、频次，严厉打击、查处计量失信违法行为，解决计量失信行为成本过低的不合理现象；公开计量诚信信息，拓展社会参与信用监督的通道。

3. 强化宣传教育，提高经营者计量自律意识和计量管理水平

充分利用各类媒体和宣传工具，扩大诚信计量宣传实效，提高全民计量诚信意识和维权意识；开展计量法律法规、计量知识培训，帮助企业提高计量管理队伍素质，推动企业进一步完善自我监督机制、不断提高计量管理水平。探索创新诚信计量工作模式，开展诚信计量示范单位创建工作。

第四章　质量管理

第一节　概　述

一、质量管理的基本概念

（一）质量

质量是一组固有特性满足要求的程度。质量是反映实体满足明确和隐含需要的能力的特性总和。

实体是指产品（包括服务）、组织、体系、过程和人员等。

明确的需要一般是指在合同环境下以书面形式规定的各项条款，主要有法律法规的规定、供需双方达成的协议、供方企业内部的各种规定等。

隐含的需要表现为一些众所周知但没有或不必明确规定的需求以及在现有的条件下难以满足的合理需求。如易碎的产品如何防止其破碎是一道难题，如果谁能够首先满足这种要求，就抢得了高质量的先机。所以，满足隐含的需求是促进质量提高、扩大产品市场占有率的关键。

能力是组织、体系或过程实现产品并使其满足要求的本领。能力是质量的核心，它指的是产品所具有的特性，如符合性、功能性、可用性、经济性、美观性、可维修性等，不同的产品具有不同的特性要求。

（二）质量管理

质量管理是在质量方面指挥和控制组织的协调的活动。质量管理涉及组织的各个方面，它要求围绕产品质量形成的全过程，通过制定质量方针和实现质量目标，向市场提供符合顾客和其他相关方要求的产品。因此，质量首先是一个满足客户需要和要求的问题。这意味着质量管理的焦点必须放在为客户服务并使之满意上。

质量管理的主要活动通常包括：制定质量方针和质量目标、进行质量策划、质量控制、质量保证和质量改进。在这些活动中，质量策划、质量控制、质量保证和质量改进都是为制定质量方针和实现质量目标而进行的。当质量方针、质量目标实现后应重新进行质量策划、质量控制、质量保证和质量改进。

质量方针是由企业（组织）的最高管理者正式发布的该企业（组织）总的质量宗旨和质量方向。

质量目标是指在质量方面所追求的目的。质量目标需要与质量方针和持续改进的承诺相一致，并将之分解到组织的相关职能和层面，其实现需是可测量的。

质量策划是质量管理的一部分，致力于制定质量目标并规定必要的运行过程和相关资源以实现质量目标。编制质量计划可以是质量策划的一部分。

质量控制是质量管理的一部分，致力于满足质量要求。质量控制是为了达到质量要求所采取的作业技术和活动，其目的在于监视过程并排除整个质量管理活动中导致不满意的原因，以取得好的经济效益，质量控制和质量保证的某些活动是相关联的。

质量保证是质量管理的一部分，致力于提供质量要求会得到满足的信任。而在质量管理体系中实施并根据需要进行证实的全部有计划、有系统的活动。质量保证的核心是提供信任，包括在组织内部向管理者提供信任，并在合同或其他情况下向外部顾客和其他方提供信任。

质量改进是质量管理的一部分，致力于增强满足质量要求的能力。质量改进是为了向本企业（组织）及顾客提供更多的收益，在整个企业（组织）内所采取的旨在提供活动和过程效益、效率的各种措施。

质量管理体系是在质量方面指挥和控制组织的管理体系。一个企业（组织）的质量管理体系主要是为了满足该企业（组织）内部管理的需要而设计的，比外部顾客的需求更广泛。

二、质量管理的基本原则

质量管理基本原则是质量管理实践经验和理论的总结，是质量管理的最基本、最通用的一般性规律，适用于所有类型的产品和组织，是质量管理的理论基础。2015 版 ISO 9000 与 2008 版相比，发生了较大的变化，将其中 8 项质量管理原则减为 7 项。

（一）以顾客为关注焦点

（1）释义：质量管理的主要关注点是满足顾客要求并且努力超越顾客的期望。

（2）理论依据：组织只有赢得顾客和其他相关方的信任才能获得持续成功。与顾客相互作用的每个方面，都提供了为顾客创造更多价值的机会。理解顾客和其他相关方当前和未来的需求，有助于组织的持续成功。

（3）主要收益：增加顾客价值；提高顾客满意；增进顾客忠诚；增加重复性业务；提高组织的声誉；扩展顾客群；增加收入和市场份额。

（4）可开展的活动：了解从组织获得价值的直接和间接顾客；了解顾客当前和未来的需求和期望；将组织的目标与顾客的需求和期望联系起来；将顾客的需求和期望，在整个组织内予以沟通；为满足顾客的需求和期望，对产品和服务进行策划、设计、开发、生产、支付和支持；测量和监视顾客满意度，并采取适当措施；确定有可能影响到顾客满意度的相关方的需求和期望，确定并采取措施；积极管理与顾客的关系，以实现持续成功。

（二）领导作用

（1）释义：各层领导建立统一的宗旨及方向，他们应当创造并保持使员工能够充分与实现目标的内部环境。

（2）理论依据：统一的宗旨和方向，以及全员参与，能够使组织将战略、方针、过程和资源保持一致，以实现其目标。

（3）主要收益：提高实现组织质量目标的有效性和效率；组织的过程更加协调；改善组织各层次、各职能间的沟通；开发和提高组织及其人员的能力，以获得期望的结果。

（4）可开展的活动：在整个组织内，就其使命、愿景、战略、方针和过程进行沟通；在组织的所有层次创建并保持共同的价值观和公平道德的行为模式，培育诚信和正直的文化；鼓励在整个组织范围内履行对质量的承诺；确保各级领导者成为组织人员中的实际楷模；为组织人员提供履行职责所需的资源、培训和权限；激发、鼓励和表彰员工的贡献。

（三）全员参与

（1）释义：整个组织内各级人员的胜任、授权和参与，是提高组织创造价值和提供价值能力的必要条件。

（2）理论依据：为了有效和高效的管理组织，各级人员得到尊重并参与其中是极其重要的。通过表彰、授权和提高能力，促进在实现组织的质量目标过程中的全员参与。

（3）主要收益：通过组织内人员对质量目标的深入理解和内在动力的激发以实现其目标；在改进活动中，提高人员的参与程度；促进个人发展、主动性和创造力；提高员工的满意度；增强整个组织的信任和协作；促进整个组织对共同价值观和文化的关注。

（4）可开展的活动：与员工沟通，以增进他们对个人贡献的重要性的认识；促进整个组织的协作；提倡公开讨论，分享知识和经验；让员工确定工作中的制约因素，毫不犹豫地主动参与；赞赏和表彰员工的贡献、钻研精神和进步；针对个人目标进行绩效的自我评价；为评估员工的满意度和沟通结果进行调查，并采取适当的措施。

（四）过程方法

（1）释义：当活动被作为相互关联、功能连贯的过程进行系统管理时，可更加有效和高效地得到一致的预期的结果。

（2）理论依据：质量管理体系是由相互关联的过程所组成。理解体系是如何产生结果的，能够使组织尽可能地完善体系和绩效。

（3）主要收益：提高关注关键过程和改进机会的能力；通过协调一致的过程体系，始终得到预期的结果；通过过程的有效管理、资源的高效利用及职能交叉障碍的减少，尽可能提高绩效；使组织能够向相关方提供关于其一致性、有效性和效率方面的信任。

（4）可开展的活动：确定体系和过程需要达到的目标；为管理过程确定职责、权限和义务；了解组织的能力，事先确定资源约束条件；确定过程相互依赖的关系，分析个别过程的变更对整个体系的影响；对体系的过程及其相互关系继续管理，有效和高效地实现组织的质量目标；确保获得过程运行和改进的必要信息，并监视、分析和评价整个体系的绩效；对能影响过程输出和质量管理体系整个结果的风险进行管理。

（五）改进

（1）释义：成功的组织总是致力于持续改进。

（2）理论依据：改进对于组织保持当前的业绩水平，对其内外部条件的变化做出反应并创造新的机会都是非常必要的。

（3）主要收益：改进过程绩效、组织能力和顾客满意度；增强对调查和确定基本原因以及后续的预防和纠正措施的关注；提高对内外部的风险和机会的预测和反应能力；增加对增长性和突破性改进的考虑；通过加强学习实现改进、增加改革的动力。

（4）可开展的活动：促进在组织的所有层次建立改进目标；对各层次员工进行培训，使其懂得如何应用基本工具和方法实现改进目标；确保员工有能力成功地制定和完成改进项目；开发和部署整个组织实施的改进项目；跟踪、评审和审核改进项目的计划、实施、完成和结果；将新产品开发或产品、服务和过程的更改都纳入到改进中予以考虑；赞赏和表彰改进。

（六）循证决策

（1）释义：基于数据和信息的分析和评价的决策更有可能产生期望的结果。

（2）理论依据：决策是一个复杂的过程，并且总是包含一些不确定因素。它经常涉及多种类型和来源的输入及其解释，而这些解释可能是主观的。重要的是理解因果关系和潜在的非预期后果。对事实、证据和数据的分析可导致决策更加客观，因而更有信心。

（3）主要收益：改进决策过程；改进对实现目标的过程绩效和能力的评估；改进运行的有效性和效率；增加评审、挑战和改变意见和决策的能力；增加证实以往决策有效性的能力。

（4）可开展的活动：确定、测量和监视证实组织绩效的关键指标；使相关人员能够获得所需的全部数据；确保数据和信息足够准确、可靠和安全；使用适宜的方法对数据和信息进行分析和评价；确保人员对分析和评价所需的数据是胜任的；依据证据，权衡经验和直觉进行决策并采取措施。

（七）关系管理

（1）释义：为了持续成功，组织需要管理与供方等相关方的关系。

（2）理论依据：相关方影响组织的绩效。组织管理与所有相关方的关系，以最大限度地发挥其在组织绩效方面的作用。对供方及合作伙伴的关系网的管理是非常重要的。

（3）主要收益：通过对每一个与相关方有关的机会和限制的响应，提高组织及其相关方的绩效；对目标和价值观，与相关方有共同的理解；通过共享资源和能力，以及管理与质量有关的风险，增加为相关方创造价值的能力；使产品和服务稳定流动的、管理良好的供应链。

（4）可开展的活动：确定组织和相关方（例如：供方、合作伙伴、顾客、投资者、雇员或整个社会）的关系；确定需要优先管理的相关方的关系；建立权衡短期收益与长期考虑的关系；收集并与相关方共享信息、专业知识和资源；适当时，测量绩效并向相关方报告，以增加改进的主动性；与供方、合作伙伴及其他相关方共同开展开发和改进活动；鼓励和表彰供方与合作伙伴的改进和成绩。

三、质量管理的发展趋势

回顾质量管理的发展历史，可以清楚地看到质量的概念在不断地拓宽和深化，人们在解决质量问题中所运用的方法、手段也是在不断发展和完善的，而这一过程又是同科学技术的进步和生产力水平的不断提高密切相关的。同样可以预料，随着新技术革命的兴起、知识经济的到来，以及由此而提出的挑战，人们对质量的认识也将促进质量的迅速提高。在21世纪，不仅质量管理的规模会更大，更重要的是，质量将被作为政治、经济、科技、文化、自然环境等社会要素中一个尤为重要的因素来发展。综合世界各国质量管理的发展演变情况及对今后发展的预测，普遍认为，今后的世界质量管理的发展趋势有以下几个方面。

（一）质量的载体不再局限于企业的产品

随着质量管理理论和实践的不断发展，质量管理的载体不再只针对企业产品以及过程和体系或者它们的组合。质量载体将由以制造业为主的工业企业产品向全社会的各种组织所产出的服务和产品转变，包括医疗卫生、交通运输、政府银行等单位，而质量载体不仅包括生产制造过程也将包括设计、规划、供应、销售和服务等相关过程。

（二）质量管理的内容将向注重质量改进和质量保证转变

从内容上看，传统质量管理的核心是对生产过程的控制来防止不合格产品的产生，以保证产品符合规定的质量标准。激烈的市场竞争和国际环境将促使企业在关注质量控制的同时开始转向质量改进和质量保证。通过质量控制和质量保证活动，发现质量工作中的薄弱环节和存在问题，再采取针对性的质量改进措施，进入新一轮的质量管理 PDCA 循环，以不断获得质量管理的成效。

（三）质量管理在方法上将与计算机更加紧密地结合在一起

在质量管理方法方面，对质量管理的单一检验方法将发展为各种管理技术和方法的一起应用。在质量管理活动中，将引入更多的计算机辅助设计和制造及机器人的应用。在自动化生产中，对产品的设计、生产过程采用一系列在线检测技术，取代传统的事后成品检验方法。

（四）质量管理监督主体将不只是企业和相关质检部门

传统的质量管理监督的主体只是企业的质量检测人员以及政府的质监部门等，随着科学技术的飞速发展以及网络和计算机等科技产品的普及，质量监督的主体、形式都将更加丰富。

企业内部的质量监督不再局限于专业质检人员，而是全员参与；企业外部的政府监督、行业监督和社会监督将会发挥更多的积极作用。质量管理将会更加公开和透明。

（五）质量管理的空间范围将朝着国际化发展

以信息技术和现代交通为纽带的世界一体化的潮流正在迅速的发展，各国经济的依存度日益加强。其中生产过程和资本流通的国际化，是企业组织形态的国际化的前提；技术法规、标准及合格评定程序等，是质量管理的基础性、实质性的内容，采用国际通用的标准和准则，传统的质量管理必然跨越企业和国家的范围而国际化。全球出现的 ISO 9000 热以及种类繁多、内容广泛的质量认证制度得到市场的普遍认同，也从一个侧面展现了质量管理的国际化。

第二节 政府质量管理

政府质量管理亦即宏观质量管理，是政府在宏观的层面对一个国家或地区总体质量状况进行管理控制和促进提升的过程。

一、政府质量管理的职能和内容

（一）政府质量管理的职能

随着经济体制改革的不断深化，原来建立在计划经济体制基础之上的政府架构已经发生了质的变化，政府职能从经济建设型向社会管理型转变，从行政管制型向公共服务型转变，政府的质量管理职能和方式也不断变化。现阶段，理论界和政府层面达成共识，政府质量管理履行四大职能：经济调节、市场监管、社会管理和公共服务。

（二）政府质量管理的内容

政府质量管理的内容定位为两个层次：一是质量安全管理，主要通过法制、行政手段，确保产品及服务质量不危及消费者人身财产安全，不危及社会公共利益。这是政府质量管理的底线要求，也是政府质量管理的核心内容。二是质量提升管理，主要是通过规划、引导、激励等软性措施，促进整个社会质量水平的提升。

1. 质量安全

质量安全就是总体质量问题给人们带来的安全伤害。主要包括以下方面内容：一是确定质量安全规则，二是建立质量安全责任体系，三是处罚非法的市场行为。

2. 质量提升

质量提升就是要以“努力把我国产品质量提高到新水平”为总目标，通过努力提升服务发展的水平，增强推动经济又好又快发展的有效性；努力提升基础保障和基层建设的水平，提高履行职能的综合能力。通过大质量工作机制建设，促进各级政府进一步加强对质量工作的领导，促进广大企业进一步发挥主体作用，促进有关部门进一步加强政策支持和服务力度，促进全社会进一步增强质量意识，共同营造有利于质量进步的社会环境。质量提升就是通过规划、引导、激励等措施，促进企业夯实质量基础，完善质量保证体系，加强质量管理，推动我国质量总体水平的不断提高。

新时期宏观质量管理工作中的质量提升主要包括以下三个方面的内容：一是质量规划，这种规划不仅包括对单纯质量发展指标的规划，还包括经济发展的综合质量目标、科技文化人才发展质量目标、环境质量目标、人民生活质量目标、政府工作效率和服务质量目标等多个层次和领域；二是政策引导，即在充分发挥市场竞争机制作用的基础上，通过制定相关政策，促进优良资产和生产力要素向优势产业、优势企业和优势产品集中，促使其实现跨越式发展，进而拉动区域经济的发展；三是建立和推动激励机制，在全社会营造重视质量、关注质量的舆论氛围，对于绩效卓越的企业或组织实行政府质量奖励。

二、政府质量管理的原则

政府质量管理的实质是政府与市场、社会的界限问题，即政府何时干预市场活动，何时由市场和社会自行解决所出现的问题。一般认为，只有在市场出现失灵情况时，为提高资源配置效率，维护社会公平正义，政府才出面干预。也就是说，政府质量管理应当在市场机制的基础上发挥作用，这是基本原则。

（一）区别行权的原则

前面提到，政府质量管理的内容分为两个层次，即质量安全监管和质量提升管理，针对这两个层次的管理，所运用的管理措施和方式是不一样的，必须坚持区别行权的原则。质量安全监管这一层次主要要用行政、法律的强制手段实现，这一手一定要“硬”。但在“硬”的过程中也要注意方法，在法治的前提下追求合理性，即合理使用行政自由裁量权。二是质量提升这一块，主要通过企业竞争、市场内生机制调节去实现，因为在良好市场竞争秩序下，质高价低的产品自然会占领市场，反推这一过程就是市场逼迫企业不断改进、提升质量。政府在这个过程的重点工作是规划、引导、激励、推动，如我们推动设置政府质量奖就是这一类。不能用政府行为代替企业行为、市场行为，干扰企业正常生产经营活动，这一手一定要“软”。在实际工作中，一定要注意宏观质量管理方式，对不同类的质量管理内容要用不同的管理方式，不能平均用力，以致该“硬”的一手“硬”不起来，该“软”的一手往往显得很“硬”。

（二）以人为本的原则

在构成宏观质量管理的所有要素中，人是最重要的因素。

无论是作为质量的供应方——企业，还是作为质量的需求方——消费者或用户，两者基本的主体都是人。在质量的供应侧，企业只有高质量、高素质的人存在，才会有高质量的产品和服务。在质量的需求侧，任何质量的生产和服务，说到底是基于人的需求而存在。因此，政府质量管理的最基本目标，就是满足人的需要，实现人的满意。

（三）质量安全优先的原则

对一个社会而言，产品质量整体水平如何，首先要看质量伤害的控制，也就是质量安全底线的把握。因此，对质量安全底线进行把握，确保产品安全政府产品质量监管的主要目标。质量安全作为质量底线，需要社会监督力量的协同，但最重要的监管力量来自于政府质量监管组织。因为这个强制性并非企业自愿，而是一个社会强制性标准。政府作为一个社会具有“刹车”功能的行政管理组织，其最大的价值取向是追求对风险的规避。

（四）监管独立性原则

政府监管的独立性，也就是政府质量监管部门与监管对象无利益关联，是政府质量监管保持公正和权威的前提。政府产品质量抽查是政府在质量领域行使公共权力的行为，既不是面向企业的质量服务，也不是企业的自愿行为，所需资金应当通过公共财政予以解决。如果向企业收费，势必对监管的公正性、权威性产生影响。因为质量抽查和监管是政府履行质量监管职能的法定手段，理应由政府财政为这种抽查和监管行为支付全部的公共资金。

（五）成本效益原则

成本收益分析程序最初产生于美国，是一种通过为决策者提供关于监管措施潜在收益和成本的详细信息、促进监管机构对是否监管以及怎样监管做出理性决策的程序机制。通过成本收益分析，除非监管的社会收益能证明其社会成本是适当的，否则不应该实施监管；通过对不同监管领域及相应监管政策的成本和收益的比较，选择能为社会带来最高的净收益的监管目标；通过对不同监管工具的成本收益比较，选择对社会净成本最小、净收益最大的方法。

（六）质量信息公开原则

政府质量监管职能的发挥，取决于对质量监管数据的准确把握，因此，政府应建立对监管质量信息进行统计的体系，建立数据快速获取的机制，建立覆盖不同质量监管机构的数据来源系统。同时，还要对数据进行科学分析，通过持续的分析，提高质量监管水平。只有做好对监督检查结果的统计和分析工作，才能在宏观上把握本地区产品制造的总体情况，才能为政府决策提供依据，才能正确引导消费，也才能发挥政府部门服务经济社会发展，促进经济又好又快发展的职能。

（七）法定授权原则

法定授权原则要求合理界定政府监管的边界。一般说来，只有在市场出现失灵情况时，为提高资源配置效率，维护社会公平正义，政府才出面干预。监管是通过规范和控制市场主体的经济活动以及伴随其经济活动所产生的社会问题来矫正市场失灵的一种政府治理方式。按照现代法治的要求，为防止行政行为的失控和滥用，维护公民权益，任何一项监管权的取得都必须有合法的授权依据，并得以依法行使。

三、质量强国战略及质量强省（市）活动

（一）质量强国战略

质量强国战略在 2011 年 1 月召开的全国质检工作会议上首

次明确提出，即“国家强，则质量必须强。经济社会又好又快发展，必须好字当头，质量第一”。2012 年 2 月，国务院印发《质量发展纲要（2011—2020 年）》以建设质量强国为主线，规划了未来十年质量发展的宏伟蓝图，正式拉开实施质量强国战略的大幕。

1. 将“质量强国”上升为国家战略的原因

（1）实施“质量强国”战略是我国由制造大国向制造强国转变的必然选择。我国质量整体水平的提高滞后于经济规模的增长。主要原因是企业提升质量的内在动力不足，自主创新和品牌创建能力不强，原创性产品和技术不多，生产和使用中资源能源消耗大、环境污染严重，质量安全事故时有发生，制约质量创新和发展的深层次矛盾仍然存在。

（2）实施“质量强国”战略是国家强大的必由之路。在现代国际经济发展史上，质量在大国崛起中扮演着重大的推进作用。德国、日本、美国等发达国家的实践表明，在社会经济进入快速发展的关键时期，在解决发展速度的同时，必须解决发展质量的问题，必须把质量摆在重要的战略位置来抓。

（3）实施“质量强国”战略的条件基本成熟。经过改革开放 30 余年的发展，尤其是《质量振兴纲要（1996—2010 年）》实施 15 年后，我国已具备了实施“质量强国”战略的基础条件，迎来了历史性的机遇。

2. 实施质量强国战略的意义

（1）全面实施质量强国战略，是实现“双中高”的重要支撑。我国仍处于并将长期处于社会主义初级阶段，发展是硬道理，是解决所有问题的关键。但必须认识到过去主要依靠资源要素投入、规模扩张的粗放式发展模式已难以为继，新时期的发展应该是以提高质量和效益为中心的科学发展。只有牢牢抓住质量效益这个关键，将提质增效升级作为主攻方向和动力源泉，才能推动转方式调结构，促进传统产业改造升级，加快培育新的经济增长点和增长极，实现经济中高速增长、产业迈向中高端水平。

（2）全面实施质量强国战略，是推进供给侧结构性改革的重要内容。习近平总书记强调，供给侧结构性改革的根本目的是提高供给质量满足需要，使供给能力更好满足人民日益增长的物质文化需要。李克强总理指出，以供给侧结构性改革提高供给体系的质量和效率，进一步激发市场活力和社会创造力。当前，我国经济持续发展，一方面购买力不断增强、质量需求不断升级，另一方面产品的品质、品种、规格和安全性还满足不了消费需求。有效供给能力不足，质量安全事件时有发生，也导致消费能力严重外流。我们必须下大力气严格质量标准，保证产品质量安全，狠抓质量品牌提升，以质量供给升级满足需求结构升级，促进经济发展实现由低水平供需平衡向高水平供需平衡的跃升。

（3）全面实施质量强国战略，是培育国际竞争新优势的重要途径。2008 年国际金融危机以来，发达国家经济复苏乏力，有效需求下降。再工业化、产业回流本土的进口替代效应增强，贸易保护不断强化，我国产品出口面临的挑战增多。与此同时，我国劳动力等生产要素成本上升较快，东盟等新兴经济体和其他发展中国家凭借劳动力成本和比较优势积极参与国际分工，加快抢占我国传统出口市场。在双重挤压下，我国以价格竞争为主的外贸发展路径举步维艰，必须加快培育形成以技术、标准、品牌、质量、服务为核心的对外经济新优势。

3. 建设质量强国的基本标志

（1）“中国制造”产品品种齐全、质量可靠、性能优良。

（2）大中型企业管理卓越、创新能力强、品牌影响力大。

（3）现代产业结构优化、技术先进、清洁安全、附加值高、核心竞争力强。

（4）质量工作体制机制健全、管理科学、运转高效、保障有力。

（5）质量人才队伍满足现代质量发展需求，涌现一批具有国际影响力的质量专家。

(6) 拥有一个法制健全、公平竞争、优胜劣汰的市场环境。

(7) 拥有一个人人追求高质量、人人享受高质量的社会氛围。

(二) 质量强(兴)省活动

实施质量强(兴)省战略是我国推动区域经济发展的一项创新性举措，是各省(区、市)政府履行宏观质量管理的重要职能，是在地方政府统一组织和领导下，以提高地方整体质量水平为突破口，通过采取一系列质量管理措施，以达到推动地方经济持续健康发展目的的活动。

2004年海南省第一个开展质量兴省活动。截至2016年12月，全国已经实施质量强(兴)省战略的省份达到了30个。其中，15个省提出了实施质量强省战略，包括：山西、内蒙古、辽宁、吉林、江苏、浙江、福建、江西、山东、河南、湖北、广东、广西、四川、青海等。通过实施质量强(兴)省战略，地方政府对质量工作的领导责任有所增强，政府各部门在大质量理念下协调共同推进质量提升的能力水平显著提高，全社会质量及时普遍增强，有效促进了产品、工程、服务和环境质量的提升。

(三) 全国质量强市示范城市活动

全国质量强市示范城市是由国家质检总局主办，为贯彻落实国务院颁布的《质量发展纲要(2011—2020年)》关于“广泛开展质量强省(区、市)活动”和实施“地区间质量对比提升”的要求，全面提高质量管理水平，推动建设质量强国，促进经济社会又好又快发展，进一步动员全社会重视和加强质量工作而开展的一项活动。

1. 活动范围

《争创“全国质量强市示范城市”活动指导意见》中规定的计划单列市、副省级城市、直辖市的城区、地级市、县级市等五类城市及地区。

2. 申报条件

已开展质量强（兴）市活动并成效显著，城市质量发展战略明确清晰，城市质量文化特色鲜明，城市质量基础保障有力，城市工作组织坚强有力，质量宏观管理成效明显，产品质量显著提升，工程质量大幅提高，服务质量满意度不断提高，质量发展成果全民共享的城市。

3. 工作步骤

（1）动员部署。各省（自治区、直辖市）质量技术监督局会同直属检验检疫局按照要求，于二季度组织做好本地区争创“全国质量强市示范城市”活动的部署、宣传和动员工作。

（2）城市申报。省级质量技术监督局会同直属检验检疫局于三季度组织申报城市政府如实填写申报表，确定申报的城市要积极向本市人大、政协汇报争创活动的安排和设想，并请人大委员、政协代表做好监督和指导。申报城市按规定时间向省级质量技术监督局提出申请，递交相关申报材料。

（3）初步审查。省级质量技术监督局会同直属检验检疫局对申报地区进行初步检查，根据现场检查情况，向本省“质量兴省（市）”领导小组（或省级人民政府）提出推荐建议和意见。

（4）推荐争创。各省（自治区、直辖市）“质量兴省（市）”领导小组（或省级人民政府）根据省级质量技术监督局会同直属检验检疫局初步审查情况及推荐建议，于9月底前将推荐文件、推荐名单和申报材料的书面和电子版送国家质检总局。

（5）批准争创。国家质检总局根据各省（自治区、直辖市）“质量兴省（市）”领导小组（或省级人民政府）推荐意见，组织有关专家对城市申报材料进行初步审核和论证，向国家质检总局提出初审结论，国家质检总局根据专家论证情况和初审结论，对符合有关要求的城市，批准开展争创活动。

（6）开展创建。获得批准开展争创活动的城市应在3个月内提出具体创建计划，按照国家质检总局指导，24个月内完成有关创建工作，经省级质量技术监督局会同直属检验检疫局考核检查，并报质量兴省（区、市）领导小组（或省级人民政府）审核后，以有关城市人民政府名义正式向国家质检总局提出验收申请。

（7）现场验收。国家质检总局根据有关城市提出的验收申请，组织专家按照考核验收指标和评分规则对申报城市进行现场评审验收，开展满意度调查，并听取城市市民的意见。

（8）公示授牌。国家质检总局根据现场考核验收情况，经向社会公示、公开征求意见后，作出授予符合要求的城市“全国质量强市示范城市”称号的决定，并对有关城市进行授牌。

4. 考核验收指标

从10个方面、50项内容对创建城市的市本级进行考核验收，满分1060分（其中60分为加分项目），有如下方面：

（1）城市质量发展战略规划明确清晰（满分80分）；

（2）城市质量文化特色鲜明（满分110分）；

（3）城市质量基础保障有力（满分140分）；

（4）城市质量工作组织坚强有力（满分150分）；

（5）质量宏观管理成效明显（满分120分）；

（6）产品质量显著提升（满分100分）；

（7）工程质量大幅提高（满分100分）；

（8）服务质量满意度不断提高（满分100分）；

（9）质量发展成果全民共享（满分100分）；

（10）质量发展实现制度创新、方法创新和机制创新（加分项目，满分60分）。

四、质量诚信体系建设

（一）质量诚信的概念

质量诚信是个人、群体（如企业）或政府在质量领域的诚实守信行为。对产品生产经营者来讲，质量诚信就是在涉及产品质量的一切经济活动中，信守质量承诺的思想、意识和行为。

（二）质量诚信体系建设的总体要求

经过多年的探索和努力，我国质量诚信体系建设取得了一定成绩，全社会质量诚信意识有了较大的提高，绝大多数企业讲公德、守信用、重质量，为保障质量安全，提升质量水平做出了贡献。但是我们必须清醒地看到，我国质量诚信体系建设的进度还不能适应社会经济发展的要求。特别是近年来我国产品质量和食品安全事故屡有发生，“吊白块”“问题奶粉”“假葡萄酒”“染色馒头”“爆炸西瓜”“地沟油”“地条钢”“黑心棉”“土炼油”等违法事件严重危及人民健康安全，假冒伪劣屡禁不止。

2012 年 2 月 6 日，国务院印发的《质量发展纲要（2011—2020 年）》明确提出：“推进质量诚信体系建设。健全质量信用信息收集与发布制度。搭建以组织机构代码实名制为基础、以物品编码管理为溯源手段的质量信用信息平台，推动行业质量信用建设，实现银行、商务、海关、税务、工商、质检、工业、农业、保险、统计等多部门质量信用信息互通与共享。完善企业质量信用档案和产品质量信用信息记录，健全质量信用评价体系，实施质量信用分类监管。建立质量失信‘黑名单’并向社会公开，加大对质量失信惩戒力度。鼓励发展质量信用服务机构，规范发展质量信用评价机构，促进质量信用产品的推广使用，建立多层次、全方位的质量信用服务市场。”

（三）我国质量诚信体系建设的主要任务

（1）不断完善质量信用标准体系。以规范和服务质量诚信体系制度建设为目的，加快质量信用基础标准、质量信用技术标准、质量信用服务标准、质量信用管理标准的研制，建立统一的质量信用信息征集评价、共享和应用标准，形成比较完善的质量信用标准体系。

（2）加快质量信用信息化建设。以组织机构代码实名制为基础建立企业质量信用档案，以物品编码为溯源手段建立产品质量信用信息平台，充分利用现代信息化技术，归集质检部门依法履职过程中产生的企业质量信用信息。推动建立质检、工信、农业、税务、工商、金融等相关部门，以及行业组织之间的质量信用信息互联互通共享机制，逐步实现质量信用信息的公开、共享。

（3）实施质量信用分级分类管理。探索建立企业质量信用分类管理制度，将质量诚信建设与注册登记、行政许可、融资信贷等工作紧密结合，依据企业质量信用等级，实行分类管理，针对不同的信用等级采取不同的监管措施。加强质量失信企业风险分析，对风险较大的企业进行预警或警告。依托企业质量信用档案，建立国家、省（区、市）、市、县四级质量信用信息联动机制，提高扶优治劣、质量监管等工作效率。

（4）健全质量信用奖惩机制。在企业生产许可、食品认证、强制性认证、质量相关奖励等工作中，将质量信用情况作为考核条件，鼓励和支持重质量、讲诚信的企业发展。推动银行、公安、工信、商务、海关、税务、工商、保险、统计等部门的合作，在国家食品储备、政府采购、招投标管理、公共服务、国有企业考核评价、项目核准、市场准入、技术改造、融资授信、资金政策等方面共享企业质量信用信息，探索建立部门诚信联动机制。

（5）建立质量信用“黑名单”制度。研究制定质量信用“黑名单”制度，将严重失信企业纳入“黑名单”，依法向社会披露和曝光其违法、违规行为，利用市场机制和法律手段惩处质量失信行为。制定和实施对列入“黑名单”企业严格监管的措施，加强相关部门的情况通报和沟通合作，建立失信行为联合惩戒机制，加大对严重失信企业的惩戒力度。

（6）完善质量信用信息发布制度。制定质量信用信息共享和使用管理规定，明确信息公开的内容和范围，保障质量信用信息资源的开放和有效应用。除国家法律法规另有规定外，各部门应向社会发布业务范围内产生的企业质量信用记录，引导社会舆论监督。质检部门要建立和完善专门的产品质量信用记录网站，动态更新维护产品质量信用记录，有效服务社会监督。

（7）推动企业建立质量诚信体系。引导和促进企业完善质量诚信内部管理制度，建立覆盖设计、采购、生产和营销服务全过程的质量诚信管理制度，加强员工质量责任感和质量诚信意识的教育。以重点监管产品为切入点，组织企业开展质量诚信承诺活动，定期发布质量信用报告。建立重大质量事件企业主动报告制度和产品质量追溯制度，保证产品质量安全，切实履行企业质量主体责任。充分发挥中央企业和重点企业的引领和示范作用，推动企业质量诚信体系的建设工作。

（8）加强企业质量诚信文化建设。以企业质量诚信体系建设为载体，以质量法制意识和质量诚信意识教育为主要内容，加强企业质量诚信文化宣传和教育，引导和推动企业和员工弘扬诚信传统美德，增强企业法制意识、责任意识、质量诚信意识，逐步形成以诚实守信、履行责任、持续改进、追求卓越为核心的企业质量文化，自觉抵制违法生产经营行为，牢固树立质量是企业生命的理念，实施以质取胜的经营战略。

（9）加快行业质量诚信自律机制建设。引导和推动行业组织制定行业质量诚信守则规范，完善行规行约，明确各行业诚信责任和义务。要在各行业内广泛开展质量诚信宣言、公约等自律活动，建立企业质量失信举报制度，抵制行业不正之风，营造行业诚信氛围。行业组织要发挥桥梁纽带作用，及时掌握分析本行业企业诚信动态，加强沟通，协助政府有关部门做好质量安全信息披露工作，适时发布行业质量信用预警信息，促进行业健康发展。

（10）推进质量信用服务发展。建立质量信用服务机构管理制度，加强中介服务行业诚信自律，鼓励信用服务机构根据行业企业特点，对信用信息进行深度开发，推动信用服务机构发展。按照政府主导、行业推动、市场运作的模式，遵循企业自愿、社会参与、标准统一、公正公开的原则，指导第三方信用服务机构开展企业信用评价。鼓励第三方开发有特色、多样化、高质量的企业质量信用服务产品，引导质量信用服务商品化。

第三节 企业质量管理

企业质量管理是指企业为了提高企业产品质量，改善产品设计，加速生产流程，鼓舞员工的士气和增强质量意识，改进产品售后服务，而把质量管理在企业中全面应用的过程。

一、企业质量管理的发展历程

企业质量管理的产生和发展过程走过了漫长的道路，可以说是源远流长。人类历史上自有商品生产以来，就开始了以商品的成品检验为主的质量管理方法。根据历史文献记载，我国早在 2400 多年以前，就已有了青铜制刀枪武器的质量检验制度。随着社会生产力、科学技术和社会文明的发展，质量管理的含义也在不断丰富和扩展。

企业质量管理的发展历史大致划分为传统质量管理阶段、质量检验管理阶段、统计质量管理阶段、全面质量管理阶段和卓越绩效管理阶段 5 个阶段。

（一）传统质量管理阶段

这个阶段从开始出现质量管理一直到 19 世纪末资本主义的工厂逐步取代分散经营的家庭手工业作坊为止。这段时期受小生产经营方式或手工业作坊式生产经营方式影响，产品质量主要依靠工人的实际操作经验，靠手摸、眼看等感官估计和简单的度量衡测量而定。工人既是操作者又是质量检验、质量管理者，且经验就是“标准”。质量标准的实施是靠“师傅带徒弟”

的方式口授手教进行的。因此，有人有称之为“操作者的质量管理”。

（二）质量检验阶段

20世纪初，质量检验成为一种专门工序从加工制造中分离，但人们对质量管理的理解还只限于质量的检验。质量检验历来所使用的手段是各种检测设备和仪表，方式是严格把关，进行百分之百的检验。期间，美国出现了以泰勒为代表的“科学管理运动”。“科学管理运动”提出了在人员中进行科学分工的要求，并将计划职能与执行职能分开，中间再加一个检验环节，以便监督、检查对计划、设计、产品标准等项目的贯彻执行。这就是说，计划设计、生产操作、检查监督各有专人负责，从而产生了一支专职检查队伍，构成了一个专职的检查部门，这样，质量检验机构就被独立出来了。起初，人们非常强调工长在保证质量方面的作用，将质量管理的责任由操作者转移到工长，人们称之为“工长的质量管理”。后来，这一职能又由工长转移到专职检验人员，由专职检验部门实施质量检验，人们称之为“检验员的质量管理”。

质量检验是在成品中挑出废品，以保证出厂产品质量。但这种事后检验把关，无法在生产过程中起到预防、控制的作用，且百分之百的检验，增加了检验费用，在大批量生产的情况下，其弊端就突显了出来。

（三）统计质量阶段

这一阶段的特征是数理统计方法与质量管理的结合。第一次世界大战后期，美国统计质量控制（SQC）理论创始人休哈特将数理统计的原理运用到质量管理中来，并发明了控制图。他认为质量管理不仅要搞事后检验，而且在发现有废品生产的先兆时就要进行分析改进，从而预防废品的产生。控制图就是运用数理统计原理进行这种预防的工具。控制图的出现，是质量管理从单纯事后检验进入检验加预防阶段的标志。

第二次世界大战开始以后，统计质量管理得到了广泛应用。美国军政部门组织一批专家和工程技术人员，于1941—1942年间先后制定并公布了《质量管理指南》《数据分析用控制图法》和《生产过程质量管理控制图法》，强制生产武器弹药的厂商推行，并收到了显著效果。从此，统计质量管理的方法得到很多厂商的应用，统计质量管理的效果也广泛地显现出来。第二次世界大战结束后，美国许多企业扩大了生产规模，除原来生产军火的工厂继续推行质量管理方法以外，许多民用工业也纷纷采用这一方法，美国以外的许多国家，也都陆续推行了统计质量管理，并取得了成效。

但是，统计质量管理也存在着缺陷，它过分强调质量控制的统计方法，使人们误认为质量管理就是统计方法，是统计专家的事。在计算机和数理统计软件应用不广泛的情况下，使许多人感到高不可攀、难度大。

（四）全面质量管理阶段

20世纪60年代后，随着科学技术和社会经济的发展，工业产品品种迅速增加，产品的更新换代日益频繁，人们对质量管理的认识逐步深化，质量管理出现了许多新的变化。于是仅仅依赖质量检验和运用统计方法是很难保证与提高产品质量的。同时，把质量质量职能完全交给专门的质量控制工程师和技术人员，显然也是不妥的。因此，许多企业开始了全面质量管理的实践。

所谓全面质量管理是一个组织以质量为中心，以全员参与为基础，目的在于通过让顾客满意和本组织所有成员及社会收益达到长期成功的管理途径。全面质量管理是企业全体职工及有关部门同心协力，把专业技术、经营管理、数理统计和思想教育结合起来，建立起贯穿于产品的研究、设计、生产（作业）、服务的全过程的质量管理体系，从而有效地利用人力、物力、财力、信息等资源，提供符合规定要求和用户期望的产品或服务。

1. 全面质量管理的特点

全面质量管理的基本核心是一个“全”字，代表了企业的全部员工、生产（或服务）的全过程。主要特点有：

（1）全员参与

产品质量是企业各个生产环节，各个部门工作的综合反映。企业中的每一个人的工作质量都会以各种方式不同程度地影响产品的质量。因此，必须把企业所有人员的积极性和创造性充分调动起来，上至最高管理者，下至操作工人，人人做好本职工作，个个关心产品质量，才能生产出价廉物美的产品。要实现全员质量管理，要制定各个部门、各级人员的质量责任，明确规定他们在质量管理中的权限和任务，各司其职，共同配合，从而达到稳定提高产品质量的目的。

（2）全过程管理

产品质量的形成有一个过程，包括设计、生产、包装、运输和销售等环节。因此，要保证产品的质量，不仅要管理好生产制造过程，还要管好其他每一个环节，要形成一个高效的质量管理工作体系。

2. 全面质量管理的指导思想

（1）预防为主

把过去的以事后检验和把关为主转变为以预防和改进为主；把过去的以就事论事、分散管理转变为以系统的观点进行全面的综合治理；从管结果转变为管因素，把影响质量的诸因素查出来，抓住主要方面，发动全员、全企业各部门参加的全过程的质量管理，依靠科学的管理理论、程序和方法，使生产（作业）的全过程都处于受控制状态，以达到保证和提高产品质量或服务质量的目的。

（2）为用户服务

用户分为外部和内部两种，他们都是企业服务的对象，企业由各种流程和工序组成，下一道工序（或流程）就是上一道工序（或流程）的用户。如果每道工序（或流程）都坚持高标准，都为下一道工序（或流程）提供便利，那么企业的资源就能得到充分的、协调一致的利用，企业的目标就能实现。

（3）用事实和数据说话

全面质量管理的过程是科学分析和坚持实事求是的过程。能量化的特性，要保持数据的准确、及时和完整，充分利用科学分析的结果。对不能量化的特性，要及时、准确地记录特性的全部信息，供有关人员分析、判断。

（4）持续改进

全面质量管理的目标是追求产品质量的持续改进，这也是企业面对竞争激烈的市场的必然选择。要实现产品质量的持续改进，其前提是工作质量的不断改进，而其基础是全体员工的质量意识不断提高。

3. 全面质量管理的工作程序

全面质量管理的基本工作方法（程序）——PDCA 循环，把质量管理全过程划分为 P（Plan，计划）、D（Do，实施）、C（Check，检查）、A（Action，总结处理）4 个阶段 8 个步骤。

第一为 P（计划）阶段，其中又分为 4 个步骤：

（1）分析现状，找出存在的主要质量问题；

（2）分析产生质量问题的各种影响因素；

（3）找出影响质量的主要因素；

（4）针对影响质量的主要因素制定措施，提出改进计划，定出质量目标。

第二为 D（实施）阶段，也即是步骤 5：

（5）按照既定计划目标加以执行。

第三为 C（检查）阶段，也即是步骤 6：

（6）检查实际执行的结果，看是否达到计划的预期效果。

第四为 A（总结处理）阶段，其中又分两个步骤：

（7）根据检查结果加以总结成熟的经验，纳入标准制度和规定，以巩固成绩，防止失误；

（8）把这一轮 PDCA 循环尚未解决的遗留的问题，纳入下一轮 PDCA 循环中解决。

全面质量管理要求对产品（服务）的质量跃上一个新的水平，其特点是：4 个阶段的工作完整统一，缺一不可；大环套小环，小环促大环，阶梯式上升，循环前进。PDCA 循环的动态过程见图 4－1。

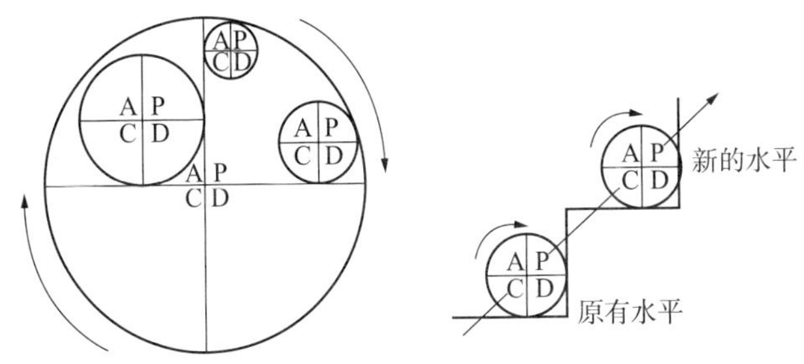

图 4－1　PDCA 循环的动态过程

（五）卓越绩效管理阶段

20 世纪 80 年代，随着经济全球化的迅速发展，许多国家为了提升本国企业的国际竞争力，通过设立国家质量奖计划来推进企业实施质量经营战略，来引导企业提高管理水平、增强质量竞争力、改善经营成果，使之成为卓越企业。目前，以波多里奇质量奖评价标准为代表的卓越绩效准则已成为“经营管理事实上的国际标准”，作为一种绩效管理和持续改进的系统方法指南，得到了越来越广泛的关注和应用。“追求卓越”已经成为新形势下企业管理的目标（卓越绩效管理模式在“企业质量管理的主要模式及方法”中详细论述）。

经济新常态下，支撑我国经济增长的传统优势正在减弱，“十八大”明确提出“把推动发展的立足点转到提高质量和效益上来”。李克强总理指出：中国经济要保持中高速增长、向中高端水平迈进，必须推动各方把促进发展的立足点转到提高经济质量效益上来。因此，我国在学习卓越绩效模式的过程中，也结合了我国的国情开展相关工作。

二、企业质量管理中的统计方法

统计质量控制方法以1924年美国的休哈特（W. A. Shewhart）提出的控制图为起点，近一个世纪以来有了很大发展，现在包括很多种方法。这些方法可大致分为以下3大类。

（一）常用的统计管理方法

又称为初级统计管理方法。它主要包括分层法、调查表、控制图、因果图、相关图、排列图、直方图，即所谓的“QC7种工具”。运用这些工具，可以从经常变化的生产过程中，系统地收集与产品质量有关的各种数据，并用统计方法对数据进行整理、加工和分析，进而画出各种图表，计算某些数据指标，从中找出质量变化的规律，实现对质量的控制。日本著名的质量管理专家石川馨曾说过，企业内95%的质量管理问题，可通过企业全体人员活用这7种工具而得到解决。全面质量管理的推行，也离不开企业各级、各部门人员对这些工具的掌握。

（二）中级统计管理方法

包括抽样调查方法、抽样检验方法、功能检查方法、试验计划法等。这些方法不一定要企业全体人员都掌握，主要是有关技术人员和质量管理部门的人使用。

（三）高级统计管理方法

包括高级试验计划法和多变量解析法。这些方法主要用于复杂的工程解析和质量解析，而且要借助于计算机手段，通常只是专业人员使用这些方法。统计管理方法是进行质量控制的有效工具，但在应用中必须注意以下几个问题，否则的话就得不到应有的效果。这些问题主要是：①数据有误。数据有误可能是两种原因造成的，一是人为地使用有误数据，二是未真正地掌握统计方法；②数据的采集方法不正确。如果抽样方法本身有误，则其后的分析方法再正确也是无用的；③数据的记录、抄写有误；④异常值的处理。通常在生产过程中取得的数据总是含有一些异常值的，它们会导致分析结果有误。

三、企业质量管理的主要模式及方法

（一）ISO 质量管理体系

1. ISO 质量管理体系的含义

自 20 世纪中叶以来，有关质量专家就提出组织应建立质量管理体系，在整个组织范围内构建协调一致运转的工作结构，以文件形式列出技术与管理程序，以便以科学有效的方式指导组织开展质量活动。经过近 30 年的发展完善，ISO 9000 质量管理体系已成为运用最为广泛的质量管理体系模式。

ISO 9000 质量管理体系标准是指由国际标准化组织质量管理和质量保证技术委员会（ISO/TC 176）制定的系列国际标准，由 4 个核心标准和其他支持性标准和文件组成。可以帮助组织实施并有效运行质量管理体系，是质量管理体系通用的要求或指南。该系列标准不受具体的行业或经济部门限制，可广泛适用于各种类型和规模的组织，在国内和国际贸易中促进相互理解。

2. ISO 质量管理体系对企业的作用

ISO 9000 族标准涉及的范围和内容广泛，它强调对各部门的职责权限进行明确划分、计划和协调，而使企业能有效、有秩序地开展各项活动，保证工作顺利进行；强调最高管理层作用，明确制订质量方针及目标，并通过定期的管理评审达到了解企业内部体系运作情况，及时采取措施，确保体系处于良好的运作状态；强调纠正及预防措施，消除产生不合格或不合格的潜在原因，防止不合格的再发生，从而降低成本；强调不断的审核及监督，达到对企业的管理及运作不断地修正及改进；强调全体员工的参与及培训，确保员工的素质满足工作的要求，并使每一个员工有较强的质量意识；强调文化管理，以保证管理系统运行的正规性、连续性。如果企业有效地执行这一管理标准，就能提高产品（或服务）的质量，降低生产（或服务）成本，建立客户对企业的信心，提高经济效益。因此，组织建立质量管理体系具有以下几方面的意义与作用：

（1）为提高组织的运作能力提供有效的方法；

（2）有利于提高产品质量，保护消费者利益；

（3）有利于增进国际贸易，消除技术壁垒；

（4）为组织的持续改进提供基础；

（5）使顾客对组织产品实现过程的能力和产品质量树立信心；

（6）帮助组织保持和改进现有的质量管理体系；

（7）增进顾客和其他相关方满意并使组织获得经营成功；

（8）大大提高企业在市场上的竞争力。

（二）六西格玛管理

1. 六西格玛质量管理方法的含义

在经济全球化的背景下，一项全新的质量管理模式在美国摩托罗拉和通用电气两大公司中推行并取得立竿见影的效果，并且引起欧美各国企业的高度重视，这项管理便是六西格玛模式。

六西格玛模式由摩托罗拉公司于 1993 年率先开发，采取六西格玛模式管理后，该公司平均每年提高生产率 12.3%，由于质量缺陷造成的费用消耗减少了 84%，运作过程中的失误率降低 99.7%。通用公司的韦尔奇则指出："六西格玛已经彻底改变了通用电气，决定了公司经营的基因密码（DNA），它已经成为通用电气现行的最佳运作模式。"

西格玛原文为希腊字母“σ”，其含义为“标准差”，六西格玛意为“6倍标准差”，在质量上表示每百万坏品率（parts per million，简称ppm）少于3.4。

当然，六西格玛模式的含义并不简单地是指上述这些内容，而是一整套系统的理论和实践方法。它着眼于揭示生产流程中每百万个机会当中有多少缺陷或失误，这些缺陷和失误包括产品本身、产品生产的流程、包装、转运、交货延期、系统故障及不可抗力等。大多数企业运作在3σ～4σ的水平，这意味着每百万个机会中已经产生6210～66800个缺陷，这些缺陷将要求生产者耗费其销售额的15%～30%进行弥补，而一个实施六西格玛模式的公司仅需耗费年销售额的5%来矫正失误。

2. 六西格玛质量管理方法对企业管理的作用

（1）六西格玛管理对经营业绩的改善

在企业内部，规范的六西格玛模式项目一般是由称为“六西格玛模式精英小组”（Six Sigma Champion）的执行委员会选择的，这个小组的职责之一是选择合适的项目并分配资源。一个公司典型的六西格玛模式项目可以是矫正关键客户的票据问题，也可以是改变某种工作程序提高生产率。领导小组将任务分派给高级管理人员，高级管理人员再依照六西格玛模式组织一个小组来执行这个项目。小组成员对六西格玛模式项目进行定期的严密监测。

六西格玛管理是获得和保持企业在经营上的成功并将其经营业绩最大化的综合管理体系和发展战略，是使企业获得快速增长的经营方式。经营业绩的改善包括：市场占有率的增加、顾客回头率的提高、成本降低、周期降低、缺陷率降低、产品/服务开发加快、企业文化改变。

（2）六西格玛管理对企业文化建设的作用

六西格玛管理将对企业文化建设或改进产生很大的作用。在分析一些成功企业，特别是处于顶层位置的企业文化建设方面的经验教训时发现，成功的企业在实施质量战略时，比别的企业多走了一步，那就是他们在致力于产品与服务质量改进的同时，肯花大力气去改造他们与六西格玛质量不相适应的企业文化，以使全体员工的信念、态度、价值观和期望与六西格玛质量保持同步，从而创造出良好的企业质量文化，保证了六西格玛质量战略的成功。

六西格玛管理战略是企业获得竞争优势和经营成功的金钥匙，在已经实施六西格玛管理并获得成功的企业名单上，你可以发现摩托罗拉、联信、美国快递、杜邦、福特这样的“世界巨人”。

（三）精益管理

1. 精益管理的含义

精益生产是美国麻省理工学院数位国际汽车计划组织（IM-VP）的专家对日本“丰田生产方式”的赞誉之称，它是从丰田佐吉开始，经丰田喜一郎及大野耐一等人的共同努力，直到20世纪60年代才逐步完善而形成的。精，即少而精，不投入多余的生产要素，只是适当的时间生产必要数量的市场急需产品（或下道工序急需的产品）；益，即所有经营活动都要有益有效，具有经济性。精益生产的管理理念是精益思想，其核心就是“消灭浪费，创造价值”。

2. 精益管理的目标

精益生产就是不懈地消除组织中存在的一切浪费，并形成一个有效的即时生产系统，使组织能够以尽可能低的成本和零缺陷的质量，按照顾客所需要的确切价值、时间、数量交付产品或服务。精益生产的最终目标与企业的经营目标一致，都是追求利润的最大化。在竞争激烈的买方市场条件下，要获得企业的目标利润就必须降低成本，精益生产正是以彻底消除浪费来实现利润最大化的目标。

基于对浪费的定义，精益生产提出了“七个零”的追求目标：

（1）零转产工时浪费，即将加工和装配过程的切换时间浪费降为零或接近零。

（2）零库存，即将加工与装配流水化，消除中间库存，变市场预估生产为接单同步生产，将产品库存降为零。

（3）零浪费，即消除多余制造、搬运、等待的浪费，实现零浪费。

（4）零缺陷，即缺陷不是在检查时查出，而应消除产生的源头，追求零缺陷。

（5）零故障，即消除设备的故障停机，实现零故障。

（6）零停滞，即最大限度地缩短前置时间，消除中间停滞。

（7）零事故，即将人、设备、产品、车间的事故降到最低。

3. 精益管理对企业管理的作用

对于制造型企业而言，在以下方面已经有无数的实践证明是取得成效的：库存大幅降低，生产周期减短，质量稳定提高，各种资源（能源、空间、材料、人力）等的使用效率提高，各种浪费减少、生产成本下降，企业利润增加。同时，员工士气、企业文化、领导力、生产技术都在实施中得到提升，最终增强了企业的竞争力。对于服务型企业而言，提升企业内部流程效率，做到对顾客需求的快速反应，可以缩短缩短从顾客需求产生到实现的过程时间，大大提高了顾客满意度，从而稳定和不断扩展市场占有率。

（四）零缺陷质量管理

零缺陷（Zero Defects）管理的思想南美国质量管理大师的菲利普·克劳斯比（Philip B. Crosby）于20世纪60年代初提出。零缺陷管理强调第一次就把事情做好，倡导零缺陷设计、零缺陷生产、零缺陷供应、零缺陷服务和零缺陷决策。

1. 零缺陷管理的基本含义

缺陷是指在制造或服务的过程中，任何一种不适用或不符合规格的状态。“零缺陷”就是没有缺陷，没有任何一种不适用或不符合规格的状态。零缺陷管理，就是要通过实施管理，把“零缺陷”的理念渗透到员工的一切行为、工作的各个层面以及企业管理的每个环节，以保证内部管理系统的偏差最小，绩效最佳。

要以缺陷数等于零为最终目标，使产品最大程度地满足用户需求，为用户创造最大的价值，企业中每位员工都要在自己的工作职责范围内努力做到没有缺陷。零缺陷管理抛弃了“缺陷在所难免”的观念，要求生产者从产品的设计、制造阶段就本着认真负责的态度把工作做得准确无误，而不是依靠事后的检验来纠正。克劳斯比对“零缺陷”的诠释是：所谓零缺陷是一种管理的执行标准，是一种工作态度，是质量工作的决心，即不向不符合质量做妥协的精神，零缺陷管理强调事先预防控制和过程控制，要求第一次就把事情做正确，使产品符合对顾客承诺的要求。

2. 零缺陷管理的核心理念

零缺陷管理主张企业在经营管理时要充分发挥员工的主观能动性，设计者、生产者、经营者要努力使自己的产品、业务没有缺陷，向着零缺陷的质量目标奋斗。零缺陷管理的核心理念包括 4 个方面：

（1）预防铸就质量

零缺陷管理的观点认为，只有事先预防才是提高质量的最有效办法。检验只是在过程结束后把不符合要求的产品挑选出来，告知已发生的事情，此时缺陷已经产生；预防是要求资源的配置能保证工作正确地完成，而不是把资源浪费在问题的查找和补救上面。要做到防患于未然，需要全体员工事先了解标准和做法，即了解工作程序且知道如何去做。因此，企业应组织力量把各个阶层、各个部门、各个员工的工作程序制定出来，使所有员工都能够依照相应的工作程序第一次就把工作做对。必须注意的是所有的工作程序，在正式使用之前，一定要经过严格的正确性、可行性和可操作性审查。做好预防工作的秘诀在于认真检查这个过程，找出每个可能出现差错的机会，重点防范、重点监控，事前设定应变方案。

(2) 质量就是符合要求

零缺陷管理的观点认为：质量就是符合顾客的要求。“好、卓越、美丽、独特”等描述都是主观和含糊的。因此，提升质量的基础，在于使每一个人都第一次就把事情做对，即一次就做到符合要求，达到这个目标的关键就在于清楚地把规则或要求定好，并且消除一切阻碍。在这方面，管理层要做好 3 项工作：一是制定好对员工的要求标准；二是提供员工必需的工具、资金、方法和程序；三是尽全力去鼓励并帮助员工达到要求。

(3) 工作标准必须是零缺陷

在零缺陷管理中，工作标准必须是零缺陷，意味着企业每一次和任何时候都要满足工作过程的全部要求。企业绝不能向不符合要求的情形妥协，而是要极力预防不符合要求的情况发生，这样顾客就不会得到不符合要求的产品或服务了。如果企业允许员工偶尔出现缺陷，就给缺陷的大量出现创造了机会。比如将每个员工生产产品的合格率定为 99.5%，那么就意味着每个员工允许出现 0.5%的不合格品，此时企业生产的不合格品数将是非常巨大的。因此，要改变传统的“出现问题是正常的，不出问题反而不正常”的习惯和思维，以零缺陷作为企业的工作标准。零缺陷不仅限于企业内部产品质量要求，对供应商的工作业务也应提出零缺陷的工作标准。

(4) 质量是用 PONC 来衡量的，而不是用百分比

在零缺陷管理中，质量是要用不符合要求的代价 PONC (Price of Non Conformance) 来衡量的。PONC 反映了因产生缺陷而造成的人、财、物等的浪费，主要由返工、赶工、临时服务、存货过多、处理顾客投诉、停机时间、退货、赔偿、各种无效会议和工作等事项构成。如果企业软化了这些坏消息，那么管理者将永远不会采取行动。所以，制造一定要符合要求，一旦不符合要求，就要付出代价。在制造业中，PONC 的消耗

高达销售额的20%～25%；而在服务业中，则高达营运成本的30%～40%。PONC值的大小反映了企业运营中的缺陷带来的损失，通过展示不符合项的质量成本，企业就能够增加对问题的认识。

（五）卓越绩效管理模式

1. 卓越绩效管理模式含义

卓越绩效是指通过综合的组织绩效管理方法，为顾客、员工和其他相关方不断创造价值，提高组织整体的绩效和能力，促进组织获得持续发展和成功。

卓越绩效模式源自美国国家质量奖标准，是当前国际上广泛认同的一种组织综合绩效管理的有效方法/工具，是以各国质量奖评价准则为代表的一类经营管理模式的总称。

我国在2004年9月借鉴美国波多里奇奖国家质量奖的基础上，结合中国国情发布了GB/T 19580《卓越绩效评价准则》国家标准，同时还发布了GB/Z 19579《卓越绩效评价准则实施指南》。

2. 卓越绩效模式的核心价值

卓越绩效模式建立在一组相互关联的核心价值观和原则的基础上，核心价值观共有11条，这些核心价值观反映了国际上最先进的经营管理理念和方法，许多世界级成功企业的经验总结，它贯穿于卓越绩效模式的各项要求之中。

（1）追求卓越的领导

领导力是一个组织成功的关键。组织的高层领导应确定组织的发展方向、价值观和长短期的绩效目标。组织的方向、价值观和目标应体现其利益相关方的需求，用于指导组织所有的活动和决策。高层领导应确保建立组织追求卓越的战略、管理系统、方法和激励机制，激励员工勇于奉献、成长、学习和创新。高层领导应通过管理机构对组织的道德行为、绩效和所有利益相关方负责，并以自己的道德行为、领导力、进取精神发挥表率作用，将有力地强化组织的价值观和目标意识，带领全体员工实现组织的目标。

（2）顾客导向的卓越

组织要树立顾客导向的经营理念，认识到组织绩效是由组织的顾客来评价和决定的。组织必须考虑产品和服务如何为顾客创造价值，达到顾客满意和顾客忠诚，并由此提高组织绩效。组织既要关注现有顾客的需求，还要预测未来顾客期望和潜在顾客；顾客导向的卓越要体现在组织运作的全过程，因为很多因素都会影响到顾客感知的价值和满意，包括组织要与顾客建立良好的关系，以增强顾客对组织的信任、信心和忠诚；在预防缺陷和差错产生的同时，要重视快速、热情、有效地解决顾客的投诉和报怨，留住顾客并驱动改进；在满足顾客基本要求基础上，要努力掌握新技术和竞争对手的发展，为顾客提供个性化和差异化的产品和服务；对顾客需求变化和满意度保持敏感性，做出快速、灵活的反应。

（3）组织和个人的学习

要应对环境的变化，实现可持续的卓越绩效水平，必须提高组织和个人的学习能力。组织的学习是组织针对环境变化的一种持续改进和适应的能力，通过引入新的目标和做法带来系统的改进。学习必须成为组织日常工作的一部分，通过员工的创新、产品的研究与开发、顾客的意见、最佳实践分享和标杆学习以实现产品、服务的改进，开发新的商机，提高组织的效率，降低质量成本，更好地履行社会责任和公民义务。企业实践卓越绩效模式是组织适应当前变革形势的一个重要学习过程。个人的学习是通过新知识和能力的获得，引起员工认知和行为的改变。个人的学习可以提高员工的素质和能力，为员工的发展带来新的机会，同时使组织获得优秀的员工队伍。要注重学习的有效性和方法，学习不限于课堂培训，可以通过知识分享、标杆学习和在岗学习等多种形式，提高员工的满意度和创新能力，从而增强组织的市场应变能力和绩效优势。

（4）尊重员工和合作伙伴

组织的成功越来越取决于全体员工及合作伙伴不断增长的知识、技能、创造力和工作动机。企业要保证顾客满意，同时要重视创造商品和提供服务的企业员工。重视员工意味着确保员工的满意、发展和权益。为此组织应关注员工工作和生活的需要，创造公平竞争的环境，对优秀者给予奖励；为员工提供学习和交流的机会，促进员工发展与进步；营造一个鼓励员工承担风险和创新的环境。组织与外部的顾客、供应商、分销商和协会等机构之间建立战略性的合作伙伴关系，将有利于组织进入新的市场领域，或者开发新的产品和服务，增强组织与合作伙伴各自具有的核心竞争力和市场领先能力。建立良好的外部合作关系，应着眼于共同的长远目标，加强沟通，形成优势互补，互相为对方创造价值。

（5）快速反应和灵活性

要在全球化的竞争市场上取得成功，特别是面对电子商务的出现，“大鱼吃小鱼”变成了“快鱼吃慢鱼”，组织要有应对快速变化的能力和灵活性，以满足全球顾客快速变化和个性化的需求。为了实现快速反应，组织要不断缩短新产品和服务的开发周期、生产周期，以及现有产品、服务的改进速度。为此需要简化工作部门和程序，采用具备低成本快速转换能力的柔性生产线；需要培养掌握多种能力的员工，以便胜任工作岗位和任务变化的需要。各方面的时间指标已变得越来越重要，开发周期和生产、服务周期已成为关键的过程测量指标，周期的缩短必将推动组织的质量、成本和效率方面的改进。

（6）关注未来

在复杂多变的竞争环境下，组织不能满足于眼前绩效水平，要有战略性思维，关注组织未来持续稳定发展，让组织的利益相关方——顾客、员工、供应商和合作伙伴以及股东、公众对组织建立长期信心。追求持续稳定的发展，组织应制定长期发展战略和目标，分析、预测影响组织发展的诸多因素，例如顾客的期望、新的商机和合作机会、员工的发展和聘用、新的顾客和市场细化、技术的发展和法规的变化、社区和社会的期望、竞争对手的战略等，战略目标和资源配置需要适应这些影响因素的变化。而且战略要通过长期规划和短期计划进行部署，保证战略目标的实现。组织的战略要与员工和供应商沟通，使员工和供应商与组织同步发展。

（7）促进创新的管理

要在激烈的竞争中取胜，只有通过创新才能形成组织的竞争优势。创新意味着组织对产品、服务和过程进行有意义的改变，为组织的利益相关方创造新的价值，把组织的绩效提升到一个新的水平。创新不应仅仅局限于产品和技术的创新，创新对于组织经营的各个方面和所有过程都是非常重要的。组织应对创新进行引导，以提高顾客满意为导向，使之融入到组织的各项工作中，进行观念、机构、机制、流程和市场等管理方面的创新。组织应对创新进行管理，使创新活动持续、有效地开展。首先需要高层领导积极推动和参与革新活动，有一套针对改进和创新活动的激励制度；其次要有效利用组织和员工积累的知识进行创新，而且要营造勇于承担风险与责任的环境氛围。

（8）基于事实的管理

基于事实的管理是一种科学的态度，是指组织的管理必须依据对其绩效的测量和分析。测量什么取决于组织的战略和经营的需要，通过测量获得关键过程、输出和组织绩效的重要数据和信息。绩效的测量可包括：顾客满意程度、产品和服务的质量、运行的有效性、财务和市场结果、人力资源绩效和社会责任结果，反映了利益相关方的平衡。测量得到的数据和信息通过分析，可以发现其中变化的趋势，找出重点的问题，识别其中的因果关系，用于组织进行绩效的评价、决策、改进和管理，而且还可以将组织的绩效水平与其竞争对手或标杆的“最佳实践”进行比较，识别自己的优势和弱项，促进组织的持续改进。

(9) 社会责任与公民义务

组织应注重对社会所负有的责任、道德规范，并履行好公民义务。领导应成为组织表率，在组织的经营过程中，以及在组织提供的产品和服务的生命周期内，要恪守商业道德，保护公众健康、安全和环境，注重保护资源。组织不应仅满足于达到国家和地方法律法规的要求，还应寻求更进一步的改进的机会。要有发生问题时的应对方案，能做出准确、快速的反应，保护公众安全，提供所需的信息与支持。组织应严格遵守道德规范，建立组织内外部有效的监管体系。履行公民义务是指组织在资源许可的条件下，对社区公益事业的支持。公益事业包括改善社区内的教育和保健、美化环境、保护资源、社区服务、改善商业道德和分享非专利性信息等。组织对于社会责任的管理应采用适当的绩效测量指标，并明确领导的责任。

(10) 关注结果和创造价值

组织的绩效评价应体现结果导向，关注关键的结果，主要包括有顾客满意程度、产品和服务、财务和市场、人力资源、组织效率、社会责任等六个方面。这些结果能为组织关键的利益相关方——顾客、员工、股东、供应商和合作伙伴、公众及社会创造价值和平衡其相互间的利益。通过为主要的利益相关方创造价值，将培育起忠诚的顾客，实现组织绩效的增长。组织的绩效测量是为了确保其计划与行动能满足实现组织目标的需要，并为组织长短期利益的平衡、绩效的过程监控和绩效改进提供了一种有效的手段。

(11) 系统的观点

卓越绩效模式强调以系统的观点来管理整个组织及其关键过程，实现组织的卓越绩效。卓越绩效模式七个方面的要求和核心价值观构成了一个系统的框架和协调机制，强调了组织的整体性、一致性和协调性。“整体性”是指把组织看成一个整体，组织整体有共同的战略目标和行动计划；“一致性”是指卓越绩效标准各条款要求之间，具有计划、实施、检查和处理

（PDCA）目标的一致性；“协调性”是指组织运作管理体系的各部门、各环节和各要素之间是相互协调的。系统的观点体现了组织所有活动都是以市场和顾客需求为出发点，最终达到顾客满意的目的；各个条款的目的都是以顾客满意为核心，他们之间是以绩效测量指标为纽带，各项活动均依据战略目标的要求，按照 PDCA 循环展开，进行系统的管理。

3. 卓越绩效评价准则的基本框架

以下内容参考了国家标准化指导性技术文件 GB/Z 19579—2012《卓越绩效评价准则实施指南》。为方便读者查阅，使用了技术文件中的条款号。

（1）卓越绩效评价准则评分条款分值表（总分 1000 分）

4.1 领导（110 分）

4.1.2 高层领导的作用（50 分）

4.1.3 组织治理（30 分）

4.1.4 社会责任（30 分）

4.2 战略（90 分）

4.2.2 战略制定（40 分）

4.2.3 战略部署（50 分）

4.3 顾客与市场（90 分）

4.3.2 顾客和市场的了解（40 分）

4.3.3 顾客关系与顾客满意（50 分）

4.4 资源（130 分）

4.4.2 人力资源（60 分）

4.4.3 财务资源（15 分）

4.4.4 信息和知识资源（20 分）

4.4.5 技术资源（15 分）

4.4.6 基础设施（10 分）

4.4.7 相关方关系（10 分）

4.5 过程管理（100 分）

4.5.2 过程的识别与设计（50 分）

4.5.3 过程的实施与改进（40 分）
4.6 测量、分析与改进（80 分）
4.6.2 测量、分析和评价（40 分）
4.6.3 改进与创新（40 分）
4.7 结果（400 分）
4.7.2 产品和服务结果（80 分）
4.7.3 顾客和市场结果（80 分）
4.7.4 财务结果（80 分）
4.7.5 资源结果（60 分）
4.7.6 过程有效性结果（50 分）
4.7.7 领导方面的结果（50 分）

（2）卓越绩效评价准则框架图

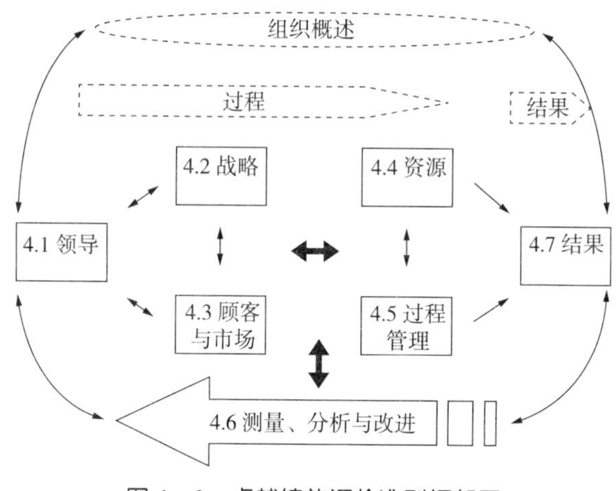

图 4－2　卓越绩效评价准则框架图

在图 4－2 所示的卓越绩效评价准则框架图中，反映了组织概述、4.1 至 4.7 七个条款之间的关系：

①“组织概述”包括组织的环境、关系和挑战，显示了组织运营的关键因素和背景状况。

②有关过程的条款包括 4.1，4.2，4.3，4.4，4.5，4.6，

结果条款为 4.7。组织通过过程运行获取结果，基于结果的测量、分析，推动过程的改进和创新。

③卓越绩效模式旨在通过卓越的过程获得卓越的结果，即：应对评价准则的要求，确定、展开组织的方法，并定期评价、改进、创新和分享，使之达到一致、整合，从而不断提升组织的整体结果，赶超竞争对手和标杆，获得卓越的绩效，实现组织的持续发展和成功。

④“领导”掌控着组织前进的方向，并密切关注着“结果”。

⑤“领导”“战略”“顾客与市场”构成“领导作用”三角，是驱动性的，旨在强调领导对战略和顾客与市场的关注；“资源”“过程管理”“结果”构成“资源、过程和结果”三角，是从动性的，显示利用资源，通过过程管理取得结果。而“测量、分析和改进”是组织运作的基础，是链接两个三角的“链条”，并推动组织的改进和创新。

4. 推行卓越绩效模式的基本步骤

(1) 领导做出决策。

(2) 开展评价准则培训。

(3) 建立推进和评价组织。

(4) 开展自评师培训。

(5) 编写组织简介。

(6) 实施自我评价。

(7) 进行持续改进。

(8) 与外部的交流和学习。

5. 企业推行卓越绩效模式的意义

(1) 对更新管理理念、步入现代优秀企业行列具有重要意义。卓越绩效模式是世界成功企业管理经验的结晶和我国优秀企业的共同追求，也是企业实现管理现代化的重要途径。通过对于卓越绩效模式的导入，可实现公司与世界一流的管理模式迅速接轨，成功借鉴世界一流公司的管理经验。

（2）对实现公司战略目标具有重要意义。通过推行卓越绩效模式，建立完善的标杆管理体系并实施推进，对提升公司综合竞争力将起到积极的作用。

（3）对优化内部管理流程、整合管理方法、提升管理效率、完善绩效评价具有重要意义。

（4）争创政府质量管理奖，树立卓越品牌形象，具有重要意义。

第四节　品牌建设与发展

一、品牌的概念

（一）品牌

品牌是一种无形资产，它建立在顾客沟通基础上，通过产品、服务或企业的名称、术语、标志、符号、图案及其组合等载体区别于其他竞争者，能给拥有者带来增值，而增值的源泉来自于消费者心中的品牌知识和品牌形象。

（二）品牌管理

品牌管理的对象，从战略上而言是品牌资产，从营销上而言是品牌形象。

品牌资产：一组与某一品牌的名称及符号相连的品牌权益与负债，它能增加或扣减该品牌所附着的产品或服务所带给该企业或其顾客的价值。

品牌形象：消费者心目中对品牌的综合看法，它来源于品牌在接触和使用过程中的各种信息输入，同时经消费者心智模式过滤组合而成。

二、品牌的价值和意义

（一）对消费者而言

减少购买决策的时间成本。消费者随时随地处在购买决策中，而品牌认知和品牌体验能帮助他们对资讯进行处理，迅速做出购买决定。

品牌降低了消费者的购买风险。消费者购买商品过程中，存在一定的购买风险，包括产品功能风险、自我形象风险、社会形象风险。品牌为消费者提供了产品质量和声誉方面的保证。

（二）对企业而言

品牌尤其是强势品牌能为企业创造最大的利润空间。利润空间源于几个方面：

可以获得定价优势。品牌赋予产品的功能属性之外的文化、个性、情感等因素，消费者愿意为之支付更多。正如茅台的消费者所言，我们喝的不是味，而是范儿。这里的“范儿”就是品味、档次和身份。

市场占有率。强势品牌在整体行业品牌中所占比例少，但拥有的市场份额却很大。

品牌忠诚度。消费者一旦获得足够的品牌认知，拥有美好的使用体验，逐渐形成品牌忠诚度。而品牌忠诚度的直接结果是消费者的重复购买，品牌销售数量的上升保证了企业的利润空间。

品牌延伸。宝洁公司多品牌战略的成功实施，很大程度上得益于消费者对其母品牌的品牌知识的延伸。得益于母品牌的良好品牌形象，延伸性品牌的市场阻力和推广成本大大减少，消费者的选购风险也随之降低。

构筑竞争防线。品牌一旦形成，在消费者心目中获得外在属性和内在属性的认知，尤其是形成品牌美誉度、品牌忠诚度后，竞争对手是很难效仿的。对本品牌而言，维持品牌顾客的成本降低，对竞争品牌而言，转换对手现有顾客的难度增加。

（三）对国家而言

1. 品牌建设推动相关产业的优化升级

我国很多地区的企业规模不大，品牌影响范围小，市场竞争机制不完善，这些都制约着我国相关产业的优化升级。品牌的建设可以充分利用区域内的资源，这就为企业的发展营造了良好的条件，有利于企业增强产品的科技含量，提高生产率，利于企业由粗放型向精艺型转变。

2. 品牌建设有力地保障了经济的可持续发展

品牌建设的目的就是为了更好地吸引资源、资金和人才，从而为企业带来更多的顾客，为企业带来更多的经济效益。品牌的成功之处在于能够更好地吸引消费者、投资者和经销商。消费者、投资者和经销商不是单纯地追求品牌，他们在购买商品的过程中对商品进行对比，选择出最合适的那一种商品。而消费者、投资者和经销商数量的增加，会产生更大的品牌效应，这就会导致品牌在竞争的过程中有绝对的优势，能够使更多的人流、物流和资金流流入企业，从而带动相关产业的发展。品牌的成功创立，能够对供应商、专业人才等相关人员产生很强的吸引力，不断提高企业的职工整体素质和作业水平，加强企业自身的能力，同时还能有效减少企业的交易成本，有利于形成专业化的市场，提升企业整体的专业能力和创新能力，从而推动国家的经济发展。

3. 品牌建设有利于增强民族自信心和自豪感

由于品牌本身具有一定的知名度和美誉度，它从根本上可以通过其认知效益带动品牌对内及对外的影响力，甚至最终成为中华民族的标志和名片。近年来，我国在经济上虽然已经崛起，国际地位与日俱增，但从综合国力的角度来看，国家软实力亟须提升和加强，而国家品牌的发展和完善，不仅关乎到我国的民族尊严，更密切影响到我国在国际上的竞争力，做好这项工作应该是凝聚民心的一个有效的强心剂。

三、政府质量奖

（一）政府质量奖的概念及作用

1. 概念

政府质量奖是国家或省、市、区/县以政府或政府首脑的名义设立的质量工作的奖项，按照客观、公开、公正的原则，依据规定的程序，执行公认的评价准则进行评选，以表彰在质量管理和经营绩效方面取得突出成效的组织和个人，引导和激励各类单位和个人重视质量并加强质量管理，以提高本地区企业在市场上的竞争力，促进区域社会繁荣与发展。目前，国际上包括英国、法国、澳大利亚、加拿大、新加坡等约 88 个国家和地区都设立了质量奖。我国已有 31 个省（区、市）、超过 100 个市（地、州）设立政府质量奖。

2. 作用

（1）引导企业重视质量，提升整体竞争力

政府是质量奖的主导者，质量工作对促进经济转型和社会发展具有核心战略作用。通过质量奖的设立和评选，可以引导企业关注市场竞争的焦点，重视产品质量、服务质量，进而重视经营质量，推进产业结构调整和经济发展方式转变，提升产业的核心竞争力，推动经济科学发展、跨越发展。日本通过戴明奖给企业的 TQC 带来了极大的影响。日本企业以申请戴明奖作为动力和桥梁，积极推动 TQC 活动，经过几十年的努力，逐渐形成了日本企业的竞争力，取得了令世人瞩目的经济奇迹。

美国波多里奇国家质量奖同样有着强大的鼓舞作用，它激励美国企业为荣誉和成就而战，同时给予付出非凡努力的企业应有的回报。现在，通过波多里奇国家质量奖全美国有数千家企业和组织进行自我评价、培训和改进，提升了国家整体质量水平和市场竞争力。

（2）激励企业学习标杆，提高管理水平

通过设立政府质量奖，建立质量工作的政府激励机制，树立以质取胜的标杆和样板，促使各级政府、各有关部门把质量工作放在更加突出的位置，引导企业不断追求卓越，促进质量改进和绩效提升，形成重视质量的激励环境，同时，通过政府质量奖的评选，树立获得卓越绩效的标杆企业，提供“比、学、赶、超”学习榜样，激励和引导企业向全市、全省、全国乃至世界标杆企业看齐，学习和应用更先进的全面质量管理标准与方法，全面推动质量进步，提升企业经营管理整体水平，另外，申奖过程是公司培养自有人才的一次绝佳机会。根据许多企业导入卓越绩效模式的经验，凡是高层领导重视、中层领导及业务骨干广泛参与、培训辅导老师尽职尽责的企业，在项目完成后，企业参与人员的管理知识和能力通常会有快速提升，涌现出一批在战略、人力资源管理、财务、市场及流程管理方面的专业管理人才。

（3）帮助企业寻找差距，实现持续改进

政府质量奖的申奖过程，就是企业以高层经营者为首，有组织地学习、导入和实践卓越绩效标准，并依据卓越绩效标准进行自我评估，识别企业自身优势和改进机会的过程，很多企业在这个过程中重新认识了自我，找到了自身经营管理中的不足甚至缺陷，明确了经营管理框架，确定了提升经营绩效的努力方向。同时，进入到评审的企业，都会获得一份由评审专家出具的评审反馈报告，是对企业管理系统的诊断，可以帮助企业更客观、更专业地认识现存问题。优秀的企业不是没有问题的企业，而是能不断发现改进机会，持续进行改进的企业。申奖过程可以激发企业改进、创新的欲望，并付诸改进的实际努力。

（二）发达国家质量激励制度

在 80 多个设立了政府质量奖的国家和地区中，最具影响力和代表性的质量奖有：美国波多里奇国家质量、欧洲质量奖、日本质量奖。

1. 美国波多里奇国家质量奖简介

20 世纪 80 年代，为了迎接日本产品的挑战，美国总统、国会议员、各州地方政府官员、专家学者、企业经营者掀起了一场质量复兴运动。1987 年美国国会通过了《马尔科姆·波多里奇国家质量提高法》，规定设立国家质量奖，对质量和绩效方面成就卓著的组织予以奖励，以增强国民对作为竞争优势的质量和卓越绩效的重要性的意识。

(1) 授予的对象

马尔科姆·波多里奇国家质量奖由美国总统颁发给在领导、战略规划、以顾客和市场为中心、信息和分析、人力资源管理、过程管理和经营结果七个方面绩效杰出的制造业、服务业、中小企业、教育机构和公共卫生组织。

(2) 设立国家质量奖的原因

早在 20 世纪 80 年代中期，许多工业和政府部门的领导者认识到在日益扩大的、更苛求的、竞争更加激烈的世界市场环境中，强调质量不再是企业的选择，而是必须条件。但是美国的经营者极不重视质量，也不知道如何去做。波多里奇奖标准的最初设想是使其成为帮助美国的组织实现世界级卓越质量的准则。波多里奇国家质量奖标准在增强美国竞争力方面的重要作用在于，有助于组织提高改进质量的实施能力，改进组织整体的效率和有效性，促进交流和分享美国组织的最佳经营方法，指导组织的策划和培训工作，使顾客在不断改进的价值观中受益，最终带来组织的成功。

（3）评价依据

波多里奇国家质量奖的评价依据是《卓越绩效评价准则》（商业企业和非营利组织）、《卓越绩效评价准则》（医疗卫生）、《卓越绩效评价准则》（教育机构）。

（4）组织机构

美国商务部负责国家质量奖。作为商务部技术行政部门的联邦代理机构，国家标准技术研究院作为商务部技术管理局的代理机构，是国家质量奖的具体管理部门。建立马尔科姆·波多里奇国家质量奖基金会，为实现质量奖的目标提供一种支持，其职责包括筹集资金，监督捐赠基金的使用，计划的评审和后续年度相关资金需求的批准以确保质量奖项目的成功运作等。建立波多里奇国家质量奖监督委员会，对质量奖项目的各个方面进行评估，包括确定获奖者的标准和过程是否适当，向美国商务部提出建议。监督委员会由商务部长任命，由美国经济各部门的领导担任。设立评审委员会，具体负责评审工作。评审委会由美国的商业、教育和医疗卫生方面的主要专家组成。

（5）美国国家质量奖对促进经济发展起到了重要作用

一是促进了企业质量的提高和竞争力的增强。据调查，80％的企业认为设奖促进了企业质量的提高。二是通过分享获奖企业的经验，激励更多企业改进业绩，提高经济水平。30年来，质量奖的获得者作为卓越质量的倡导者，已作3万多场报告，向其他组织宣传获奖的经验。三是作为波多里奇国家质量奖评奖的标准——《卓越绩效评价标准》，起到了帮助美国企业的产品和服务质量达到世界级水平的作用。根据美国企业协会的报告，目前有上百万家美国企业经营者手头上有这一标准，绝大多数大企业用这个标准作为培训、自我诊断、自我评价和不断提高的重要参考，成为企业追求卓越的指导书和参照系。

2. 欧洲质量奖简介

欧洲推进卓越绩效经营模式是通过设立欧洲质量奖和欧盟成员国国家质量奖来实现的。欧洲质量奖是欧洲乃至世界最负盛名的对组织卓越业绩进行奖励的奖项。欧洲质量奖面向所有拥有较佳业绩的欧洲组织，关注组织的卓越业绩，在不断追求卓越的道路上向组织提供支持。

（1）欧洲质量奖的历史

1990 年，在欧盟委员会（EU）和欧洲质量组织（European Organization for Quality）的支持下，欧洲质量管理基金会开始筹划欧洲质量奖，1992 年首次颁发了欧洲质量奖。

（2）设立欧洲质量奖的原因

在欧洲，越来越多的组织已经认识到质量管理是为取得效率、有效性和竞争优势而进行的管理活动，是确保组织长期成功，满足顾客、员工、利益相关方和整个社会的需要的一种途径。质量管理项目的实施能够实现重大的收益，如提高效率、降低成本以及提高顾客满意度等，这些都将为组织带来更好的业绩。1988 年，在欧盟的批准和支持下，欧洲处于领先地位的 14 家公司具有远见卓识的总裁发起成立了欧洲质量管理基金会。成立这个强有力的管理网络的动力主要是有必要按照美国波多里奇国家质量奖和日本戴明奖的模式设计欧洲质量奖框架。他们意识到：使用波多里奇国家质量奖和日本戴明奖模型的组织已经明显地改进了服务和制造质量；质量是组织成功和竞争的先决条件之一。

（3）评奖范围

欧洲质量奖面向所有的欧洲组织，包括大型组织、公司的生产单位、公共部门、中小企业（独立的或分支机构）。

（4）奖项

欧洲质量奖奖项包括欧洲质量奖（European Quality Award

Winners)、欧洲质量奖荣誉奖（European Quality Award Prize Winners）、欧洲质量奖入围奖（European Quality Award Finalists）、欧洲质量奖鼓励奖（Recognized For Excellence）。

（5）组织机构

欧洲质量奖由欧洲质量管理基金会管理，由欧洲每个重要地区的成员和国家级合作伙伴组织（National Partner Organizations，NPOs）组成。欧洲质量管理基金会成立于1988年，由当时处于领先地位的14家公司发起成立的。欧洲质量管理基金会是一个非营利会员组织，关注会员的信息和工作需求，管理和指导欧洲质量奖、质量培训，以及有关各类组织质量改进原理、质量改进工具等项目。欧洲质量管理基金会的使命是激励和帮助欧洲的组织将质量改进作为实现卓越的基础，支持欧洲组织的管理者将全面质量管理作为决策的一个因素，以实现全球竞争优势。

（6）设立欧洲质量奖的意义

一是获得用具有广泛影响的卓越模型对组织进行评价的机会，从而明确组织经营的现实状态。二是有机会获得有关组织的反馈报告，包括组织的优势以及需改进的领域，加深对组织质量管理现状的理解。三是由于卓越绩效模型的广泛使用，是组织能够与欧洲卓越的组织进行比较，明确组织哪些地方处于领先地位，哪些地方还存在不足，从而使组织有机会学到好的实践经验。四是通过国内和地区媒体的宣传以及获奖标志的使用，增强组织在社会的影响并得到公众的认可。

3. 日本质量奖简介

日本的质量奖主要包括日本品质奖、戴明奖和日本品质奖励奖（包括TQM奖和品质革新奖）。在国际上影响比较大的是戴明奖。戴明奖是全球全面质量管理方面的最高奖，始建于1951年，由日本科学技术联盟管理。

（1）戴明奖的种类

戴明奖包括戴明个人奖、戴明实施奖、戴明事业所质量管理奖和日经文献奖。戴明个人奖每年授予为全面质量管理或用于全面质量管理的统计方法的研究做出杰出贡献的个人和为全面质量管理的普及做出突出贡献的个人。戴明实施奖每年授予通过实施全面质量管理获得突出成绩的企业。不论行业类型、公共部门或私营单位、规模大小、国内或海外，任何组织均可申请该奖。戴明事业所奖授予追求全面质量管理，通过实施质量控制、质量管理取得突出成绩的企业的事业所。1954 年，日经杂志建立日经质量管理文献奖，授予质量管理和用于质量管理的统计方法研究的卓越文献，戴明奖委员会对该奖候选人进行评审并向获奖者发奖。

（2）组织机构

戴明奖委员会负责管理戴明奖的评审和授予。委员会委员由来自产业界和学术界的全面质量管理专家组成。戴明奖委员会下设综合协调分委员会、制度改进分委员会、戴明个人奖分委员会、戴明实施奖分委员会、日经质量管理文献奖分委员会等 5 个分委员会执行戴明奖的评审。

（3）戴明奖的影响作用

通过实施戴明奖，直接或间接地对日本的质量控制、质量管理的发展起到不可估量的影响，包括质量的稳定和提高、生产效率的提高和成本的降低、质量管理计划的全面实施、全面参与全面质量管理和组织结构的改进、提升管理和改进的动机，促进各种管理体系和全面管理体系的建立，提高质量和质量管理水平。

4. 世界三大质量奖的差异比较

波多里奇质量奖、欧洲质量奖和戴明奖都是以美国、欧洲和日本企业的产品和服务质量的不断提高与质量管理实践的不断创新为基础的，其目的都是推动质量改进，提高企业的竞争力，使它们的产品具有卓越的质量，但三者在奖项设置、核心理念、模型基础、评价标准和评价方法存在较大差异，如表 4－1 所示。

表4-1 世界三大质量奖差异比较

差异点	波多里奇质量奖	欧洲质量奖	戴明奖
成立时间	1987年	1992年	1951年
特点	运用范围最广	参评国家最多	成立最早
评审组织	美国国家标准和技术研究院	欧洲质量管理基金会	日本科学技术联盟
评审着重点	组织绩效，经营结果	顾客、员工满意度，对社会的影响和绩效	强调统计质量控制技应用
奖项设置	六大行业	三大奖项	四大奖项
评奖范围	海外企业不可申请	质量管理活动必须在欧洲发生	向海外企业开放
核心理念	11条核心理念	8条基本理念	没有统一理念
评价结构	波多里奇框架结构（六过程和一结果）	EFQM卓越模式的框架结构（五手段和四结果）	没有建立任何联系概念、行动、过程和结果的框架（六个基本要求）
评价标准	波多里奇卓越绩效准则	EFQM卓越模式	戴明奖申请指南
评价方法	过程采用ADLI结果采用LeTCI	RADAR逻辑	对“基本要求”“卓越的TQM活动”和“高层领导的作用”独立评价

（三）中国质量奖

中国质量奖是由国家质检总局主办的，旨在表彰在质量管理模式、管理方法和管理制度领域取得重大创新成就的组织和为推进质量管理理论、方法和措施创新做出突出贡献的个人。

1. 概述

随着卓越绩效模式在全国迅速传播，各省、市、县纷纷设立地方性的政府质量奖，并将其作为地区性最高质量管理奖项，旨在提高本地区企业的质量经营管理水平，力求实现企业卓越经营，成为国内国际行业标杆。

根据《产品质量法》和《质量发展纲要（2011—2020 年）》规定，2012 年 7 月，经中央批准，我国正式设立中国质量奖。按照中央部署，中国质量奖的评审表彰工作由国家质检总局负责组织实施。项目周期为两年，下设质量奖和提名奖。质量奖名额每次不超过 10 个组织和个人，提名奖每次不超过 90 个。奖项授予为建设质量强国作出突出贡献，以及在全社会具有显著示范带动作用的组织和为提高我国行业及地方质量水平做出突出贡献的个人。至此，我国有了质量领域的最高政府奖项。

中国质量奖分为中国质量奖和中国质量奖提名奖两个奖项，每两年评选一次，中国质量奖获奖组织和个人数量按照有关规定执行。中国质量奖的评选遵循申请自愿、不收费和科学、公开、公平、公正的原则。国家质检总局负责中国质量奖评选表彰的监督和管理。国家质检总局设立中国质量奖评选表彰委员会（以下简称评选表彰委员会），负责中国质量奖评选表彰的具体实施。评选表彰委员会下设评审委员会和监督委员会，分别负责中国质量奖的评审工作和监督工作。评选表彰委员会下设秘书处，承担评选表彰委员会的日常工作。

同时，为了保障中国质量奖的评选工作在阳光下运行，设立了中国质量奖监督委员会，其作用是要正确把握工作定位，积极创新工作方法，不断增强监督工作的针对性和有效性。要做好对评审人员的监督，做好对评审全过程的监督，同时也要提出好的意见和建议。

2. 评价标准

中国质量奖的评审标准包括对申报组织的评审和对推荐个

人的评审，在此仅介绍对申报组织的具体评价标准。

中国质量奖（组织）评审内容以国务院《质量发展纲要（2011—2020年）》规定为主要依据，包括对候选组织的基本情况评审、关键指标评审和否决事项评审三个部分。

（1）基本评审

中国质量奖（组织）基本评审内容包括质量、技术、品牌和效益等四部分，由4个一级评审项目、10个二级评审项目和25个三级评审项目组成，形成依次展开的关系，各级评审指标及其分值分布如表4-2所示。

表4-2 中国质量奖（组织）材料初评内容框架

<table>
<tr><th>一级评审指标</th><th>二级评审指标</th><th>三级评审指标</th></tr>
<tr><td rowspan="12">（一）质量（450分）</td><td rowspan="4">质量发展（100分）</td><td>质量战略（20分）</td></tr>
<tr><td>质量文化（20分）</td></tr>
<tr><td>基础能力（40分）</td></tr>
<tr><td>质量教育（20分）</td></tr>
<tr><td rowspan="3">质量安全（100分）</td><td>质量责任（40分）</td></tr>
<tr><td>质量诚信（30分）</td></tr>
<tr><td>风险管理（30分）</td></tr>
<tr><td rowspan="3">质量创新（100分）</td><td>理论模式（40分）</td></tr>
<tr><td>技术方法（30分）</td></tr>
<tr><td>改进攻关（30分）</td></tr>
<tr><td rowspan="2">质量水平（150分）</td><td>关键指标（80分）</td></tr>
<tr><td>顾客满意度（70分）</td></tr>
<tr><td rowspan="4">（二）技术（150分）</td><td rowspan="2">技术创新（100分）</td><td>技术先进性（60分）</td></tr>
<tr><td>创新能力（40分）</td></tr>
<tr><td rowspan="2">技术价值（50分）</td><td>经济价值（25分）</td></tr>
<tr><td>社会价值（25分）</td></tr>
</table>

续表

一级评审指标	二级评审指标	三级评审指标
（三）品牌（150 分）	品牌建设（50 分）	品牌规划（10 分）
		品牌推广（20 分）
		品牌维护（20 分）
	品牌成果（100 分）	品牌价值与效应（50 分）
		品牌国际化（50 分）
（四）效益（250 分）	经济效益（130 分）	财务绩效（70 分）
		税收贡献（60 分）
	社会效益（120 分）	社会责任（80 分）
		社会影响（40 分）

（2）关键指标评审

中国质量奖评审对其四个关键指标质量、技术、品牌、效益都有详细内容，其各个关键指标详细内容如表 4－3 所示。

表 4－3　中国质量奖的关键指标

关键指标	内　容
质量	制造业企业近三年内产品质量合格率均处于行业领先水平，未出现产品质量国家监督抽查不合格现象
	服务业企业近三年内顾客满意度均处于行业领先水平。其中，生产性服务业企业的顾客满意度达到 80 以上，生活性服务业企业顾客满意度达到 75 以上
技术	企业核心技术获得国家科学技术奖励数量和等级
	企业通过自主创新获得技术专利的数量与水平，参与国际技术标准制修订数量处于行业领先
品牌	主导品牌产品和服务国内市场占有率行业领先
	品牌国际化程度行业领先，主导品牌产品或服务的国际市场占有率、出口国家数量、年出口创汇数额均处于行业领先

续表

关键指标	内 容
效益	近三年主营业务收入、投资收益、利润总额、销售额等关键财务指标水平及其趋势处于行业领先
	近三年全员劳动生产率、万元总产值综合能耗水平及其趋势处于行业领先
	近三年对国家和地方依法纳税总额处于行业领先

(3) 不予评审事项

企业出现以下事项，将不予评审：

①近三年内出现过严重违法违纪行为；

②近三年内发生过重大质量安全事故；

③近三年内出现过国家监督抽查不合格；

④近三年内在质量安全、节能环保、市场秩序、知识产权等方面受到相关主管部门行政处罚的；

⑤未达到国务院《质量发展纲要（2011—2020年）》规定的相关要求。

3. 评审过程

中国质量奖评选表彰工作包括3个环节、10个步骤。一是申报推荐环节，包括部署、申请、推荐3个步骤；二是评选论证环节，包括形式审查、材料评审、现场评审、陈述答辩、审议公示5个步骤；三是审核表彰环节，包括审核批准、表彰授奖2个步骤。评审内容以《质量发展纲要（2011—2020年）》规定为主要依据，分别对候选组织和个人的基本情况、关键指标和否决事项进行评审。

经形式审查合格的候选组织和个人，由评审表彰委员会秘书处委托评选委员会组织评审论证，包括材料评审、现场评审、陈述答辩等环节。中国质量奖评选论证环节各步骤的具体内容如表4-4所示。

表 4-4　中国质量奖论证环节各步骤

评审过程	评审内容
组织评审内容	候选组织评审包括三个方面：基本情况评审，包括质量、技术、品牌、效益四个方面；关键指标评审，包括产品质量合格率、获得省部级以上质量和科技奖励、主导品牌产品国内外市场占有率、顾客满意度等；否决事项评审，包括质量安全状况、遵纪守法情况及质量监督抽查情况
材料评审	针对通过形式审查的候选组织和个人，组织评审专家，按照评审要点与实施指南，针对申报材料进行基本情况评审，形成初评意见并提交评选委员会。评选委员会重点对候选组织和个人的关键指标和否决事项进行评审，并对评审结果进行审议，票决提出中国质量奖提名奖入围名单和进入现场评审的中国质量奖候选组织和个人名单
现场评审	针对进入现场评审的候选组织和个人，由评审专家对候选组织开展现场评审，对候选组织和个人进行实地考察，对相关关键指标和否决事项进行验证
陈述答辩	针对进入现场评审的组织，召开陈述答辩会议，由组织法定代表人或主要负责人陈述组织的质量工作，由专家对陈述组织的创新特色、发展前景、关键指标和否决事项进行评议
审议公示	评选委员会审议现场评审、陈述答辩情况，形成评审结果，由评审表彰委员会秘书处进行社会公示后，报评审表彰委员会

四、品牌建设的主要任务和重大工程

为更好发挥品牌引领作用、推动供给结构和需求结构升级，经国务院同意，国务院办公厅下发了《关于发挥品牌引领作用推动供需结构升级的意见》（国办发〔2016〕44 号），提出品牌建设工作的主要任务和重大工程。

（一）主要任务

发挥好政府、企业、社会作用，立足当前，着眼长远，持之以恒，攻坚克难，着力解决制约品牌发展和供需结构升级的突出问题。

1. 进一步优化政策法规环境

加快政府职能转变，创新管理和服务方式，为发挥品牌引领作用推动供给结构和需求结构升级保驾护航。完善标准体系，提高计量能力、检验检测能力、认证认可服务能力、质量控制和技术评价能力，不断夯实质量技术基础。增强科技创新支撑，为品牌发展提供持续动力。健全品牌发展法律法规，完善扶持政策，净化市场环境。加强自主品牌宣传和展示，倡导自主品牌消费。

2. 切实提高企业综合竞争力

发挥企业主体作用，切实增强品牌意识，苦练内功，改善供给，适应需求，做大做强品牌。支持企业加大品牌建设投入，增强自主创新能力，追求卓越质量，不断丰富产品品种，提升产品品质，建立品牌管理体系，提高品牌培育能力。引导企业诚实经营，信守承诺，积极履行社会责任，不断提升品牌形象。加强人才队伍建设，发挥企业家领军作用，培养引进品牌管理专业人才，造就一大批技艺精湛、技术高超的技能人才。

3. 大力营造良好社会氛围

凝聚社会共识，积极支持自主品牌发展，助力供给结构和需求结构升级。培养消费者自主品牌情感，树立消费信心，扩大自主品牌消费。发挥好行业协会桥梁作用，加强中介机构能力建设，为品牌建设和产业升级提供专业有效的服务。坚持正确舆论导向，关注自主品牌成长，讲好中国品牌故事。

（二）重大工程

根据主要任务，按照可操作、可实施、可落地的原则，抓紧实施以下重大工程。

1. 品牌基础建设工程

围绕品牌影响因素，打牢品牌发展基础，为发挥品牌引领作用创造条件。

（1）推行更高质量标准。加强标准制修订工作，提高相关产品和服务领域标准水平，推动国际国内标准接轨。鼓励企业制定高于国家标准或行业标准的企业标准，支持具有核心竞争力的专利技术向标准转化，增强企业市场竞争力。加快开展团体标准制定等试点工作，满足创新发展对标准多样化的需要。实施企业产品和服务标准自我声明公开和监督制度，接受社会监督，提高企业改进质量的内生动力和外在压力。

（2）提升检验检测能力。加强检验检测能力建设，提升检验检测技术装备水平。加快具备条件的经营性检验检测认证事业单位转企改制，推动检验检测认证服务市场化进程。鼓励民营企业和其他社会资本投资检验检测服务，支持具备条件的生产制造企业申请相关资质，面向社会提供检验检测服务。打破部门垄断和行业壁垒，营造检验检测机构平等参与竞争的良好环境，尽快形成具有权威性和公信力的第三方检验检测机构。加强国家计量基标准建设和标准物质研究，推进先进计量技术和方法在企业的广泛应用。

（3）搭建持续创新平台。加强研发机构建设，支持有实力的企业牵头开展行业共性关键技术攻关，加快突破制约行业发展的技术瓶颈，推动行业创新发展。鼓励具备条件的企业建设产品设计创新中心，提高产品设计能力，针对消费趋势和特点，不断开发新产品。支持重点企业利用互联网技术建立大数据平台，动态分析市场变化，精准定位消费需求，为开展服务创新和商业模式创新提供支撑。加速创新成果转化成现实生产力，催生经济发展新动能。

（4）增强品牌建设软实力。培育若干具有国际影响力的品牌评价理论研究机构和品牌评价机构，开展品牌基础理论、价值评价、发展指数等研究，提高品牌研究水平，发布客观公正的品牌价值评价结果以及品牌发展指数，逐步提高公信力。开展品牌评价标准建设工作，完善品牌评价相关国家标准，制定操作规范，提高标准的可操作性；积极参与品牌评价相关国际标准制定，推动建立全球统一的品牌评价体系，增强我国在品牌评价中的国际话语权。鼓励发展一批品牌建设中介服务企业，建设一批品牌专业化服务平台，提供设计、营销、咨询等方面的专业服务。

2. 供给结构升级工程

以增品种、提品质、创品牌为主要内容，从一、二、三产业着手，采取有效举措，推动供给结构升级。

（1）丰富产品和服务品种。支持食品龙头企业提高技术研发和精深加工能力，针对特殊人群需求，生产适销对路的功能食品。鼓励有实力的企业针对工业消费品市场热点，加快研发、设计和制造，及时推出一批新产品。支持企业利用现代信息技术，推进个性化定制、柔性化生产，满足消费者差异化需求。开发一批有潜质的旅游资源，形成以旅游景区、旅游度假区、旅游休闲区、国际特色旅游目的地等为支撑的现代旅游业品牌体系，增加旅游产品供给，丰富旅游体验，满足大众旅游需求。

（2）增加优质农产品供给。加强农产品产地环境保护和源头治理，实施严格的农业投入品使用管理制度，加快健全农产品质量监管体系，逐步实现农产品质量安全可追溯。全面提升农产品质量安全等级，大力发展无公害农产品、绿色食品、有机农产品和地理标志农产品。参照出口农产品种植和生产标准，建设一批优质农产品种植和生产基地，提高农产品质量和附加值，满足中高端需求。大力发展优质特色农产品，支持乡村创建线上销售渠道，扩大优质特色农产品销售范围，打造农产品品牌和地理标志品牌，满足更多消费者需求。

（3）推出一批制造业精品。支持企业开展战略性新材料研发、生产和应用示范，提高新材料质量，增强自给保障能力，为生产精品提供支撑。优选一批零部件生产企业，开展关键零部件自主研发、试验和制造，提高产品性能和稳定性，为精品提供可靠性保障。鼓励企业采用先进质量管理方法，提高质量在线监测控制和产品全生命周期质量追溯能力。支持重点企业瞄准国际标杆企业，创新产品设计，优化工艺流程，加强上下游企业合作，尽快推出一批质量好、附加值高的精品，促进制造业升级。

（4）提高生活服务品质。支持生活服务领域优势企业整合现有资源，形成服务专业、覆盖面广、影响力大、放心安全的连锁机构，提高服务质量和效率，打造生活服务企业品牌。鼓励社会资本投资社区养老建设，采取市场化运作方式，提供高品质养老服务供给。鼓励有条件的城乡社区依托社区综合服务设施，建设生活服务中心，提供方便、可信赖的家政、儿童托管和居家养老等服务。

3. 需求结构升级工程

发挥品牌影响力，切实采取可行措施，扩大自主品牌产品消费，适应引领消费结构升级。

（1）努力提振消费信心。统筹利用现有资源，建设有公信力的产品质量信息平台，全面、及时、准确发布产品质量信息，为政府、企业和教育科研机构等提供服务，为消费者判断产品质量高低提供真实可信的依据，便于选购优质产品，通过市场实现优胜劣汰。结合社会信用体系建设，建立企业诚信管理体系，规范企业数据采集，整合现有信息资源，建立企业信用档案，逐步加大信息开发利用力度。鼓励中介机构开展企业信用和社会责任评价，发布企业信用报告，督促企业坚守诚信底线，提高信用水平，在消费者心目中树立良好企业形象。

（2）宣传展示自主品牌。2017 年 4 月 24 日，国务院批准将每年 5 月 10 日设立为“中国品牌日”，大力宣传知名自主品牌，讲好中国品牌故事，提高自主品牌影响力和认知度。鼓励各级电视台、广播电台以及平面、网络等媒体，在重要时段、重要版面安排自主品牌公益宣传。定期举办中国自主品牌博览会，在重点出入境口岸设置自主品牌产品展销厅，在世界重要市场举办中国自主品牌巡展推介会，扩大自主品牌的知名度和影响力。

（3）推动农村消费升级。加强农村产品质量安全和消费知识宣传普及，提高农村居民质量安全意识，树立科学消费观念，自觉抵制假冒伪劣产品。开展农村市场专项整治，清理“三无”产品，拓展农村品牌产品消费的市场空间。加快有条件的乡村建设光纤网络，支持电商及连锁商业企业打造城乡一体的商贸物流体系，保障品牌产品渠道畅通，便捷农村消费品牌产品，让农村居民共享数字化生活。深入推进新型城镇化建设，释放潜在消费需求。

（4）持续扩大城镇消费。鼓励家电、家具、汽车、电子等耐用消费品更新换代，适应绿色环保、方便快捷的生活需求。鼓励传统出版企业、广播影视与互联网企业合作，加快发展数字出版、网络视听等新兴文化产业，扩大消费群体，增加互动体验。有条件的地区可建设康养旅游基地，提供养老、养生、旅游、度假等服务，满足高品质健康休闲消费需求。合理开发利用冰雪、低空空域等资源，发展冰雪体育和航空体育产业，支持冰雪运动营地和航空飞行营地建设，扩大体育休闲消费。推动房车、邮轮、游艇等高端产品消费，满足高收入群体消费升级需求。

第五章　认证认可

认证认可是国际通行的质量管理手段，与标准化、计量、检验检测一起共同构成一个国家的四大质量技术基础。作为市场化、国际化的第三方评价工具，认证认可既是现代市场经济的一项基础性制度安排，也是向社会传递信任、支撑政府监督管理、促进贸易便利的技术性措施，在规范经济秩序，保障市场体制有效运转，提高经济发展质量，维护社会和谐稳定等方面发挥着十分重要的作用。与此同时，认证认可也是各类组织提高管理和服务水平、保证产品和服务质量、提高竞争力的重要途径；是消费者识别产品和服务质量、保护自身利益的有效工具；是国家从源头上规范市场行为、确保产品质量安全、引导消费、推动产业技术升级和产业结构调整、促进对外贸易、保护环境、保护人民生命健康的重要手段。

第一节　概　述

一、认证认可的概念

（一）认证

认证（certification）的英文原意是一种出具证明文件的合格评定活动。国家标准 GB/T 27000—2006/ISO/IEC 17000：2004《合格评定　词汇和通用原则》对认证的定义是："与产品、过程、体系或人员有关的第三方证明。"证明则是指根据复核后作出的决定而出具的说明，以证实规定要求已得到满足。

其中的规定要求则是指由法规、标准和技术规范明确表达的各项要求。《中华人民共和国认证认可条例》(以下简称《认证认可条例》)对认证的定义是:"认证是指由认证机构证明产品、服务、管理体系符合相关技术规范、相关技术规范的强制性要求或者标准的合格评定活动。"

这些定义包括三个相互联系又缺一不可的方面:第一,认证是一种依据一定的法规、标准和技术规范对产品、服务、体系等进行的合格评定活动;第二,认证是一种由独立于供方和买方的、具有权威性和公信力的第三方所进行的合格评定活动;第三,认证需要通过出具书面证明对评价结果予以确认。因此,认证活动必须公开、公正、公平,才能有效。

(二)认可

根据GB/T 27011—2005/ISO/IEC 17011:2004《合格评定 认可机构通用要求》的规定,认可(accreditation)的定义是:"正式表明合格评定机构具备实施特定合格评定工作的能力的第三方证明。"《认证认可条例》对认可的定义是:"认可是指由认可机构对认证机构、检查机构、实验室以及从事评审、审核等认证活动人员的能力和执业资格,予以承认的合格评定活动。"

通俗地讲,认可是指认可机构依据相关法律法规、标准、技术规范,对从事认证、检测和检查等合格评定活动的机构实施评审,证实其满足相关要求,表明其具有从事某种特定认证、检测和检查活动的技术能力和管理能力,并通过颁发认可证书表明对其能力的认可。

(三)认证与认可的关系

在合格评定领域,认证和认可是两个不同层面的活动,无论是实施主体、对象,还是活动的内容都各自不同。

(1)认可与认证的实施主体不同。认可是由权威机构(认可机构)实施的活动。我国的认可机构是由政府授权的,《认证认可条例》规定："除国务院认证认可监督管理部门确定的认可机构外，其他任何单位不得直接或者变相从事认可活动。其他单位直接或者变相从事认可活动的，其认可结果无效。"认证是由第三方（认证机构）实施的活动，认可对认证机构开展认证活动的能力和公正性提供证明，是认证机构在社会上取得信任的重要基础。

（2）认可与认证的对象不同。认可的对象是认证机构、检查机构和实验室，认证的对象是产品、服务、管理体系和人员。

（3）认可与认证的活动内容不同。认可的内容是对认证机构、检查机构和实验室的管理、技术和运作的能力进行评价。认证的内容是对产品、服务、管理体系等是否符合相关技术规范、相关技术规范的强制性要求或者标准进行评价。

（4）机构性质不同。一般来说，认证机构属于社会中介组织，其建立是投资人的商业行为。在市场经济条件下，为社会提供合格评定服务的认证机构之间存在竞争关系，认证机构需要依靠本身的专业技术能力取得信任，而认可机构具有政府授权的特点。在国际上，认可机构普遍与政府具有紧密的联系。认可机构的信用首先来源于政府的授权与管理。不同国家的认可机构之间在为合格评定机构提供能力评价服务方面更多的是一种协调关系。

（四）认证认可与合格评定

根据国家标准 GB/T 27000—2006/ISO/IEC 17000：2004《合格评定 词汇和通用原则》，合格评定（Conformity Assessment）也称符合性评定，指与合格评定与产品、过程、体系、人员或机构有关的规定要求得到满足的证实。国际上所称的合格评定活动一般包括：企业的自我声明、第二方或第三方的检验、检查、验证等评价活动或认证、注册活动以及它们的组合；也包括为规范给企业提供评价服务的机构行为而实施的认可活动。具体包括以下 6 个方面：①第一方的自我声明；②第二方的合格评定；③对产品、服务和体系的认证；④对认证机构、检查机构、实验室的认可；⑤政府的行政许可中的合格评定；⑥与认证有关的检查机构、实验室从事认证以及与认证有关的检查、检测活动。

认证认可属于第三方合格评定活动，与其他形式的合格评定活动（第一方自我声明和第二方合格评定）的最大区别，在于它是由独立、权威和具有较强专业背景的机构所进行的合格评定，并通过书面形式对评定结果加以公示性证明。其结果能够更好地获得需求方的信任，从而成为合格评定活动中最重要、最核心的组成部分。

二、认证认可的本质

（一）认证的本质

认证的本质是通过具有独立性、专业性、公正性的第三方机构所进行的符合性评定和公示性证明活动，保障认证对象符合标准和技术规范的要求，解决交易双方的信息不对称问题，并以此建立需求方对认证对象的信任。

（二）认可的本质

认可的本质是通过具有权威性、独立性和专业性的第三方机构按照国际标准等认可规范所进行的技术评价，证明认可的对象具有承担相应合格评定活动的能力，值得信赖，以供寻求认证、检查和检测的相关方选择认证机构、检查机构和实验室等合格评定机构，为这些合格评定机构的评定结果在国内外得到接受和承认奠定基础。

三、认证认可的功能与作用

（一）认证认可的功能

认证认可的核心价值是“传递信任，服务发展”，其基本功能可以归纳为两方面：符合性评定与公示性证明。

1. 符合性评定

认证认可是依据标准、技术法规和规则程序，对产品、服务过程、机构和人员是否符合要求进行评定的符合性评定活动。也就是说，通过认证认可对特定对象是否符合标准法规和组织的承诺，是否满足顾客的期望，给予确认性结论。

2. 公示性证明

由于广泛存在信息不对称的问题，不仅影响交易的顺利完成，甚至制约市场机制优胜劣汰作用的发挥。认证认可的目的是对产品、服务、过程、机构和人员进行符合性评定，并向相关方出具证明。这种证明包括认证证书、标志等，一般以书面形式公示。通过这种公示性证明，解决信息不对称问题，以获得相关方和社会公众的普遍信赖。

（二）认证认可的作用

随着经济社会的发展，认证认可越来越广泛地应用于产业经济、贸易、社会管理、公共服务等各个领域，其“传递信任，服务发展”的核心价值日益显现。认证认可在国民经济和社会发展中的具体作用主要体现在：

（1）提升质量管理水平，增进产品和服务满意度。认证认可是质量管理的基础手段，保证了标准和技术规范的有效实施，为企业及其他组织提高管理水平、改善产品和服务质量提供了一条重要途径。

（2）保护消费者权益，保障社会公共安全。认证认可为消费者提供产品、服务质量和安全等方面的信息，有助于消费者甄别和选择更为合适的产品，避免受到不安全产品的危害，因而被各国政府作为保护人身健康安全和社会公共安全的市场准入制度，如欧盟 CE 认证、日本 PSE 认证和我国 CCC 认证等。我国的各类安全认证制度，为保护消费者健康安全和公共安全发挥了重要作用。

（3）消除贸易技术壁垒，促进贸易便利发展。认证认可旨在解决贸易往来中的信息不对称等问题。为贸易各方之间传递信任，有利于企业开拓市场、扩大销路。这在国际贸易中显得尤为重要。通过国际互认，能够建立更加便利高效的贸易环境，帮助各国企业消除贸易壁垒，降低贸易成本和风险，并获得国际市场的认可。在经济全球化背景下，认证认可作为符合 WTO 规则的技术性贸易措施，已经成为不可缺少的贸易便利化工具。

（4）引导产业转型升级，促进经济与资源环境可持续发展。认证认可通过技术评价手段引导企业加快技术进步，推动产业经济转型升级。同时促进企业更好地履行劳动保护、环境保护等方面的社会责任，保护员工健康和安全利益，促进节能降耗减排，保护生态环境，维护人与自然、经济与社会的和谐，促进经济社会的可持续发展。认证认可日益渗透到节能减排、环境保护、新能源、低碳技术、绿色贸易这些全球可持续发展的重要领域，成为各国促进经济社会可持续发展的重要手段。我国紧密围绕国家节能减排目标，积极推动节能、节水、可再生资源产品认证、能源管理体系认证、环境标志产品认证、电子污染控制认证等，取得了显著成效。

（5）提升政府管理效能，促进社会诚信建设。认证认可能够有效提升组织的管理水平，充分发挥市场机制的作用，这为政府部门提供了一条替代传统行政管理手段，提升行政效能和政府公信力的重要途径。政府部门采用认证认可手段，一方面，可以在内部建立质量管理体系，提升管理效能；另一方面，在政府监管中采信第三方的认证结果，能够促进决策和监管的科学、公正，降低行政风险。因而，认证认可在政府部门和公共机构得到了广泛应用，成为各国政府监管的有力支撑。我国随着深化行政审批制度改革，建设服务型、效能型政府，越来越多的政府部门在行政审批、政府采购、政府工程等方面采用认证认可手段，促进政府监管目标的实现。认证认可传递信任的功能，对于社会诚信建设也具有重要意义，被广泛应用于质量信用管理、社会诚信系统建设等各方面，有助于促进社会诚信文化的形成。

四、认证认可的依据

（一）认证的依据

按照认证的定义，认证的依据是法规、标准和相关技术规范。法规和强制性标准是为了保证人体健康、人身和财产安全，规定必须强制执行的标准和技术规范要求；相关技术规范是指经权威机构审查、备案，认证机构自行制定的用于产品、服务、管理体系认证的符合性要求的技术文件。

（二）认可的依据

中国合格评定国家认可委员会（CNAS，以下简称国家认可委）依据 ISO/IEC、IAF、PAC、ILAC 和 APLAC 等国际组织发布的标准、指南和其他规范性文件，以及国家认可委发布的认可规则、准则等文件，实施认可活动。认可规则规定了国家认可委实施认可活动的政策和程序；认可准则是国家认可委认可的合格评定机构应满足的要求；认可指南是对认可规则、认可准则或认可过程的说明或指导性文件。国家认可委按照认可规范的规定对认证机构、实验室和检查机构的管理能力、技术能力、人员能力和运作实施能力进行评审。

认可准则是认可评审的基本依据，其中规定了对认证机构、实验室和检查机构等合格评定机构应满足的基本要求，国家认可委认可活动所依据的基本准则主要包括：ISO/IEC 17021《合格评定　管理体系审核认证机构的要求》、ISO/IEC 指南 65《产品认证机构通用要求》、ISO/IEC 17024《合格评定　人员认证机构通用要求》、ISO/IEC 17025《检测和校准实验室能力的通用要求》、ISO/IEC 17020《各类检查机构能力的通用要求》、ISO 15189《医学实验室　质量和能力的专用要求》、ISO 指南 34《标准样品工作导则（7）　标准样品生产者能力的通用要求》和

ISO/IEC 17043《合格评定 能力验证的通用要求》。必要时，针对某些认证或技术领域的特定情况，国家认可委还在基本认可准则的基础上制定应用指南和应用说明。

五、中国认证认可发展概况

我国的认证认可事业伴随着新中国的建立、成长而不断发展和繁荣，在改革开放以前，我国实行计划经济，对产品质量的评定借鉴前苏联的制度，产品质量实施严格的合格证制度和抽查制度。现代意义上的认证认可制度在我国始于20世纪70年代末，随着改革开放的深入和经济社会的发展，认证认可工作不断得到加强和完善，对国民经济的影响力也在不断增强。其发展过程大致可划分为三个阶段：

1. 第一阶段：我国认证认可工作的试点和起步阶段（1981—1991）

1978年9月我国加入国际标准化组织，开始认识到认证是对产品质量安全进行评价、监督、管理的有效手段，也是各国实施标准的有力措施。1981年，我国加入国际电子元器件认证组织并成立了中国第一个产品认证机构——中国电子元器件认证委员会，开始认证试点工作。从20世纪80年代中期至90年代初期，我国开始在更广泛的领域推行认证制度，相继建立了对家用电器、电子娱乐设备、医疗器械、汽车、食品、消防产品等众多产品的认证制度，涉及进出口商品检验、技术监督、环保、公安、信息产业和宏观政策调控等众多政府管理部门。在管理体系认证领域，我国标准化行政主管部门参考1987版ISO 9000系列标准，于1988年制定发布了GB/T 10300质量管理体系系列标准，并授权中国质量协会等机构对企业质量管理体系进行贯标试点。总体看来，在这一时期，中国逐步形成依托原国家技术监督局系统以CCEE为标志和依托原国家商检局系统以CCIB为标志的两套产品认证系统，为促进国际贸易和提高国内市场的产品质量起到了重要作用。

2. 第二阶段：我国认证认可工作全面推行阶段（1991—2001）

1991 年 5 月，国务院第 83 号令正式颁布了《中华人民共和国产品质量认证管理条例》（以下简称《产品质量认证管理条例》），标志着我国的质量认证工作由试点进入了全面推行的新阶段。这一阶段，除全面建立和实施针对国内市场进行 CCEE 认证和针对进出口进行 CCIB 认证、全面推广强制性产品认证外，在管理体系认证领域也取得了重要进展。

1992 年，原国家进出口商品检验局联合国务院机电产品出口办公室等 9 个部门成立了“出口商品生产企业（ISO 9000）工作委员会”，负责质量体系认证机构的认可工作，1997 年更名为中国国家进出口企业认证机构认可委员会（CNAB），同时负责认证机构的认可和认证人员注册工作。

1994 年，原国家技术监督局成立了中国质量管理体系认证机构国家认可委员会（CNACR）、中国认证人员国家注册委员会（CRBA）、中国实验室国家认可委员会（CNACL）、中国产品认证机构国家认可委员会（CNACP），开始对从事质量管理体系认证的认证机构、检验实验室和认证人员进行注册。

1996 年，ISO 14000《环境管理体系》系列标准发布后，我国将其等同转化为国家标准 GB/T 24001—1996。1997 年 7 月国家环保局成立了环境管理体系认证机构认可委员会（CACEB），开展环境管理体系认证机构认可和审核员注册工作。2000 年，CNACR 和 CRBA 也开始开展环境管理体系认证的评审和审核员的注册工作。

1999 年，原国家经贸委参照 OHSAS 18001《职业健康安全管理体系　规范》的要求，于 1999 年 10 月发布了《职业安全卫生管理体系试行标准》，并成立了职业安全卫生管理体系认证认可委员会，对认证机构和审核员进行认可和评审、注册。2000 年 1 月，原国家出入境检验检疫局要求出口企业开展 OHSAS 18001 认证，并认可了一批认证机构。

在我国认证认可工作起步和发展的同时，认证认可的法制化工作也得到了加强。我国于1988年颁布实施了《标准化法》，1989年颁布实施了《中华人民共和国进出口商品检验法》（以下简称《进出口商品检验法》），1990年颁布实施了《标准化法实施条例》，1991年国务院颁布了《产品质量认证管理条例》，1992年颁布实施了《中华人民共和国进出口商品检验法实施条例》，1993年颁布实施了《产品质量法》等多部法律法规。上述法律法规的实施，在很大程度上保障了我国认证认可工作在改革开放的大环境下迅猛拓展的势头。

3. 第三阶段：我国统一的认证认可制度的建立和形成阶段（2001—至今）

以中国国家认证认可监督管理委员会（CNCA，以下简称国家认监委）成立为标志，中国认证认可事业发展进入了统一管理和监管的新阶段。在此阶段，建立了集中统一的认可制度，实施了新的强制性产品认证制度，加强了认证认可相关法律制度的建设，成立了认证认可行业自律组织等。同时，我国认证认可的国际化程度日益提高，认证认可活动领域向纵深发展，认证认可活动的吸收、消化和创新机能增强，认证认可的功能在许多重要领域彰显。

2001年4月，为履行我国加入世界贸易组织的承诺，国务院决定成立国家认证认可监督管理委员会，负责统一管理、监督和综合协调全国认证认可工作，并建立了认证认可部际联席会议制度。

2001年7月，国家整合了分散于有关行政主管部门的认可组织，成立了统一的中国实验室国家认可委员会、中国国家认证机构国家认可委员会、中国认证人员和培训机构国家认可委员会。2006年3月，为适应国际认可组织的要求和变化（国际标准化组织合格评定委员会（ISO/CASCO）已将认证机构、检查机构和实验室的认可要求进行整合，形成了一个统一的认可机构国际准则（ISO/IEC 17011），国家合并中国实验室国家认可委员会和中国认证机构国家认可机构委员会，成立了国家认可委。中国认证人员和培训机构国家认可委员会纳入中国认证认可协会，转为人员认证机构。

第二节　中国认证认可监管体制

一、组织机构

（一）协调议事机构

国家认监委成立以后，根据《国务院办公厅关于加强认证认可工作的通知》（国办〔2002〕11号）文件精神和《认证认可条例》的要求，结合中国政府部门的职责划分以及认证认可的技术专业性，逐步建立了由22个成员单位组成的全国认证认可工作部际联席会议制度，作为国务院的协调议事机构。联席会议秘书处设在国家认监委；同时，建立了认证认可专家咨询委员会，作为认证认可工作的顾问机构。这样形成了“统一管理，共同实施”的工作格局。

（二）监督管理机构

按照《认证认可条例》的有关规定，国家认证认可监督管理委员会作为国务院认证认可监督管理部门，在国务院授权下，统一管理、监督和综合协调认证认可工作。国家认监委由国家质检总局归口管理。国家认监委内设机构包括：政策与法律事务部、认可监管部、认证监管部、实验室与检测监管部、注册管理部、国际合作部、科技与标准管理部等。县级以上地方人民政府质量技术监督部门和国务院质量监督检验检疫部门设在地方的出入境检验检疫机构（统称地方认证监督管理部门），在国务院认证认可监督管理部门的授权范围内，依照《认证认可条例》的有关规定对认证活动实施监督管理。

（三）认可机构

国家认可委是根据《认证认可条例》的规定，由国家认监委批准设立并授权的国家唯一的认可机构，统一负责对认证机构、实验室和检查机构等相关机构（以下简称合格评定机构）的认可工作。

（四）认证相关机构

认证相关机构，包括认证机构、认证咨询机构、认证培训机构、实验室和检查机构等，它们是具体开展认证业务的机构组织，按照国家认监委批准的资质条件和业务范围依法开展认证相关业务。

二、工作机制

中国实行统一的认证认可监督管理制度和共同实施的工作机制。由国家认监委统一管理，监督和协调国家的认证认可活动，结合中国政府部门的职责划分以及认证认可的技术专业性，建立了由22个成员单位组成的认证认可工作部际联席会议制度，现已成为部门之间交流和协调认证认可工作的“寻求共识、寻求最佳办法和方案的平台”。各成员单位运用认证认可手段促进政府职能转变，服务国家工作大局。认证认可的领域从传统的工业制造业，扩展到各个行业门类；认证认可的功能从质量管理手段，发展为市场经济条件下的运行工具，在完善市场经济体制、服务经济发展和促进社会和谐等各方面发挥了越来越重要的作用。

三、监管体系

监管体系是指由行政主管部门、行业组织和社会公众共同参与的对认证认可活动进行监管的行为和制度总称。目前国家认监委已建立了“法律规范、行政监管、认可约束、行业自律、社会监督”五位一体的监管体系。

（一）法律规范

国家认监委成立以来，我国认证认可法律制度体系日趋健全，现已构建了以《认证认可条例》为核心，15 个部门规章和 29 个重要行政规范性文件为主体的认证认可法律制度体系。《认证认可条例》确立了适应我国认证认可发展需要的基本制度，明确了国家实行统一的认证认可监督管理制度和统一的认可制度，明确了认证认可行为规范以及认证认可活动应当遵循客观公正、真实有效、诚实信用的原则。《认证认可条例》施行后，政府依法加强了对认证认可活动的监管，履行政府对认证从业机构、从业人员的资质和从业活动的监督管理职责，切实保证和维护我国认证市场的良性发展，稳步提高认证认可有效性。

现已颁布涉及认证认可的法律法规 30 余部，明确规定利用认证认可手段为经济和社会活动提供技术评价。

（二）行政监管

国家认监委依据法律法规和国家标准，建立了符合中国国情的统一和分级负责的认证行政监管制度。国家认监委作为国务院认证认可监督管理部门，在国务院授权下，统一管理、监督和综合协调认证认可工作。国家认监委与地方认证监管部门依法分工负责。国家认监委负责认证行政监管制度与政府部门规章的制定；负责认证行政监管业务的指导、督促和检查；负责在全国范围内组织开展认证专项监督检查等宏观层面的管理事项。地方认证监督管理部门在国家认监委依法授权范围内，具体负责所辖行政区域内认证活动的日常监督管理工作。

行政监管的对象是从事认证认可活动的组织和个人，行政监管的主要事项包括认证认可市场准入管理、认证认可活动监督管理、认证认可工作人员的监督管理等。

（三）认可约束

中国认可约束的执行机构为国家认可委认可准则采用了相应的ISO/IEC国际标准和IAF规范性准则，认可规则符合相应的国际标准。中国认可约束体系采用的基本方式为系统评价与连续监督并举，以全面系统的评审方式对认证能力和认证公正性进行评价，包含了对认证机构总体管理能力和认证实施的具体专业能力的评审，以及现场评审和见证评审，采取多种监督方式，对已获认可的认证机构能力的保持，认证的规范性、公正性和有效性进行监督。其主要监督方式包括定期监督、专项监督、投诉处理及专项调查和定期复评。随着中国认可实践和认证事业的发展，国家认可委吸收相关国际理念，对获得认可的认证机构实施认可风险分级管理，以鼓励认证机构自我完善、规范运作，降低认可风险。作为中国认证认可监管体系的有机组成部分，认可约束为政府行政监管提供了必要的技术支撑。

（四）行业自律

中国认证认可协会是认证认可行业自律组织，是架设在政府认证监管部门、认可机构、认证相关机构、广大企业之间的桥梁，在推动认证认可法律法规和相关政策全面落实，开展行业自律，通过机构间自我约束和相互监督，引导认证及认证相关机构在建立诚信机制、规范经营等方面发挥了重要作用。当前中国已经基本建立了以管理机制、激励机制和监督机制为基础的行业自律体系。其中管理机制包括认证认可行业的诚信原则、行为准则、资质标准及管理规范、仲裁规则及其具体的实施细则；激励机制就是对在认证认可工作中贡献突出的机构、企业和个人进行表彰和奖励，不断推出行业内的优秀机构、企业和个人，形成行业内大家积极进取的局面；监督机制就是发挥行业自律组织的优势，通过建立科学、公正、规范的评估体系和评价标准，根据收集到的信息依照评估体系和标准对从业机构和个人进行业绩和公信评估，及时发布评估结果，为行政监管和认可约束以及社会对认证结果的采信提供充分依据。创新、发展的行业自律体系，为规范中国的认证活动，提高认证有效性提供了以诚信机制建设为基础的自我约束和自我监督的长效机制。

（五）社会监督

社会监督是认证认可监管体系的重要组成部分。包括消费者、企业、社团、媒体等社会公众在认证认可的监管体系中发挥着积极作用。为了充分发挥社会各界对认证认可工作的监管作用，建立和完善认证认可工作社会监督机制，国家认监委建立了认证市场社会义务监督员机制和申投诉处理机制，于 2006 年 11 月发布实施了《认证认可社会义务监督员管理办法（试行）》，在社会监督的制度化方面迈出了重要的一步。

第三节　认证制度

一、强制性产品认证

强制性产品认证又称法规性认证，是政府主管部门为保护国家安全、防止欺诈行为、保护人体健康或安全、保护动植物生命或健康、保护环境，而对相关产品强制性实施的评价其是否符合国家规定的技术要求（标准、技术规范）的产品认证制度。通常的做法是国家通过制定强制性产品认证的产品目录和相关产品强制性认证实施规则，由政府主管部门指定的第三方认证机构对列入目录内的产品进行认证，未获得指定第三方认证机构的认证证书和/或未按规定在产品上加施认证标志，不得出厂、销售、进口。

（一）中国强制性产品认证制度

强制性产品认证制度的基本框架为三部分，一是认证制度的建立，二是认证的实施，三是认证实施有效性的行政执法监督。强制性产品认证制度的建立由中央政府负责，国家认监委负责按照法律法规和国务院的授权，协调有关部门按照“四个统一”（统一产品目录，统一技术规范的强制性要求、标准和合格评定程序，统一认证标志，统一收费标准）的原则建立国家强制性产品认证制度；指定认证机构在授权范围内承担具体产品的认证任务，向获证产品颁发 CCC 认证证书；地方各级质量技术监督部门和各地出入境检验检疫机构（以下简称地方质检两局）负责对列入《强制性产品认证目录》（以下简称《目录》）内的产品开展行政执法监督工作，以确保列入《目录》内的产品未获得认证不得出厂、销售、进口或者在其他经营活动中使用。

1. 强制性产品认证目录

2014 年 12 月 16 日，国家认监委修订了《强制性产品认证目录描述与界定表》（2014 年第 45 号公告），共 20 大类 158 种产品。

2. 强制性产品认证基本认证模式

强制性产品认证应当适用以下单一认证模式或者多项认证模式的组合，具体模式包括：

（1）设计鉴定；

（2）型式试验；

（3）制造现场抽取样品检测或者检查；

（4）市场抽样检测或者检查；

（5）企业质量保证能力和产品一致性检查；

（6）获证后的跟踪检查。

产品认证模式应当依据产品的性能，对涉及公共安全、人体健康和环境等方面可能产生的危害程度、产品的生命周期、生产、进口产品的风险状况等综合因素，按照科学、便利的原则予以确定。

3. 认证证书、标志及辨识方法

（1）认证证书及辨识

认证证书是证明《目录》内产品符合认证实施规则要求并准许其使用认证标志的证明文件，认证证书有效期为5年。认证证书的格式由国家认监委统一规定，企业和社会公众可以根据强制性产品认证证书号，通过登录国家认监委网站（网址：www.cnca.gov.cn）查询证书的真伪、产品生产者和被委托生产企业的名称和地址是否与产品标识上的一致，以及证书的当前状态。地方质检两局的监管和执法人员通过统一监管平台查询CCC证书详细信息。

（2）强制性产品认证标志及辨识

强制性产品认证标志名称为“中国强制认证”。英文缩写为：CCC。认证标志是《目录》内产品准许出厂销售、进口和使用的证明标志（见图5－1）。

图5－1　强制性产品认证标志

目前，CCC认证标志的标注方式包括两种，第一种为使用由国家认监委指定企业统一印制的标准规格认证标志（目前为2005年版CCC认证标志），另一种为认证证书持有者（获证企业）自行采用印刷、模压等方式将CCC认证标志标注在产品本体、铭牌、最小销售包装等位置上。2005年版CCC标志从印刷工艺、防伪技术等多方面进行了升级，新标志具有全息漏斗、全息多通道、全息相面、全息动态隐形、网络防伪查询等5种防伪技术可以有效帮助获证企业和公众识别CCC认证标志。另外企业和公众可以使用商品上注明的企业名称、认证证书信息等内容，通过登陆国家认监委网站（网址：www.cnca.gov.cn）查询标志备案信息。

4. 强制性产品认证机构

国家对强制性产品认证机构、检查机构和实验室实行指定制度。指定制度的建立、实施及其监督管理工作由国家认监委负责。被指定机构应符合国家质检总局 65 号令规定的指定条件。

截至 2015 年，强制性产品认证指定认证机构 22 家，指定实验室 167 家。国家认监委根据实际情况调整指定承担强制性产品认证相关任务的认证机构和实验室，详细名称及业务范围、联系方式可登录国家认监委网站查询。

（二）强制性产品认证程序

强制性产品认证程序由以下全部或部分环节组成。

1. 认证申请和受理

这是认证程序的起始环节。列入目录产品的生产者或者销售者、进口商（以下统称认证委托人）应当委托经国家认监委指定的认证机构（以下简称认证机构）对其生产、销售或者进口的产品进行认证。

2. 型式试验

型式试验是产品认证的核心环节。认证机构应当按照认证规则的要求，根据产品特点和实际情况，采取认证委托人送样、现场抽样或者现场封样后由认证委托人送样等抽样方式，委托经国家认监委指定的实验室（以下简称实验室）对样品进行产品型式试验。

3. 工厂检查

工厂检查是确保认证有效性的重要环节。需要进行工厂检查的，认证机构应当委派具有国家注册资格的强制性产品认证检查员，对产品生产企业的质量保证能力、生产产品与型式试验样品的一致性等情况，依照具体产品认证规则进行检查。

4. 认证结果评价与批准

认证机构完成产品型式试验和工厂检查后，对符合认证要求的，一般情况下自受理认证委托起90天内向认证委托人出具认证证书。对不符合认证要求的，应当书面通知认证委托人，并说明理由。

5. 获证后监督

认证机构应当通过现场产品检测或者检查、市场产品抽样检测或者检查、质量保证能力检查等方式，对获证产品及其生产企业实施分类管理和有效的跟踪检查，控制并验证获证产品与型式试验样品的一致性、生产企业的质量保证能力持续符合认证要求。对于不能持续符合认证要求的，认证机构应当根据相应情形作出予以暂停或者撤销认证证书的处理，并予公布。

（三）强制性产品认证监管

1. 监管制度

国家认监委对认证机构、检查机构和实验室的认证、检查和检测活动实施年度监督检查和不定期的专项监督检查，并采取定期或者不定期的方式对获证产品进行监督检查。监督检查覆盖“指定认证机构、指定实验室、工厂检查员、获证企业、获证产品”，并与国家监督抽查和认可评审进行联动。

2. 行政执法

地方认证监管部门依法按照各自职责，对所辖区域内强制性产品认证活动实施监督检查，对违法行为进行查处。

出入境检验检疫机构应当对列入目录的进口产品实施入境验证管理。查验认证证书、认证标志等证明文件，核对货证是否相符。验证不合格的，依照相关法律法规予以处理，对列入目录的进口产品实施后续监管。对符合《强制性产品认证管理规定》和国家认监委相关公告有关规定的进境物品，入境时无需办理或免于办理强制性产品认证。

二、自愿性产品认证

对于强制性产品认证制度管理范围以外的产品认证，企业可根据需要自愿向认证机构提出认证申请，通常称之为自愿性产品认证。自愿性认证的主要作用是：指导消费者选购性能良好的商品，提高企业的市场竞争能力，全面提高产品的性能和提高企业持续稳定地生产符合标准要求产品的能力。

（一）国家信息安全产品认证

1. 制度介绍

随着信息技术的广泛应用和迅速发展，信息安全问题日益严峻。世界各国普遍采取措施应对各种安全威胁，其中信息安全产品检测认证为世界各国普遍采用，作为对信息安全产品进行科学规范管理、提高信息安全产品安全性、保障国家信息安全的重要技术手段。

2010年7月14日，国家认监委发布《关于信息安全产品认证制度实施要求的公告》（2010年第26号），进一步明确了信息安全产品认证制度的名称为“国家信息安全产品认证制度”，属于自愿性认证制度。

中国国家信息安全产品认证标志的式样（见图5－2）由基本图案、认证机构识别信息组成，标志正下方的“ABCDE”为认证机构识别信息，代表实施该认证的认证机构。

2. 认证范围

目前，开展国家信息安全产品认证的产品范围为8大类13种产品，包括防火墙、网络安全隔离卡与线路选择器、安全隔离与信息交换产品、安全路由器、智能卡COS、数据备份与恢复产品、安全操作系统、安全数据库系统、反垃圾邮件产品、入侵检测系统（IDS）、网络脆弱性扫描产品、安全审计产品、网站恢复产品。

3. 认证程序

国家信息安全产品认证模式：型式试验＋初始工厂检查＋获证后监督。认证流程：认证申请与受理；型式试验委托及实施；初始工厂检查；认证结果评价与批准；获证后监督。

注：IS相对上方主体形象圆居中；*根据要求，字母长度为：3～5个不等，位置为相对上方主体形象圆居中对齐。

图5－2　中国国家信息安全产品认证标志的式样

（二）国家节能环保汽车认证

为促进实现“建设资源节约型、环境友好型社会”的政策目标，引导公众树立健康、节约、环保的消费理念，通过认证认可工作促进和规范节能、环保型汽车的发展，根据《认证认可条例》，国家认监委以2006年第17号公告发布了《国家节能环保型汽车认证实施规则　轻型汽车产品》（编号：CNCA－01V－001：2006），自2006年9月1日起施行。同时为保证此项自愿性产品认证工作规范、有效开展，国家认监委2006年第26号公告发布具备条件的汽车产品认证机构和检测实验室开展此项认证工作。

（三）电子电器产品污染控制认证

1. 制度介绍

《电子信息产品污染控制管理办法》（以下简称《管理办法》）于2007年3月1日正式实施。为配合《管理办法》中相关工作的有效开展和实施，控制和减少电子信息产品废弃后对环境造成的污染，保护环境和人体健康，推动电子信息产业持续、健康发展，促进低污染电子信息产品的生产和销售，规范、指导并有效监管国内所开展的电子信息产品污染控制认证活动，根据《产品质量法》《认证认可条例》和《电子信息产品污染控制管理办法》，国家认监委与工业和信息化部共同编制了《国家统一推行的电子信息产品污染控制自愿性认证实施意见》（以下简称《实施意见》），《实施意见》对国家统一推行的电子信息产品污染控制自愿性认证（以下简称国推污染控制认证）活动的组织实施、监督管理等方面进行了明确规定，为深入推进我国电子信息产品污染控制工作奠定了基础。

国推污染控制认证的实质是依据标准，对为减少或消除电子信息产品中所含有的六种有毒有害物质或元素而采取措施的有效性予以证明的合格评定活动。其规范的有害物质主要包括铅（Pb）、汞（Hg）、镉（Cd）、六价铬（Cr，Ⅵ）、多溴联苯（PBBs）、多溴二苯醚（PBDEs）等六类，除镉的限值为 100 ppm 外，其余各有害物质的限值均为 1000 ppm。

2. 认证范围

根据《实施意见》的要求，国推污染控制认证目录由国家认监委与工信部共同确定、调整、发布。基于行业管理、结果采信等综合因素的考虑，2011 年 7 月，国推污染控制认证第一批目录颁布，其中包括了计算机、显示器、打印机、电视机、移动用户终端和固定电话终端六种整机产品，以及为六种整机产品配套的所有组件产品、部件及元器件产品、材料产品。

3. 认证模式和程序

（1）认证模式

①模式一：型式试验＋获证后监督（适用于部件及元器件产品、材料产品）。

②模式二：抽样检测＋获证后监督（适用于部件及元器件产品）。

③模式三：优化检测＋获证后监督（适用于整机产品和组

件）。

④模式四：抽样检测＋初始工厂检查＋获证后监督（适用于所有产品）。

（2）认证程序

国推污染控制认证程序主要包括认证申请、文件审查、样品检测、初始工厂检查（仅适用模式四）、认证结果评价与批准、获证后的监督等环节。

（四）资源节约产品认证

1. 制度介绍

近年我国积极推进资源节约产品认证工作，在认证市场培育和规范、技术机构能力建设、技术规范制定、认证结果采信等方面取得了一定的成绩，为我国节约型社会建设发挥了积极作用。目前我国节能、节水产品认证主要为相关认证机构自行开展的自愿性产品认证。

2. 节能产品认证

目前，我国主要节能产品认证机构包括中国质量认证中心、电能（北京）产品认证中心等。

中国质量认证中心节能产品认证的种类包括家电、办公设备、电源、电力、照明、新能源、机电、建筑等。电能（北京）产品认证中心主要节能（节水）产品认证的种类包括单元式空气调节机、清水离心泵、通风机、空气压缩机、配电变压器、无功功率补偿设备、变频器、节能型架空导线、微油点火装置等。

各机构自行开展的节能产品认证程序中一般均包括了认证申请、文件审查、样品检测、初始工厂检查、认证结果评价与批准、获证后的监督等环节。

3. 节水产品认证

目前，我国主要节水产品认证机构包括中国质量认证中心、北京新华节水认证有限公司、中水润科认证有限公司等。

目前中国质量认证中心节水产品认证的种类包括工业、城镇生活（服务业）、农业、非传统水资源利用产品等。北京新华节水认证有限公司节水产品认证的种类主要包括冷却塔及塔芯部件、喷灌专用设备、微灌专用设备等。中水润科认证有限公司节水产品认证的种类主要包括喷灌专用设备、微灌专用设备等。

各机构自行开展的节水产品认证程序中一般均包括了认证申请、文件审查、样品检测、初始工厂检查、认证结果评价与批准、获证后的监督等环节。

（五）可再生能源认证

1. 制度介绍

我国的可再生能源产品认证制度是伴随着可再生能源产业的不断发展而建立的，国家认监委自成立之初即高度重视可再生能源产品认证工作。2003 年，国家认监委批准北京鉴衡认证中心成为我国第一家专注于可再生能源产品认证的机构。此后，随着产业的不断发展，国家认监委逐步建立目前涵盖风电机组、风电机组关键零部件、太阳能光热利用产品以及太阳能光伏发电产品等在内的可再生能源产品认证制度。

目前，风电设备领域我国有北京鉴衡认证中心、中国船级社两家认证机构。太阳能热水器方面的认证机构主要有北京鉴衡认证中心、环保部环境发展中心和环境认证中心、住房和城乡建设部住宅产业化促进中心以及中国质量认证中心。光伏产品方面的认证机构主要有北京鉴衡认证中心和中国质量认证中心。

同时，也可以预计，随着生物质能、地热能以及海洋能产业的不断发展，我国可再生能源认证覆盖的范围将不断扩展。

2. 认证范围

（1）风电设备认证

风电设备认证范围主要包括并网型风力发电机组以及叶片、齿轮箱、发电机、变流器、制动器等关键零部件。由于风电机组及其关键零部件属于大型机电设备，且要求在野外恶劣环境下安全运行20年，因此在认证过程中除相关国家标准和认证实施规则外，还需要用到多项IEC、ISO、EN、DIN的相关标准。不完全统计，认证机构开展风电设备认证中的常用标准就有110多项。

（2）太阳能热利用产品认证

太阳能热水器产品认证的范围主要包括家用太阳能热水系统、全玻璃真空太阳集热管、平板集热器、真空管集热器、热水系统用硅胶密封圈、热水系统用控制器等。认证主要依据相关国家标准和各认证机构认证实施规则开展。

（3）太阳能光伏发电产品认证

太阳能光伏产品认证的范围主要包括地面用晶体硅光伏组件、地面用薄膜硅光伏组件、离网光伏系统控制器和逆变器、并网光伏系统逆变器、太阳光伏能源系统用铅酸蓄电池、独立光伏系统、并网光伏发电系统等。认证主要依据相关国家标准和各认证机构认证实施规则开展。

3. 认证程序

（1）风电设备认证程序

根据2010年国家标准委发布的风电设备认证指导技术文件GB/Z 25458—2010《风力发电机组　合格认证规则及程序》，风电机组认证采用模块结构，包括设计认证、型式认证、项目认证。关键零部件认证程序包括设计评估、型式试验、制造能力评估、最终评估报告、部件认证证书等。

（2）太阳能利用（光热、光伏）产品认证程序

太阳能热利用和太阳能光伏利用产品认证的主要内容都是型式试验和工厂审查，认证流程与强制性产品认证基本相同。

（六）环境标志产品认证

1. 制度介绍

环保型产品是指在生产、使用及报废后处置的过程中符合环境保护的要求，与同类产品相比，具有低毒低污染、节约环

境资源等特点的优质产品。环境标志产品认证是对产品环境特性的认证，是对产品的环境特性及企业的污染物排放是否符合相应的环境标志的评价，是第三方对产品与规定要求的符合性进行评价和证明的合格评定活动。

2. 认证范围

根据标志产品“全过程控制”的原则，从理论上讲，所有有环境行为的产品都可以进行环境标志产品认证。我国现阶段主要在低毒污染类、低排放类、可回收利用类、节能节水类、可生物降解类、纯天然食品类产品中开展环境标志认证工作。除此之外，对于在广告上涉及老年、妇女、儿童特殊保健作用又与环境行为有关的产品，为区别真伪，也将是环境标志认证的工作范围。

3. 认证程序

中国环境标志产品认证主要包括三个类型：初次认证、年度监督及再认证。初次认证主要过程是现场检查、产品检验和综合评价。年度监督的周期为每年至少一次，其方法是对获证企业及产品满足认证准则的情况进行验证，验证合格允许继续使用环境标志。中国环境标志认证的有效期为3年，认证期满后，企业如果需要继续使用环境标志，就必须重新申请再认证。再认证的程序和内容同初次认证。

三、管理体系认证

管理体系认证是指由认证机构依据公开发布的管理体系标准和补充文件，对组织的管理体系与相关标准的符合性及体系运行的有效性进行审核，经评定符合标准要求，由认证机构对其颁发特定的管理体系认证证书，并对其持续满足标准要求的情况进行监督。

管理体系认证针对不同的管理对象、管理目标，依据不同的管理体系标准，根据所依据的标准不同分为质量管理体系（QMS）认证、环境管理体系（EMS）认证、职业健康安全管理体系（OHSMS）认证等等。管理体系认证通常是自愿的，组织自主决定是否申请认证及申请认证的形式和选择认证机构等。

（一）认证的范围和依据

1. 质量管理体系认证

GB/T 19001—2008《质量管理体系　要求》等同采用国际标准 ISO 9001：2008，适合希望改进运营和管理方式的任何组织，不论其规模或所属部门如何，也不论其生产何种产品，要证实其具有稳定地提供满足顾客要求和适用的法律法规要求的产品的能力，并旨在不断增强顾客满意，组织应决策在整个经营管理中实施质量管理体系，并有效地予以实施。认证机构在开展质量管理体系认证活动中的依据主要包括：认证程序与规则要求、GB/T 19001—2008《质量管理体系　要求》、组织编制的质量管理体系文件和适用于组织的产品及过程的有关法律、法规。

2015 年 9 月 23 日，国际标准化组织正式发布了 ISO 9001：2015 新版标准，该标准较之前版变化巨大，特别在机构、兼容性、适用性和易用性方面，同时引入了一些最新的管理理念和要求，如风险管理、知识管理等。新版标准转换期限为在 ISO 9001：2015 版正式发布日后 3 年内转换完毕。

2. 环境管理体系认证

GB/T 24001—2004《环境管理体系　要求及使用指南》等同采用并等同翻译了 ISO 14001：2004 国际标准。该标准规定了对环境管理体系的要求，适用于任何类型和规模的组织，并适用于各种地理、文化和社会条件。该标准提出了对组织的环境管理体系进行认证/注册和（或）自我声明的要求。开展环境管理体系认证活动的依据是 GB/T 24001—2004《环境管理体系　要求及使用指南》、组织编制的环境管理体系文件和适用于组织的产品及过程的有关法律、法规。

3. 职业健康安全管理体系认证

GB/T 28001—2011《职业健康安全管理体系　要求》规定了对组织的职业健康安全管理体系的要求，能够用于对组织的职业健康安全管理体系进行认证/注册和（或）自我声明。职业健康安全管理涉及多方面的内容，其中有些还具有战略与竞争意义。开展职业健康安全管理体系认证活动的依据包括GB/T 28001、组织编制的职业健康安全管理体系文件和适用于组织的职业健康安全管理过程的有关法律、法规。

4. 能源管理体系

GB/T 23331—2009《能源管理体系　要求》适用于各种类型、规模和提供不同产品及服务的组织。2009年10月国家认监委发布《关于开展能源管理体系认证试点工作的通知》（国认可〔2009〕44号），文件要求在钢铁、有色金属、煤炭、电力、化工、建材、造纸、轻工、纺织、机械制造等十个重点行业开展能源管理体系认证试点工作。能源管理体系认证活动的认证依据包含两个方面的内容，一个是国家标准GB/T 23331，另一个是适用于不同行业的《能源管理体系认证实施规则》。

5. 信息安全管理体系认证

GB/T 22080—2008《信息技术　安全技术　信息安全管理体系　要求》等同采用国际标准ISO/IEC 27001：2005，该标准适用于所有类型的组织（例如，商业企业、政府机关、非营利组织）。该标准从组织的整体业务风险的角度，为建立、实施、运行、监视、评审、保持和改进文件化的信息安全管理体系规定了要求。该标准也是此项认证活动的主要依据。

6. 测量管理体系认证

GB/T 19022—2003《测量管理体系　测量过程和测量设备的要求》等同采用国际标准ISO 10012：2003，该标准适用于对测量过程和测量设备有质量管理要求的企业或其他组织。认证的依据包括国家标准GB/T 19022—2003与国家质检总局和国家认监委发布的《测量管理体系认证管理办法》。

7. 信息技术服务管理体系认证

信息技术服务管理体系（ITSMS）标准为服务提供方定义了策划、建立、实施、运行、监视、回顾、维护和提高服务管理体系的要求。该要求包括服务的设计、转换、交付和改进，以满足服务需求。认证的依据主要是国家标准 GB/T 24405.1—2009《信息技术 服务管理 第1部分：规范》。

（二）认证程序和方法

根据国家标准 GB/T 27021《合格评定 管理体系审核认证机构的要求》，管理体系认证的程序涉及初次审核与认证、监督活动、再认证、特殊审核、暂停、撤销或缩小认证范围等，认证方法主要包括文件评审、现场审核和跟踪验证审核3种方法。其主要内容是：

（1）文件评审。文件评审是指在管理体系认证审核实施前，对受审核方的相关管理体系文件进行的审核，其目的是确定文件所述的管理体系与审核准则的符合性。管理体系文件主要包括质量/管理手册、程序文件、作业指导文件以及其他相关文件和资料。文件审核是现场审核的基础和先行步骤。

（2）现场审核。现场审核是指审核员在受审核方管理体系运行的实地现场，通过查、看、听、问、验证等多种审核方式，收集和验证各种客观证据、审核发现，以确定受审核方管理体系的实际运行状态是否符合标准的要求。

（3）跟踪验证审核。跟踪验证审核是指对受审核方所采取的纠正措施的实施过程和结果进行评审、判定、验证和记录的一系列审核活动的总称，其目的是对纠正措施的完成情况及有效性进行验证。跟踪验证审核通常是管理体系认证审核活动的后续部分。

四、服务认证

服务认证是认证机构按照一定程序规则证明服务符合相关的

服务质量标准要求的合格评定活动，是市场经济条件下为适应服务业发展需求而设立的一项新的认证制度。依据 ISO 17000、ISO 17011、ISO 17065 等国际标准的定义，服务通常包括在产品之内。因此，服务认证可视为产品认证的特殊形式。目前，我国已开展的服务认证有体育场所服务认证、绿色市场认证、软件过程及能力成熟度评估、商品售后服务评级体系认证等。

（一）体育场所服务认证

1. 认证范围

体育场所服务认证的对象为对外开展体育服务的各类体育场所，具体包括单项体育项目和综合体育项目场所。认证范围包括体育场所的服务流程管理文件、行为规范、设施和设备、健康和卫生、安全保障和环境保护、服务承诺等内容的现场审查，以及获证后的监督审查。

体育场所服务认证类型分为体育场所开放条件认证和体育场所等级划分认证。其中，体育场所等级划分认证的结果分为一星级体育场所服务、二星级体育场所服务、三星级体育场所服务、四星级体育场所服务和五星级体育场所服务。

2. 认证依据

体育场所服务认证活动由国家及地方各级体育、质检行政部门依照《认证认可条例》《体育服务认证管理办法》等进行监督管理。体育服务认证机构依据《体育场所服务认证实施规则》开展具体的认证活动。认证的技术依据为各类体育场所的服务标准（或在国家认监委经过备案的认证技术规范）、体育场所的服务流程管理文件。体育场所服务认证基本制度为“服务质量评价＋服务保证能力审查＋监督审查”。

（二）商品售后服务评价体系认证

国家商务部颁布的 SB/T 10401—2006《商品售后服务评价体系》是一个评优性质的标准，认证的目的是评出优秀服务，认证的结果是证明企业按照标准实施了售后服务，并达到一定等级，认证的对象是国内合法经营的生产、销售、服务型企业。

（三）汽车玻璃零配安装服务认证

汽车玻璃零配安装是指在用汽车玻璃破损后，在售后维修市场按相关规定与技术要求进行更换的过程。汽车玻璃零配安装服务认证适用于希望改进和提高本企业安装服务水平，向顾客提供安全、高质量的服务承诺，愿意建立高水平汽车玻璃安装服务形象店的汽车玻璃零配维修企业。认证依据是 QC/T 984—2014《汽车玻璃零配安装要求》。

（四）信息安全服务资质认证

信息安全服务资质认证是经国家认监委员批准由中国信息安全认证中心建立并推行的认证制度。信息安全资质是信息安全服务机构提供安全服务的一种资质，包括法律地位、资源状况、管理水平、技术能力等方面的要求。信息安全服务资质认证是根据国家法律法规、国家标准、行业标准和技术规范，按照认证基本规范和认证规则，对提供信息安全服务机构的信息安全服务资质进行的评价。认证依据主要是国家认监委备案的认证技术规范 CNCA/CTS 0052—2007《信息安全服务资质认证技术规范》及行业标准 YD/T 1621—2007《网络与信息安全服务资质评估准则》，对特定类别的信息安全服务有具体的评价标准。例如，信息安全应急处理服务资质认证的评价标准是 YD/T 1799—2008《网络与信息安全应急处理服务资质评估方法》。

（五）软件过程能力及成熟度评估

1. 认证范围

根据国家认监委和原信息产业部发布的《软件过程及能力

成熟度评估指南》（试行稿），该指南适宜于以 SJ/T 11234《软件过程能力评估模型》和 SJ/T 11235《软件能力成熟度模型》为参考模型，对任何组织的软件过程实施评估的活动，这些评估活动包括：

（1）以内部过程改进为目的的评估活动；

（2）以供方选择为目的的评估活动；

（3）以软件过程监督为目的的评估活动。

评估范围包含了从软件需求提出、软件设计开发、编码、测试、交付运行到软件退役的软件整个生存周期里各个软件过程的各项基本元素。

2. 认证依据

（1）《软件过程及能力成熟度评估指南》（试行稿）；

（2）《软件过程能力及成熟度评估管理办法》；

（3）SJ/T 11234《软件过程能力评估模型》；

（4）SJ/T 11235《软件能力成熟度模型》；

（5）CNAS－CC51：2006《软件过程及能力成熟度评估机构通用要求》。

五、食品农产品认证

改革开放以来，我国食品农产品认证认可体系方面有了大的进展，目前已基本建立了包括危害分析与关键控制点（HACCP）体系认证、无公害农产品认证、有机产品认证、良好农业规范认证在内的，覆盖“从农田到餐桌”全过程的食品农产品认证认可体系，逐步形成了“统一管理、共同实施”的工作格局。食品农产品认证已逐步成为相关食品生产企业提高自身管理水平，完善产品质量安全自控能力的重要手段。食品农产品认证工作对于推动我国食品农产品生产企业实施标准化生产，提高食品安全管理水平，切实保障食品农产品质量安全，发挥了重要作用。

（一）我国食品农产品认证种类

目前我国食品农产品认证种类已达9种，包括良好农业规范认证、有机产品认证、绿色食品认证、无公害农产品认证、HACCP体系认证、食品安全管理体系认证、饲料产品认证、食品质量（酒类）认证、绿色市场认证等。

1. GAP认证

从广义上讲，GAP作为一种适用方法和体系，通过经济的、环境的和社会的可持续发展措施，来保障食品安全和食品质量。GAP主要针对未加工和最简单加工（生的）出售给消费者和加工企业的大多数果蔬的种植、采收、清洗、摆放、包装和运输过程中常见的微生物的危害控制，其关注的是新鲜果蔬的生产和包装，但不限于农场，包含量从农场到餐桌的整个食品链的所有步骤。

GAP是强化农业生产经营管理行为，实现对种植、养殖全过程控制，从源头上控制农产品质量安全的重要方式之一，已在越来越多的国家和地区推广应用，在国际贸易中的作用也日益显著。

2. 绿色市场认证

为推进全国“三绿工程”建设，促进绿色市场认证工作，建立确保食品安全的流通网络体系，维护消费者权益，2003年国家认监委会同商务部联合下发了《绿色市场认证管理办法》，2004年国家认监委发布了《绿色市场认证实施规则》，按照“三绿工程”五年发展纲要要求，实施绿色市场认证工作，加快“争创全国绿色市场示范单位”的认证步伐。

3. HACCP认证

为进一步推进HACCP在我国食品领域的应用，促进食品生产企业的安全卫生质量管理水平的提高，保护人民群众的切身利益，国家认证认可监督管理委员会于2002年发布实施《食品生产企业危害分析与关键控制点（HACCP）管理体系认证管理规定》和《出口食品卫生注册需评审 HACCP 体系的产品目录》，要求在 6 类食品的出口企业必须建立和实施 HACCP 体系，在我国食品生产企业积极推行 HACCP 的应用，开展了 HACCP 官方验证和第三方认证工作。

4. 有机产品认证

2001 年成立国家认监委后，依据《认证认可条例》，原国家环保总局开展的有机产品认证认可管理工作交由国家认监委管理。目前，已建立起了完善的法律法规和标准体系，在有机认证方面先后发布了《有机产品认证管理办法》《有机产品认证实施规则》，此外还组织起草制定了《有机产品》国家标准，建立起了一套完整的有机产品认证制度，对有机产品认证进行管理和监督。

5. 无公害农产品认证

为落实国务院“无公害食品行动计划”，解决农产品质量安全问题，确保人民群众身体健康，2002 年，农业部、国家质检总局联合发布了《无公害农产品管理办法》，农业部、认监委联合发布了《无公害农产品标志管理办法》《无公害农产品产地认定程序》和《无公害农产品认证程序》，建立了全国统一无公害农产品认证制度。

（二）食品农产品认证的作用和意义

食品农产品认证工作，对于充分发挥认证认可基础作用，推动我国食品农产品生产企业实施标准化生产，提高企业食品安全自控水平，切实保障食品农产品质量安全，发挥了重要作用。

（1）充分利用社会资源，切实保障食品安全。我国食品安全监管采用由不同政府部门分段管理的模式，而认证可以贯穿种植、养殖、加工、储存、运输、销售等各个环节，且认证要求认证机构必须对实施认证后的跟踪监督，有利于保障食品安全。

（2）改善农村环境，促进生态建设，实现农业可持续发展。食品农产品认证提倡或强制要求不使用或少使用化肥、农药等投入物质，有利于减少面源污染，保护农村环境，转变生产方式，实现农业可持续发展。

（3）提高农民收入，促进农产品出口。经认证的产品在市场上销售时可以获得更多附加值。良好农业规范认证、有机产品认证等与国际接轨的认证形式还可帮助突破国际贸易技术壁垒，使产品更顺利地进入国际市场。

（三）食品农产品认证监管

食品和农产品认证监管目前主要采用三种方式：认证过程监督、市场标志监管和产品抽样检测。认证过程监督是指对认证机构的认证过程和认证结果有效性的验证，如可以对认证机构管理体系、认证程序、现场检查/审核记录进行检查，还可采用见证监管的形式，即在认证机构现场检查/评审时由监管人员见证其检查评审过程；市场标志监管主要针对有机产品、绿色食品、无公害农产品认证等产品认证，在流通领域对获认证产品标志使用符合法规、规范情况进行检查；产品检测主要是对获认证产品按标准进行检测，以验证产品在安全、质量方面符合认证标准情况。

第四节 认可制度

一、认可机构

国家认可委是根据《认证认可条例》的规定，由国家认监委批准设立并授权的国家认可机构，统一负责对认证机构、实验室和检验机构等相关机构的认可工作。国家认可委的组织机构包括：全体委员会、执行委员会、六个专门委员会（认证机构专门委员会、实验室专门委员会、检验机构专门委员会、评定专门委员会、申诉专门委员会、最终用户专门委员会）和秘书处。见图5－3。

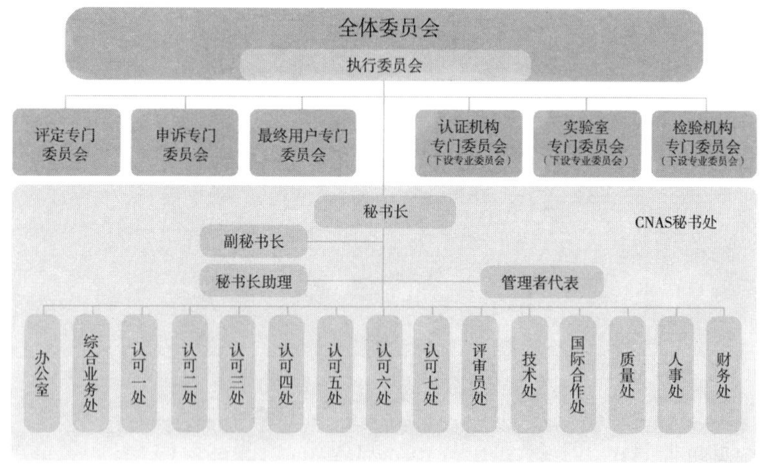

图5－3　国家认可委组织机构图

全体委员会由与认可工作有关的政府部门、合格评定机构、合格评定服务对象、合格评定使用方和相关的专业机构与技术专家等方面代表组成。执行委员会由全体委员会主任、常务副主任、副主任及秘书长组成。根据工作需要，认证机构专门委员会、实验室专门委员会和检验机构专门委员会可设立若干专业委员会，承担相应的专业技术工作。秘书处负责开展认可委员会的日常工作，设在中国合格评定国家认可中心（简称认可中心）。认可中心是国家认可委的法律实体，承担开展认可活动的法律责任。

二、认可领域

按照认证对象的分类，认可分为认证机构认可、实验室认可和检验机构认可等。

（一）认证机构认可

认证机构认可是正式表明认证机构具备实施特定合格评定工作能力的第三方证明，截至 2016 年 12 月，国家认可委开展的认证机构认可的领域有质量管理体系、环境管理体系、职业健康安全体系、食品安全管理体系、信息安全管理体系、一般产品、良好农业规范、有机产品、森林认证、软件过程及能力成熟度评估、党建、TL－9000、服务认证、人员注册、工程建设施工企业质量管理体系、危害分析与关键控制点、良好生产规范、能源管理体系等。

（二）实验室认可

实验室认可是正式表明检测和校准实验室具备实施特定检测和校准工作能力的第三方证明，截至 2016 年 12 月，国家认可委开展的实验室认可领域有检测实验室认可、校准实验室认可、司法鉴定/法庭科学机构认可、医学实验室认可、生物安全实验室认可、能力验证提供者认可、标准物质生产者认可、实验室安全认可、良好实验室规范技术评价、能源之星等。

（三）检验机构认可

检验机构认可是正式表明检验机构具备实施特定检验活动能力的第三方证明，截至 2016 年 12 月，国家认可委开展的检验机构认可领域有商品检验、交通运输、特种设备、建设工程、信息安全、节能与环保、公共服务等。

三、认可程序

认证机构、实验室和检验机构认可的程序基本相同，详细流程可登陆国家认可委网站查阅，实验室和检验机构认可程序见图 5－4。

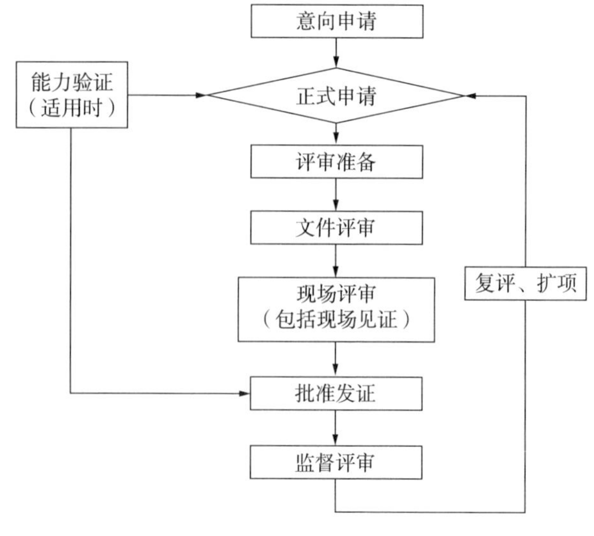

图5－4 认可流程

四、认可评审员

国家认可委评审员是由国家认可委指派的，代表国家认可委对合格评定机构实施评审的人员，属于国家认可委控制的内部人力资源，是国家认可委形象的直接体现。国家认可委认可评审工作由各业务处（认可一处至认可六处）安排。各业务处负责组织认可评审活动并对其实施监控。业务处根据认可管理程序（如：CNAS－PD13《认证机构认可管理程序》、CNAS－PD14《实验室及相关机构和检验机构认可评审管理程序》等）及相关作业指导书（如：CNAS－WI13－1《项目管理作业指导书》、CNAS－WI14系列认可评审工作指导书等）对认可项目进行管理。

（一）评审员级别

评审员按认可评审活动中的角色与作用的不同分为三种类型：实习评审员、（技术）评审员和主任评审员三个级别。评审员首次被聘用的级别为实习评审员。实习评审员是最基础的群体，由此发展成为技术评审员和主任评审员（评审组长）。

实习评审员：满足教育、工作、管理体系工作经历及素质和培训要求，并需要在已证实具备能力的评审员的指导和帮助下实施评审活动的人员。

技术评审员：认可机构指派的，单独或作为评审组成员对合格评定机构实施评审人员。

主任评审员（评审组长）：具备较高的个人素质和知识技能，在特定的评审活动中有能力承担相应协调、组织和评审工作并全面负责的评审员。

（二）评审员领域划分

按照认可业务开展现状，评审员分为认证机构评审员、实验室评审员、检查机构评审员三大门类，在各门类下按认可领域的不同对评审员的能力进行管理和分类。如认证机构评审员又分为质量管理体系（QMS）、环境管理体系（EMS）、职业健康安全管理体系（OHSMS）、食品安全管理体系（FSMS）、产品认证机构认可评审员等；实验室评审员分为检测、校准实验室认可评审员，医学实验室认可评审员，实验室生物安全认可评审员，标准物质、标准样品生产者认可评审员，能力验证计划提供者认可评审员，良好实验室规范认可评审员等。

第五节　检验检测机构资质认定制度

一、检验检测机构资质认定的起源和发展

（一）资质认定概念

检验检测机构是指依法成立，依据相关标准或者技术规范，利用仪器设备、环境设施等技术条件和专业技能，对产品或者法律法规规定的特定对象进行检验检测的专业技术组织。

资质认定是指省级以上质量技术监督部门依据有关法律法规和标准、技术规范的规定，对检验检测机构的基本条件和技术能力是否符合法定要求实施的评价许可。

资质认定包括检验检测机构计量认证。

（二）资质认定的起源和发展

1985年颁布的《计量法》规定了对检验检测机构的考核要求。1986年开始实施的《计量法实施细则》对检验机构的考核称之为“计量认证”（CMA）。1990年，原国家计量行政主管部门制定了JJF 1021—1990《产品质量检验机构计量认证技术考核规范》，开始了计量认证工作。

2001年，国务院授权国家认监委负责实验室和检查机构的计量认证、授权、审查认可（验收）工作。2003年颁布的《认证认可条例》进一步明确了对向社会出具具有证明作用的数据和结果的实验室和检查机构应当依法进行资质认定。2006年国家颁布了《实验室和检查机构资质认定管理办法》。《中华人民共和国行政许可法》（以下简称《行政许可法》）实施后，实验室和检查机构资质认定被列为行政许可项目，2015年国家颁布了《检验检测机构资质认定管理办法》，实验室和检查机构资质认定统一改为检验检测机构资质认定。

经过30多年的发展，我国检验检测机构资质认定工作已涉及质量监督、环境监测、医药卫生、疾病控制、生物安全、建设工程等众多领域。

二、检验检测机构资质认定

检验检测机构资质认定是对向社会出具具有证明作用的数据和结果检验检测机构的法定要求。有些法规规定特殊领域的检验检测机构必须通过实验室认可。

资质认定主要由行政管理机构、资质认定对象、检验检测机构的基本条件和能力、检验检测机构从业规范、资质认定行政审批程序及监督管理等内容构成。

（1）行政管理机构。国家认监委和各省、自治区、直辖市质量技术监督局是实施检验检测机构资质认定工作的主体。国家认监委具有统一管理、综合协调、监督检验检测机构资质认定工作的职能，同时负责国家级检验检测机构的资质认定和监督检查；各级质监部门按照国家认监委统一制定的规则负责各自辖区内检验检测机构资质认定监管工作。

（2）资质认定对象。在中华人民共和国境内从事向社会出具具有证明作用的数据、结果的检验检测活动的检验检测机构，包括服务行政、司法、仲裁、社会公益、经济贸易和其他方面的检验检测机构。

（3）检验检测机构的基本条件和能力。这些机构必须依法设立；具有与开展工作相适应的专业技术人员和管理人员；具备固定的工作场所、设备设施和相适应的质量管理体系；符合有关法律法规或者标准、技术规范规定的特殊要求等。

（4）检验检测机构从业规范。检验检测机构及其人员要独立于所涉及的利益各相关方；真实填报申请材料；按相关的法规和准则要求运作；建立相应的质量保证程序和制度等。

（5）资质认定行政审批程序。按照《行政许可法》的规定，资质认定行政审批程序由申请受理、技术评审、批准、发证等环节构成，每个环节都有相应的要求。

（6）监督管理。国家认监委组织对检验检测机构实施监督管理，对省级资质认定部门的资质认定工作进行监督和指导。地方各级质监部门对所辖区域内的检验检测机构进行监督检查，依法查处违法行为。

三、检验检测机构资质认定的作用

（一）提高检验检测机构的技术能力和管理水平

获得资质认定的检验检测机构都必须按照相应的评审准则

建立并运行了质量体系和程序文件，通过技术评审，能够帮助检验检测机构对存在的问题进行整改，完善质量管理，改良检测环境，必要时添置设备。因此，资质认定对提高检验检测机构的技术能力和管理水平大有裨益。

（二）确保检验检测数据和结果的科学性和可靠性

通过资质认定，检验检测机构可对检验检测人员的资质、能力、检验检测方法和环境和设施进行全面管理，对影响检验检测质量的所有因素进行有效控制，规范检验检测机构行为，确保检验检测数据和结果的科学性、可靠性。

（三）促进公平贸易和对外开放

贸易双方需要有公正的第三方为其提供客观、公正、科学、准确和有效的检验检测服务，只有通过资质认定的机构才具备相关的资质和检验检测能力，其结果有利于保障市场贸易的公平。获得实验室认可的机构可为国际贸易的供需双方提供技术支持，特别是为我国有效破解国外技术贸易壁垒提供了技术保障。

（四）是政府管理检验检测市场的重要手段

我国数以万计的检验检测机构承担着种类繁多的检验检测业务，形成了巨大的检验检测市场。检验检测机构资质认定工作建立了检测市场的准入制度，已经成为政府部门培育和管理检验检测市场，为检验检测机构提供公平、有序竞争的环境的最有效手段。

第六章　产品质量监督

第一节　概　述

一、产品质量监督工作的历史沿革

产品质量的好坏直接影响到工农业生产和人民群众的生活，影响到正常的社会经济秩序。因此，国家为保护人民群众的合法权益，维护市场秩序和社会秩序，对产品质量实施国家监督。早在20世纪50年代初，为适应国家对私营企业加工订货的需要，国家在一些城市成立了工业产品检验所，开展产品质量检验工作。第一个五年计划以后，又相继建立了种类产品质量监督机构，对有关安全健康产品和影响国计民生的重要产品实施监督。党的十一届三中全会以来，党和政府把工作重点转移到经济建设上来，产品质量监督工作也进一步得到国家的重视。1979年，国务院颁布的《中华人民共和国标准化管理条例》中提出，在全国开展质量监督工作，并设置全国质量监督管理机构。从此，我国的产品质量监督工作正式有组织、有计划地开展起来。1985年，国务院批准颁布了《产品质量监督试行办法》；1986年，国务院颁布《工业产品质量责任条例》；特别是20世纪90年代以来，我国颁布的《产品质量法》《工业产品生产许可证管理条例》等一系列法律、法规，进一步确定了产品质量监督的一系列制度和措施。

二、产品质量监督的范围与主要对象

（一）产品质量监督的范围

我国现阶段进行的质量监督主要是由产品质量监督、工程质量监督和服务质量监督（主要是旅游、金融保险、邮电通信、民航铁路运输以及商业、餐饮业等行业）三大部分组成。质量技术监督部门目前开展的主要是对产品质量进行的监督。

根据《产品质量法》的规定，产品质量监督的范围是经过加工、制作，用于销售的产品。这里的产品必须同时具备这两个条件：一是产品是加工、制作的；二是产品是用于销售的。因此，不同时具备这两个条件的产品，如种植业、畜牧业、渔业等所生产的初级农产品、狩猎品和原始矿产品等未经过加工、制作的，不属于法律规定的产品；自产自用的产品，虽然经过加工、制作，但因不用于销售，也不属于法律规定的产品。另外，建筑工程也不适用《产品质量法》，但建设工程使用的建筑材料、建筑构配件和设备，属于法律规定的产品。

（二）产品质量监督的主要对象

由于产品种类成千上万，政府不可能也没有必要对所有的产品质量进行监督。因此，产品质量监督的对象主要是可能危及人体健康和人身、财产安全的产品，影响国计民生的重要工业产品以及消费者、有关组织反映有质量问题的产品。

三、产品质量监督检查的基本制度

产品质量监督检查是指国务院产品质量监督部门和县级以上地方产品质量技术监督部门依据国家法律、法规的规定，以及人民政府赋予的行政职权，对生产领域、流通领域的产品实施的具有监督性质的质量检查的活动。根据《产品质量法》的规定，国家对产品质量实行以抽查为主要方式的监督检查制度，对可能危及人体健康和人身、财产安全的产品，影响国计民生的重要工业产品以及消费者、有关组织反映有质量问题的产品进行抽查。对依法进行的产品质量监督检查，生产者、销售者不得拒绝。产品质量监督检查是各级产品质量技术监督部门履行职责、执行公务、对企业的产品质量实施监督的一种主动的行政行为，它既是一项强制性的行政措施，又是一项强化产品质量监督的法制手段。

第二节　产品质量监督抽查

监督抽查是指质量技术监督部门为监督产品质量，依法组织对在中华人民共和国境内生产、销售的产品进行有计划的随机抽样、检验，并对抽查结果公布和处理的活动。监督抽查分为由国家质检总局组织的国家监督抽查和县级以上地方组织的地方监督抽查。对依法进行的监督抽查，企业予以应当配合、协助，不得以任何形式阻碍、拒绝监督抽查工作。凡经上级部门监督抽查产品质量合格的，自抽样之日起 6 个月内，下级部门对该企业的该种产品不得重复进行监督抽查，依据有关规定为应对突发事件开展的监督抽查除外。

一、基本情况

1985 年，国民经济呈现快速发展，产品供不应求矛盾突现，“重产出、轻质量”的现象抬头，一些基础工业产品质量出现严重下滑。党中央、国务院、全国人大对此高度重视。时任国家经委副主任的朱镕基同志代表国家经委向国务院和全国人大作了《关于扭转部分工业产品质量下降状况的报告》，提出了遏制产品质量滑坡的 9 项措施，其中之一就是实行产品质量国家监督抽查制度，国务院从 1985 年第 3 季度开始实施。1985 年 3 月

15 日，原国家标准局发布了《产品质量监督试行办法》(国标发〔1985〕38 号)；同年 9 月，国家经委下发了《关于实行国家监督性的产品质量抽查制度的通知》(经质〔1985〕556 号)。1981 年第 3 季度，原国家标准局组织对几百家企业的 33 类数百种产品实施了首次国家监督抽查。第一批 17 类产品质量抽查结果在《国家监督抽查产品质量公报（第一号）》上公布。朱镕基同志还专门撰写了《加强监督抽查，狠抓产品质量》的文章，对第一次监督抽查情况进行了介绍和分析，阐述了产品质量国家监督抽查的意义，要求各级经委对抽查中发现的问题不能手软、殉情、不了了之。自此，产品质量国家监督抽查制度作为国家对工业企业进行产品质量监督管理的一项重要制度被确立下来。1986 年，国家经委发布《国家监督抽查产品质量的若干规定》。1991 年，原国家技术监督局发布了《产品质量国家监督抽查补充规定》，1993 年正式写入《产品质量法》。2001 年，国家质检总局发布了《产品质量国家监督抽查管理办法》。监督抽查制度实施 30 余年来，质量技术监督部门对可能危及人体健康和人身、财产安全的产品，影响国计民生的重要工业产品以及消费品、有关组织反映有质量问题的产品进行质量监督抽查，对净化市场、营造公平的市场环境，保护广大消费者利益，保护企业的合法权益发挥了重要的作用。

二、产品质量监督抽查的程序和做法

产品质量监督抽查工作的程序主要包括抽查计划确定、抽样、检验、异议复检、结果处理五个环节。

（一）抽查计划确定

抽查计划的确定是指产品质量监督部门确定每次监督抽查产品的品种及具体布置相关工作的过程。国家质检总局每年制订当年全国重点产品质量监督目录，目录主要包含可能危及人体健康和人身、财产安全的产品，影响国计民生的重要工业产品以及消费者、有关组织普遍反映有质量问题的产品。国家和地方各级产品质量技术监督部门根据重点产品质量监督目录，制定监督抽查计划，指定有关部门或者委托具有法定资质的产品质量检验机构（以下简称检验机构）承担监督抽查相关工作。委托检验机构承担监督抽查相关工作的，组织监督抽查的部门应当与被委托的检验机构签订行政委托协议书，明确双方的权利、义务、违约责任等内容。被委托的检验机构应当保证所承担监督抽查相关工作的科学、公正、准确，如实上报检验结果和检验结论，并对检验工作负责，不得分包检验任务，未经组织监督抽查的部门批准，不得租赁或者借用他人检测设备。

组织监督抽查的部门应当根据监督抽查计划，制定监督抽查方案，将监督抽查任务下达所指定的部门或者委托的检验机构。监督抽查方案应当包括以下内容：

（1）适用的实施规范或者制定的实施细则；

（2）抽查产品范围和检验项目；

（3）拟抽查企业名单或者范围。

（二）抽样

抽样人员应当是承担监督抽查的部门或者检验机构的工作人员。抽样前，抽样人员要向被抽查企业出示组织监督抽查的部门开具的监督抽查通知书或者相关文件复印件和有效身份证件，向被抽查企业告知监督抽查性质、抽查产品范围、实施规范或者实施细则等相关信息；要核实被抽查企业的营业执照信息和相关法定资质，确认企业持照经营及抽查产品在企业法定资质允许范围内后，再进行抽样。抽样人员现场发现被抽查企业存在无证无照生产等不需检验即可判定明显违法的行为，应当终止抽查，并及时将有关情况报送当地质量技术监督部门和相关部门进行处理。因企业转产、停产、破产等原因导致无样品可以抽取的，抽样人员应当收集有关证明材料，如实记录相关情况，并经当地质量技术监督部门确认后，及时上报组织监督抽查的部门。

在抽样过程中，抽样人员应当在市场上或者企业成品仓库内待销的产品中随机抽取，不得由企业抽样。抽取的样品应当是有产品质量检验合格证明或者以其他形式表明合格的产品。监督抽查不得向被抽查企业收取检验费用，国家监督抽查和地方监督抽查所需费用由同级财政部门安排专项经费解决。样品由被抽查企业无偿提供，抽取样品应当按有关规定的数量抽取，没有具体数量规定的，抽取样品不得超过检验的合理需要。在市场抽取样品的，抽样单位应当书面通知产品包装或者铭牌上标称的生产企业，确认企业和产品的相关信息。生产企业对需要确认的样品有异议的，应当于接到通知之日起 15 日内向组织监督抽查的部门或者其委托的异议处理机构提出，并提供证明材料。对于样品不是产品标称的生产企业生产的，组织监督抽查的部门要移交销售企业所在地的相关部门依法处理。

抽取的样品需送至承担检验工作的检验机构的，由抽样人员负责携带或者寄送。需要企业协助寄、送样品时，所需费用纳入监督抽查经费。对于易碎品、危险化学品、有特殊贮存条件等要求的样品，抽样人员应当采取措施，保证样品运输过程中状态不发生变化。抽取的样品需要封存在企业的，由被检企业妥善保管。企业不得擅自更换、隐匿、处理已抽查封存的样品。

（三）检验

检验机构接收样品时应当检查、记录样品的外观、状态、封条有无破损及其他可能对检验结果或者综合判定产生影响的情况，并确认样品与抽样文书的记录是否相符。对检验和备用样品分别加贴相应标识后入库。检验机构应当妥善保存样品。检验过程中遇有样品失效或者其他情况致使检验无法进行的，检验机构必须如实记录即时情况，提供充分的证明材料，并将有关情况上报组织监督抽查的部门。

检验机构必须按规定的检验方法和检验条件进行检验工作，并如实填写检验原始记录，保证真实、准确、清楚，不得随意涂改，并妥善保留备查。检验机构出具检验报告应当内容真实齐全、数据准确、结论明确。检验机构要对其出具的检验报告的真实性、准确性负责，禁止伪造检验报告或者其数据、结果。

检验结果为合格的样品应当在检验结果异议期满后及时退还被抽查企业。检验结果为不合格的样品应当在检验结果异议期满三个月后退还被抽查企业。样品因检验造成破坏或者损耗而无法退还的，应当向被抽查企业说明情况。被抽查企业提出样品不退还的，可以由双方协商解决。

（四）异议复检

组织监督抽查的部门应当将检验结果和被抽查企业的法定权利书面告知被抽查单位，也可以委托下一级质量技术监督部门或检验机构告知。在市场上抽样的，应当同时书面告知销售企业和生产企业，并通报被抽查产品生产企业所在地的质量技术监督部门。被抽查单位对检验结果有异议的，可以自收到检验结果之日起 15 日内向组织监督抽查的部门或者其上级质量技术监督部门提出书面复检申请。逾期未提出异议的，视为承认检验结果。

对需要复检并具备检验条件的，处理企业异议的质量技术监督部门或者指定检验机构应当按原监督抽查方案对留存的样品或抽取的备用样品组织复检，并出具检验报告，于检验工作完成后 10 日内作出书面答复。复检结论为最终结论。复检结论表明样品合格的，复检费用列入监督抽查经费。复检结论表明样品不合格的，复检费用由样品生产者承担。

（五）结果处理

监督抽查结果处理也称后处理。组织监督抽查的部门应当汇总分析监督抽查结果，依法向社会发布监督抽查结果公告，对无正当理由拒绝接受监督抽查的企业，予以公布。

负责后处理的部门应当向抽查不合格产品生产企业下达责令整改通知书，限期改正。企业应当自收到责令整改通知书之日起，在30日内完成整改工作，并向负责后处理的部门提交整改报告，提出复查申请；企业不能按期完成整改的，可以申请延期一次，并应在整改期满5日前申请延期，延期不得超过30日。负责后处理的部门接到企业复查申请后，应当在15日内组织符合法定资质的检验机构按照原监督抽查方案进行抽样复查。监督抽查不合格产品生产企业整改到期无正当理由不申请复查的，负责后处理的部门应当组织进行强制复查。复查检验费用由不合格产品生产企业承担。

监督抽查不合格产品生产企业，除因停产、转产等原因不再继续生产的，或者因迁址、自然灾害等情况不能正常办公且能够提供有效证明的以外，必须进行整改。确因不能正常办公而造成暂时不能进行整改的企业，应当办理停业证明，停止同类产品的生产，并在办公条件正常后，按要求进行整改、复查。企业在整改复查合格前，不得继续生产销售同一规格型号的产品。

监督抽查不合格产品生产企业有下列逾期不改正的情形的，由省级以上质量技术监督部门向社会公告：

（1）监督抽查产品质量不合格，无正当理由拒绝整改的；

（2）监督抽查产品质量不合格，在整改期满后，未提交复查申请，也未提出延期复查申请的；

（3）企业在规定期限内向负责后处理的部门提交了整改报告和复查申请，但并未落实整改措施且产品经复查仍不合格的。

监督抽查不合格产品生产企业经复查其产品仍然不合格的，由所在地质量技术监督部门责令企业在30日内进行停业整顿；整顿期满后经再次复查仍不合格的，通报有关部门吊销相关证照。监督抽查发现产品存在区域性、行业性质量问题，或者产品质量问题严重的，负责后处理的部门可以会同有关部门，组织召开质量分析会，督促企业整改。监督抽查不合格产品及其企业的质量问题属于其他行政管理部门处理的，组织监督抽查的部门应当转交相关部门处理。

第三节　工业产品生产许可

一、工业产品生产许可证制度概述

（一）概念

工业产品生产许可证制度是工业产品生产许可证主管部门通过对直接关系人体健康的加工食品，可能危及人身、财产安全的产品，关系金融安全和通信质量安全的产品，保障劳动安全的产品，影响生产安全、公共安全的产品，以及法律行政法规要求实行生产许可证制度的其他产品的生产企业，进行实地核查和产品检验，确认其具备持续稳定生产合格产品的能力，并颁发生产许可证证书，允许其生产的一种行政许可制度。企业必须具备保证产品质量安全的基本条件，并按规定程序取得生产许可证，方可从事相关产品的生产。

建立并实施工业产品生产许可证制度，是为了保证直接关系公共安全、人体健康、生命财产安全的重要工业产品的质量安全，贯彻国家产业政策，促进社会主义市场经济健康、协调发展。通过实施工业产品生产许可证制度，逐步提高对生产国家实行生产许可证制度工业产品目录产品的企业的要求，督促企业创新技术，提高生产工艺装备水平，完善产品质量检验手段，建立质量管理体系，切实提高产品实物质量水平，从而从源头遏制不安全产品的生产。工业产品生产许可证在落实国家产业政策上发挥了较大作用，通过严把企业条件审查关，淘汰落后的生产设备和生产工艺，严格证后监管，确保企业保持发证条件，打击无证生产、销售和有证生产不合格产品等违法行为，从源头上根除非法生产，强制淘汰了消耗高、污染大、质量差的落后生产能力、工艺和产品。随着社会的进步，通过修订实施细则，提高准入门槛，促进企业技术创新，推广采用节能、降耗、节水、环保的先进设备和产品，引导企业依靠科学技术降低消耗，防治污染，提高资源利用效率，促进社会主义市场经济健康、协调发展。

（二）生产许可证制度的历史沿革

20 世纪 80 年代初期，在我国经济体制改革的推动下，大多数企业活力得到增强。同时，由于宏观管理没有及时跟上，也出现了一些比较突出的问题，主要是一批不具备基本生产条件的企业，设备陈旧、管理混乱、粗制滥造，致使不少劣质产品流向市场，冲击了合法生产的正常生产经营，造成了很多恶性质量事故发生，直接影响了广大人民群众的正常生产生活，制约了国民经济的健康发展。鉴于这种情况，国务院于 1984 年 4 月颁布了《工业产品生产许可证试行条例》，决定对重要工业产品实施强制性的生产许可证管理。随后，原国家经委于同年又发布了《工业产品生产许可证管理办法》，并成立了全国工业产品生产许可证办公室，明确该办公室设在原国家标准局，承担许可证管理发证的日常工作。

直到 1998 年国务院机构改革前，由于政府机构设置上存在的弊端，在生产许可证的管理工作上，表现为多头发证，管理分散，客观上形成了我国有多个部门的生产许可证的局面。随着我国社会主义市场经济体制的建立和完善，要求生产许可证管理必须改变过去那种“证出多门”的状况，实行集中统一管理，以充分发挥生产许可证制度的有效性，创造公平竞争的市场环境，促进产品质量提高。

1998 年国务院机构改革，根据国务院“三定”方案的要求，由国家质量技术监督局行使“管理工业产品生产许可证工作”

的职能。与此同时，相关工业产品归口管理部门进行较大范围的撤并或调整，且不再具有质量管理职能。1998 年年底开始，国家质量技术监督局陆续下发了一系列文件，系统提出了统一管理全国工业产品生产许可证的工作方案。主要做法有：企业申报工业生产许可证由各省（自治区、直辖市）质量技术监督局受理；对申报工业产品生产许可证企业的生产条件审查由全国工业产品生产许可证办公室授权有关产品审查部或省（自治区、直辖市）质量技术监督局组织开展；所有工业产品生产许可证证书一律由国家质量技术监督局统一盖章发放。实现了对工业产品生产许可证工作的统一管理。

1999 年，国家质量技术监督局组建成立了全国工业产品生产许可证审查中心，受全国生产许可证办公室的授权和委托，承担全国工业产品生产许可证管理的具体事务性工作。同时，国家质量技术监督局按产品类别逐步设立了几十个产品审查部，承担产品生产许可证的有关工作。全国工业产品生产许可证的统一管理工作，正一步步向着规范化、科学化、系统化的方向迈进。

2001 年 4 月，合并组建的国家质检总局，继续管理全国工业产品生产许可证工作。国家质检总局成立后，面临加入 WTO 的新形势以及国务院要求国家质检总局从生产源头抓产品质量安全、建立市场准入机制的新机遇。为了使生产许可证制度能够始终适应我国改革开放和经济建设的要求，2005 年 6 月 29 日，以国务院 440 号令正式颁布了《工业产品生产许可证管理条例》。《工业产品生产许可证管理条例》的出台是生产许可证工作发展中的一个里程碑，标志着生产许可证工作迈上了法制化、规范化和科学化的发展道路。

2005 年 9 月 15 日、2006 年 12 月 31 日国家质检总局先后发布了《工业产品生产许可证管理条例实施办法》（质检总局令 2005 年第 80 号）和《工业产品生产许可证注销程序管理规定》（质检总局令 2006 年第 93 号），并于其后公布了《61 类工业产品生产许可证实施细则》，这些规章遵循突出重点、完善制度、细化程序、便于操作的原则，明确了生产许可证具体工作机构的职责，细化完善了相关工作制度，突出强化了企业获证后的监督检查，补充细化了法律责任，使生产许可证制度的实施进一步规范化。2010 年 4 月 21 日《国家质量监督检验检疫总局关于修改〈中华人民共和国工业产品生产许可证管理条例实施办法〉的决定》，对《实施办法》进行了修订。2014 年 4 月 21 日国家质检总局再次修订并发布了《工业产品生产许可证管理条例实施办法》（质检总局令 2014 年第 156 号）。

（三）工业产品生产许可证制度的管理体系

1. 工业产品生产许可证制度管理的对象

（1）实行工业产品生产许可证制度的产品

《工业产品生产许可证管理条例》第二条规定：国家对生产下列重要工业产品的企业实行生产许可证制度：①乳制品、肉制品、饮料、米、面、食用油、酒类等直接关系人体健康的加工食品；②电热毯、压力锅、燃气热水器等可能危及人身、财产安全的产品；③税控收款机、防伪验钞仪、卫星电视广播地面接收设备、无线广播电视发射设备等关系金融安全和通信质量安全的产品；④安全网、安全帽、建筑扣件等保障劳动安全的产品；⑤电力铁塔、桥梁支座、铁路工业产品、水工金属结构、危险化学品及其包装物、容器等影响生产安全、公共安全的产品；⑥法律、行政法规要求依照本条例的规定实行生产许可证管理的其他产品。第三条第二款规定：工业产品的质量安全通过消费者自我判断、企业自律和市场竞争能够有效保证的，不实行生产许可证制度。

目录的管理是动态的，国家质检总局适时对其进行评价、调整和逐步缩减并向社会公布。目前实行生产许可证制度管理的产品目录共有 62 类产品（含直接接触食品的材料等相关产品、化妆品），相应的公告为国家质检总局《关于公布实行生产许可证制度管理的产品目录的公告》（2012年第181号）。

（2）工业产品生产许可证制度的适用范围

根据《工业产品生产许可证管理条例》第四条的规定，凡在中华人民共和国境内从事生产、销售或者在经营活动中使用列入目录产品的，应当遵守《工业产品生产许可证管理条例》，对列入目录产品的进出口管理应依照国家法律、行政法规和有关规定执行。上述规定有以下几个方面的含义：

①中华人民共和国境内包括领土、领空和领海，但香港特别行政区、澳门特别行政区和台湾地区不适用《工业产品生产许可证管理条例》。

②从事生产、销售或者在经营活动中使用列入目录产品的主体包括公民、法人和其他组织。

③企业在境内生产，其产品全部出口者，不适用《工业产品生产许可证管理条例》。

④企业从境外进口半成品或零部件，在境内加工或组装成列入目录的产品并销售的，适用《工业产品生产许可证管理条例》。企业在境外生产列入目录的产品，通过进口在境内销售，不适用《工业产品生产许可证管理条例》，但应当遵守国家法律、行政法规和其他有关规定。

⑤经营活动中使用列入目录的产品，是指企业在从事生产、为社会提供服务等经营活动时，要消耗和使用列入目录的产品。企业生产经营其他商品的过程中，自己生产或外购列入目录的产品作为消耗材料用于该商品的生产，如房地产商自己生产水泥用于商品房建造并销售，应当具有合法的营业执照并取得水泥的工业产品生产许可证，否则应当外购取得生产许可证的水泥产品。再如，企业在生产经营列入目录的电动自行车过程中要使用蓄电池作为电动自行车的零部件，如果该企业自己生产蓄电池，企业不仅应当取得电动自行车的生产许可证，同时还应当取得蓄电池的生产许可证；否则，应当外购取得生产许可证的蓄电池。

⑥销售企业虽然不需要按《工业产品生产许可证管理条例》的规定取得生产许可证，但在销售列入目录的产品时，应当遵守《工业产品生产许可证管理条例》的规定。例如，销售企业应当按照《产品质量法》的规定，验明产品标识，包括产品必须标注的生产许可证编号和标志。

2. 工业产品生产许可证管理体制

国家质检总局负责全国工业产品生产许可证统一管理工作，即统一产品目录，统一审查要求，统一证书标志，统一监督管理。

全国工业产品许可证办公室负责全国工业产品生产许可证管理的日常工作，发布产品实施细则，指定技术审查机构和产品检验机构，统一核查人员资质管理、审批发证等。

省、自治区、直辖市工业产品生产许可证主管部门负责本行政区域内工业产品生产许可证监督管理工作，承担企业申请受理和部分列入实行生产许可证制度管理的产品目录的产品生产许可证审查审批工作。

各省、自治区、直辖市工业产品生产许可证办公室负责本行政区域内工业产品生产许可证管理的日常工作。

各省、自治区、直辖市工业产品生产许可证审查中心负责本行政区域内工业产品生产许可证的有关事务性工作，负责建立核查人员档案，组织对申证企业的生产条件进行实地核查，审查、汇总申请材料及技术资料档案管理等工作。

县级以上质量技术监督部门分别负责本行政区域内生产许可证的日常监督检查工作。

全国工业产品许可证审查中心受全国许可证办公室委托负责全国工业产品生产许可证的有关事务性工作，负责技术资料审查，核查人员培训注册，证书打印，技术资料档案和信息系统管理等工作。全国工业产品生产许可证审查部受全国许可证办公室委托承担相关产品生产许可证有关技术性工作。全国工业产品生产许可证发证检验机构受企业委托，承担企业样品的检验工作，发证检验机构可在国家质检总局网站上查询。

3. 工业产品生产许可证法规体系

现行行政法规中，《工业产品生产许可证管理条例》（中华人民共和国国务院令 2005 年第 440 号，2005 年 7 月 9 日公布）为工业产品生产许可证的基本法规。与工业产品生产许可证有关的其他法律、行政法规主要有：《产品质量法》《危险化学品安全管理条例》等。国家质检总局大力建设并不断修订完善相应的配套规章，以国家质检总局令、公告的形式发布，主要有《工业产品生产许可证管理条例实施办法》（质检总局令 2014 年第 149 号）、《质量监督检验检疫行政许可实施办法》（质检总局令 2012 年第 156 号）、《关于公布工业产品生产许可证实施通则和 60 类工业产品实施细则的公告》（质检总局公告 2016 年第 102 号）、《关于公布工业产品生产许可证规范性文件的公告》（质检总局公告 2011 年第 11 号）等。

二、工业产品生产许可证工作程序

（一）申请与受理

1. 企业取得生产许可证应当具备的条件

企业取得生产许可证，应当符合以下条件：有与拟从事的生产活动相适应的营业执照；有与所生产产品相适应的专业技术人员；有与所生产产品相适应的生产条件和检验检疫手段；有与所生产产品相适应的技术文件和工艺文件；有健全有效的质量管理制度和责任制度；产品符合有关国家标准、行业标准以及保障人体健康和人身、财产安全的要求；符合国家产业政策的规定，不存在国家明令淘汰和禁止投资建设的落后工艺、高耗能、污染环境、浪费资源的情况。法律、行政法规有其他规定的，还应当符合其规定。

针对不同的发证产品，上述条件的具体内容会有所不同，这些具体内容体现在具体产品的实施细则中。

2. 申请

企业生产列入目录的产品，应当向企业所在地省级或省级委托的下一级生产许可证主管部门申请办理生产许可证，申请办理生产许可事项包括：发证、延续、许可范围变更、名称变更、证书补领、撤回申请等情形。

3. 受理

省级或省级委托的下一级生产许可证主管部门收到企业提出的申请后，应当对申请材料进行审核，对申请材料齐全、符合法定形式、符合产品《实施细则》要求的，受理部门应当作出受理决定。企业自受理申请之日起，可以依法试生产申请取证的产品。企业试生产的产品应当经出厂检验合格，并在产品或者其包装、说明书上标明“试制品”后，方可销售。国家质检总局或者省级质量技术监督局作出终止办理生产许可决定或者不予生产许可决定的，企业从即日起不得继续试生产该产品。

（二）审查与决定

1. 审查

对企业的审查包括对企业的实地核查和对产品的检验两项，其中一项不合格即判为企业审查不合格。

（1）企业的实地核查

审查组织机构应根据企业规模、产品的复杂程度、企业分布情况等指派2～4名审查员组成审查组编制实地核查计划，计划的内容包括审查的产品、企业、核查人员的组成以及实施日期等。审查组成员不得全部来自同一单位。实地核查提前5天将企业核查计划通知企业。审查组按照《实施细则》的要求对企业进行实地核查，核查的时间一般为1～3天。审查组对企业实地核查结果负责，并实行组长负责制。审查当自受理申请之日起20日内完成对企业的实地核查。实地核查工作中，企业所在地省级质量技术监督部门或者其委托的市县级质量技术监督部门根据需要可以派1名观察员。审查组应当自受理申请之日起20日内完成对企业的实地核查。

国家质检总局、省级或省级委托的下一级生产许可证主管部门应当自受理申请之日起30日内将实地核查结论书面告知被核查企业。国家质检总局组织审查的，还应当将实地核查结论书面告知企业所在地省级质量技术监督部门。

（2）产品检验

企业实地核查合格的，应按相关产品实施细则要求抽封样品，由企业自主选择发证检验机构。企业自封存样品之日起7日内将该样品寄送发证检验机构。需要现场检验的，企业联系发证检验机构进行现场检验。延续免实地核查的，企业应在受理之日起7日内，按产品实施细则要求抽封样品，抽样单及封条应当加盖企业印章，并将抽样单及样品一起装箱封存，自主选择发证检验机构寄送样品，同时将抽样单寄送审查组织单位。企业对样品的真实性、准确性负责。检验机构应当在《实施细则》规定的时间内完成检验工作，并出具检验报告。申请生产许可证的企业对检验结果有异议的，可以自接到检验结果之日起5日内，向审查组织单位提出复检申请（不能复检的项目或产品除外），并说明理由。

2. 决定

国家质检总局、省级或省级委托的下一级生产许可证主管部门应当自受理企业申请之日起30日内作出是否准予许可的决定。作出准予生产许可决定的，应当自决定之日起10日内颁发《生产许可证证书》；作出不予生产许可决定的，应当自决定之日起10日内向企业发出《不予行政许可决定书》并说明理由，同时告知申请人依法享有申请行政复议或者提起行政诉讼的权利。检验机构进行产品检验及材料寄送所需时间不计入上述期限内。

3. 公布

根据《行政许可法》的规定，行政机关作出的准予行政许可决定应当予以公开，公众有权查阅。国家质检总局、省级或省级委托的下一级生产许可证主管部门应当以网络、报刊等方式向社会公布获证企业名，并通报同级发展改革、卫生和工商等部门。

（三）生产许可证名称延续、许可范围变更、名称变更及补领

1. 延续

生产许可证证有效期为5年，生产许可证有效期届满，企业继续生产的，应当在生产许可证有效期届满6个月前向所在地省级质量技术监督部门提出延续申请。国家质检总局、省级或省级委托的下一级生产许可证主管部门应当依照程序对企业进行审查，依法作出是否准予换证的决定。

延续的企业可以提交《企业生产许可证延续申请免于实地核查承诺书》免实地核查。企业提交同单元产品在6个月内接受省级及以上产品质量监督抽查合格报告的，免同单元产品发证检验。

2. 许可范围变更

许可范围变更指在生产许可证有效期内，重要生产工艺和技术、关键生产设备和检验设备发生变化的、生产地址迁移、增加生产场点、新建生产线、增加产品等情形。企业应当及时向其所在地省级或省级委托的下一级生产许可证主管部门提出申请。

3. 名称变更

企业名称、住所、生产地址名称发生变化而企业生产条件、检验手段、生产工艺未发生变化的，企业应当自变更事项发生后1个月内向企业所在地的省级或省级委托的下一级生产许可证主管部门提出变更，变更后的生产许可证有效期不变。

4. 补领

企业应当妥善保管生产许可证证书。生产许可证证书遗失或者毁损，应当向企业向企业所在地的省级或省级委托的下一

级生产许可证主管部门提出补领生产许可证申请。

（四）集团公司的工业产品生产许可证要求

集团公司与其所属子公司、分公司或者生产厂点可以由所属单位独立申请取证，也可以按以集团公司名义申请办理取证。以集团公司形式取证的，总公司与各所属单位共用同一个生产许可证编号，所属单位只发生产许可证副本，应与总公司的正本同时使用。在其产品或者包装、说明书上应分别标注集团公司名称、住所、生产地址、生产许可证标志和编号和所属单位的名称、住所、生产地址。

（五）生产许可证证和标志

1. 全国工业产品生产许可证证书

全国工业产品生产许可证证书分为正本和副本，具有同等法律效力，由国家质检总局统一印制。证书应当载明企业名称、住所、生产地址、产品名称、证书编号、发证日期、有效期。生产许可证有效期为 5 年。有效期的起始日为作出许可决定之日，截止日为五年后许可决定之日的前一日。证书延续的有效期起始日为原证书有效期截止日后一日，截止日为原证书有效期截止日五年后的同一日。

2. 生产许可证标志和编号

工业产品生产许可证标志由“企业产品生产许可”汉语拼音 QiyechanpinShengchanxuke 的缩写（QS）和“生产许可”中文字样组成。标志主色调为蓝色，字母“Q”与“生产许可”四个中文字样为蓝色’字母“S”为白色。生产许可证标志由企业自行印（贴）。可以按照规定放大或者缩小。

生产许可证编号采用大写汉语拼音“XK”加十位阿拉伯数字编码组成：XK××-×××-×××××。其中，“XK”代表许可，前两位（××）代表行业编号，中间三位（×××）代表产品编号，后五位（×××××）代表企业生产许可证编号。省级质量技术监督局颁发的生产许可证证书，应在编号前加上相应省级行政区域简称。

3. 生产许可证标志和编号的管理

企业生产列入目录的产品，必须在其产品或者包装、说明书上标注生产许可证标志和编号。根据产品特点难以标注的裸装产品，可以不予标注。

采取委托方式加工生产列入目录产品的，企业应当在产品或者其包装、说明书上标注委托企业的名称、住所，以及被委托企业的名称、住所、生产许可证标志和编号。委托企业具有其委托加工的产品生产许可证的，还应当标注委托企业的生产许可证标志和编号。取得生产许可证的企业应当自准予生产许可之日起6个月内完成在其产品或者包装、说明书上标注生产许可证标志和编号。

三、工业产品生产许可的监督检查

工业产品生产许可的监督检查，是指国家质检总局和县级以上地方质量技术监督部门依照相关法律、法规、规章规定，对生产许可证制度的实施情况进行的监督检查。工业产品生产许可的监督检查，主要包括对获证企业的监督检查，对核查人员、检验机构及其检验人员的监督检查。

（一）对获证企业的监督检查

企业获得生产许可证后，要积极保持和改善生产条件，保证产品质量稳定合格，同时，要接受和配合有关部门依法组织实施的监督检查。对获证企业的监督检查，是保证生产许可证制度得到有效实施的重要措施，是各级质量技术监督部门的重要职责，是构建“事前保证和事后监督相结合”的闭环监管机制的重要方面。

1. 对获证企业监督检查的方式

（1）日常检查

县级以上质量技术监督部门应当对获证企业实施日常检查，日常检查分为定期和不定期巡查、回访。定期和不定期巡查是质量技术监督部门对获证企业保证产品质量安全必备生产条件进行的检查。回访是质量技术监督部门对获证企业存在问题或违法行为整改情况实施的核查。县级以上质量技术监督部门可以采取听取汇报、查阅资料、核查现场、检验产品等方式，对企业实施监督检查。对获证企业进行监督检查时，必须由 2 名以上生产许可证工作人员参加，并出示有效证件，对巡查、回访工作做好记录，相关记录应由被检查企业负责人签字确认后归档。实施监督检查不得影响企业的正常生产经营活动，不得收取任何费用，不得索取或收受企业财物、谋取不当利益。

（2）专项检查

专项检查是指对获证企业违法违规较多的重点地区、重点产品和重点行业开展的专项监督检查。专项检查可由当地质量技术监督部门自行组织开展，也可由上级质量技术监督部门统一组织实施。

（3）监督检验

监督检验是指县级以上质量技术监督部门可以根据获证企业监督检查工作需要，对企业获得生产许可证的产品进行抽样检验。

2. 企业年度自查报告

随着时间的推移，市场竞争的变化，企业各方面的情况也会随之发生变化，原来取得生产许可证时的各种条件发生变化，而这种变化可能导致企业不一定能持续稳定生产合格产品。为了从源头上把住重要工业产品的质量安全关，需要确认企业是否仍具备持续、稳定生产合格产品的能力，有必要及时了解和跟踪企业的变化情况。本着既能使国家对企业有效监管，又有利于企业自我监管，培养企业自律意识，减轻企业负担的目的，国家采取要求企业提交自查报告的方式实施对企业的动态监督管理。企业应当自取得生产许可之日起，按年度向省级质量技术监督部门或者其委托的市县级质量技术监督部门提交自查报告。获证未满一年的企业，可以于下一年度提交自查报告。

企业自查报告应当包括以下内容：取得生产许可规定条件的保持情况；企业名称、住所、生产地址等变化情况；企业生产状况及产品变化情况；生产许可证证书、生产许可证标志和编号使用情况；行政机关对产品质量的监督检查情况；企业应当说明的其他情况。

（二）对核查人员的监督检查

质量技术监督部门对从事工业产品生产许可证核查工作的核查人员实行监督检查的内容主要包括：对核查人员取得审查员资格、技术专家资格的条件、过程、结果进行监督检查；对核查人员从事企业核查工作的时效性、公正性、科学性进行监督检查。

（三）对检验机构及其检验人员的监督检查

质量技术监督部门对从事工业产品生产许可证检验工作的检验机构及其人员进行监督检查的内容主要包括：对检验机构及其人员的资质条件及取得资质的过程、结果进行监督；通过查阅检验报告、检验结论对比等方式，对检验机构及其工作人员从事检验工作的科学性、公正性、时效性进行监督。

（四）对生产许可证主管部门及其工作人员的监督检查

各级质量技术监督部门及其工作人员要依法行政，本着责、权、利相统一的原则，建立监督制约机制，防止出现“不作为”和“乱作为”的现象。上级主管部门加强对下级主管部门的监督和内部的自我监督，加强行政监察部门对业务管理部门的监督，同时，自觉接受企业和社会的监督。

第四节　纤维质量监督

一、纤维质量监督概述

（一）概念

纤维是指天然或人工合成的细丝状物质。纤维生产主要包括农（牧）业通过种植或养殖生产的动、植物纤维，工业生产的化学纤维和特种纤维（如碳纤维）。纤维质量监督是指为保证纤维质量，维护正常的纤维流通秩序，保护国家利益和纤维交易双方的合法权益，通过专门的质量技术监督机构，在纤维生产、加工、交易、储备等各环节对纤维数量、质量进行监督检验，并对违法行为进行制裁，实现国家宏观调控目标的全过程。

专业纤维检验机构（简称专业纤检机构，下同）实施纤维质量监督的特点是以纤维质量检验为基础，通过检验数据来确定纤维的质量等级和数量，发现抬、压等级和掺杂掺假等质量违法行为。检验证书（或检测结果）不仅是交易结算的质量凭证，也是对质量违法行为实施行政制裁的重要证据。这就决定了纤维质量监督的性质是以检验为技术保障的行政监督。

专业纤检机构所承担的主要检验任务是监督检验和法定公证检验，这两种检验是代表国家对纤维质量进行的监控，具有行政管理性质，由国家财政或地方财政支付检验费用。

（二）专业纤维检验的主要形式

专业纤维检验是指专业纤检机构根据其职能和任务，为了实现对纤维质量的监督管理，为社会提供客观公正的数据服务，对纤维质量进行的检验。按检验任务和目的的不同，专业纤维检验的形式主要包括：监督检验、公证检验、委托检验、仲裁检验和复核检验。

1. 监督检验

监督检验是指专业纤检机构作为国家对纤维质量监督管理的专门机构，对用于商品交换的纤维进行监督检查，对被查纤维进行质量评定和货、证核验的全过程。监督检查的证书作为交易双方结价的质量凭证，或者作为查处纤维质量违法行为的技术证据，具有法律效力。

2. 公证检验

公证检验是指作为不涉及纤维交易双方经济利益、具有第三方公正性的专业纤检机构，依据法律规范的规定或用户的申请，按照国家标准和技术规范的要求，对某种用于交易的纤维全部货批，进行质量、数量检验和出证的全过程。公证检验证书作为交易双方交接结价的质量凭证，具有法律效力。公证检验包括法定公证检验和非法定公证检验。法定公证检验亦称强制性公证检验、国家检验或官方检验。非法定公证检验亦称自愿公证检验。

3. 委托检验

委托检验是指专业纤检机构根据司法机关、进出口商品管理机关、企事业单位的委托，对某种纤维的质量或某项技术指标进行的测试、检验或鉴定，给出检验证书或检验结果的全过程。它包括司法机关为认定犯罪事实、责任轻重而委托专业纤检机构进行的检验，检验证书作为证据，具有法律效力；也包括进出口商品管理机关为履行进出口商品把关职责，委托专业纤检机构对口岸进出口纤维进行的质量检验；还包括生产、科研单位为开发新产品，委托专业纤检机构对某种纤维新产品的技术指标进行的鉴定性检验等。

4. 仲裁检验

仲裁检验是指专业纤检机构根据司法机关、合同管理机关、涉外仲裁机关，以及纤维质量纠纷当事人的申请和要求，对纠纷标的纤维质量进行的判定性检验。检验证书作为纤维质量纠纷裁定和处理的质量认定依据，具有法律效力。

由于纤维质量纠纷的仲裁检验是专业纤检机构的专职行为，所以为保证仲裁检验的有效性，必须履行申办程序，申请人必须有申请仲裁检验委托书，并对该纠纷标的纤维采取必要保全措施。专业纤检机构的仲裁检验是市场经济条件下，解决纤维质量纠纷的重要技术保障。

5. 复核检验

复核检验（简称复检）是指交易者或用户对专业纤检机构出具的检验证书或检验结果有异议时，要求省级专业纤检机构或者国家纤维检验机构（即中国纤维检验局）对原检纤维质量进行的重新核检。复检采取最高纤检机构一复终检制。按有关技术规定，原验纤维货批灭失或已少于规定数量的（如棉花按规定不得少于原验货批数量 90%），专业纤检机构有权不予复检。

二、纤维质量监督

纤维质量监督的形式主要包括：监督检查（检验）、公证检验（亦称国家检验）、立案查处和现场监督处罚三种形式。监督检查（检验）根据国家有关方针政策和当前纤维生产流通的质量状况，由专业纤检机构采取全国或地方监督检查、国家或地方监督抽查等形式。检查检验结果根据国家质量管理需要向社会公布，检验证书作为交易结价的质量凭证或追究质量责任的证据。公证检验分为强制性和非强制性公证检验，目前国家对国储棉实行强制性公证检验，未经检验的不得入储和出库交易。根据监督检查检验和公证检验的情况或举报，对纤维质量违法行为实施现场处罚或立案查处。

监督执法的主要环节包括收购环节、加工环节、销售环节和储备环节。

（一）棉花质量监督

1. 棉花流通及质量监督管理概况

专业纤检机构代表国家对经营单位收购和加工的棉花，对工商交接（调拨）的棉花以及国家储备棉实行质量监督检查，并签发监督检验证书。对发现的质量违法行为进行查处。对工商、农商之间发生的质量争议，由专业纤检机构进行仲裁检验。专业纤检机构签发的监督检验和仲裁检验证书是购销双方交接结价、计算成本的质量（数量）依据。

2. 《棉花质量监督管理条例》

《棉花质量监督管理条例》于2001年8月3日中华人民共和国国务院令第314号发布，2006年7月4日国务院第470号令公布修改决定，该条例共5章39条，分为总则、棉花质量义务、棉花质量监督、罚则、附则5章。

《棉花质量监督管理条例》的适用范围由两部分组成。一种是从事棉花经营活动的棉花经营者，这里的棉花经营活动包括棉花的收购、加工、销售和存储等活动；另一种是对棉花质量进行监督管理的纤维质量监督机构。

3. 棉花质量监督执法的环节和方式

专业纤维检验机构按纤维生产流通环节，开展棉花质量监督执法工作。包括：棉花收购环节的监督；对棉花加工环节的监督；对销售环节的监督；对储备环节的监督；年终检查。

为确保棉花国家强制性标准的贯彻执行，在每年8月（即棉花年度末）至次年一季度，专业纤检机构会同有关部门对棉花经营、加工单位进行年终检查。年终检查通常采取单位自查、地方复查、国家抽查的方式进行。

专业纤检机构对棉花流通各环节查出的棉花质量违法行为，根据《棉花质量监督管理条例》的有关规定进行处理。

（二）毛（绒）类纤维质量的监督

《毛绒纤维质量监督管理办法》于2003年7月18日国家质检总局第49号令发布，共5章31条，分为总则、毛绒纤维质量监督、毛绒纤维经营者的质量义务、罚则、附则5章。

《毛绒纤维质量监督管理办法》适用的行为主体是毛绒纤维经营者、毛绒纤维质量监督机构；从事毛绒纤维的收购、加工、销售和存储等活动行为人，即为毛绒纤维的经营主体；为国家的宏观调控履行政府监督管理职能的毛绒纤维质量监督机构，即为毛绒纤维质量监督管理行为的主体。

《毛绒纤维质量监督管理办法》调整的毛绒纤维种类是羊毛、山羊绒、羽绒、牦牛绒、骆驼绒等毛绒纤维。在确保毛绒纤维能够得以全面规范的同时，《毛绒纤维质量监督管理办法》突出了对山羊绒质量监督管理的重点。

毛绒纤维质量监督管理办法规定了公证检验制度、监督检查制度等。

（三）麻类纤维质量监督管理

《麻类纤维质量监督管理办法》于2005年4月22日国家质检总局第73号令发布，共分5章30条，分为总则、麻类纤维质量监督、麻类纤维经营者的质量义务、罚则、附则5章。

《麻类纤维质量监督管理办法》是一部有关麻类纤维质量监督管理的部门规章，它是依据上位法《棉花质量监督管理条例》制定的，解决了纤维质量监督管理部门对生产流通等情况既不同棉花，也有别于毛绒、茧丝的麻类纤维的质量监督管理，应如何“比照”《棉花条例》实施的问题。

对麻类纤维的监督管理制度有：公证检验制度、质量监督检查制度、复检制度等。

（四）茧丝质量监督管理

《茧丝质量监督管理办法》于2003年1月14日国家质检总局第43号令发布，共5章36条，分为总则、茧丝质量监督、蚕丝经营者的质量义务、罚则、附则5章。

《茧丝质量监督管理办法》是一部有关茧丝纤维质量监督管理的部门规章，它是依据上位法《棉花质量监督管理条例》制定的，是对《棉花质量监督管理条例》中有关茧丝等其他重要天然纤维比照棉花进行质量监督管理规定的具体体现。

对茧丝监督管理的制度有：桑蚕鲜茧收购、桑蚕干茧加工质量保证条件审核制度、公证检验制度、茧丝质量监督检查制度、复检制度等。

茧丝质量监督管理的主要环节是蚕茧收购环节，蚕茧、丝类产品加工环节和干茧、丝类产品交易环节。

（五）化学纤维质量监督与检验

专业纤检机构负责对生产、流通领域的化学纤维（各类化纤中的短纤维、丝束、化纤条、长丝和纤维级切片等）质量进行监督。按照化纤不同品种的实际质量状况和不同的监督环节有针对性地开展监督抽查、统一监督检验和定期监督检验等工作。同时，根据用户需要开展仲裁检验、委托检验和化纤产品质量认证等工作。

化纤质量监督的方式主要有：国家监督抽查和地方监督抽查等。专业纤检机构负责受理对化纤质量违法行为的举报、投诉；对查处到的纤维质量违法行为依法处理。

（六）纤维制品质量监督管理

纤维制品是一种使用量大、使用领域广、直接影响人们日常生活的重要产品。为加强纤维制品质量监督管理，打击伪劣纤维制品制售行为，提高纤维制品质量，维护纤维制品交易各方及消费者的合法权益，保障人体健康安全，《絮用纤维制品质量监督管理办法》于 2006 年 6 月 14 日国家质检总局第 89 号令予以公布，并于当年 9 月 1 日施行。《纤维制品质量监督管理办法》于 2016 年 2 月 23 日国家质检总局第 178 号令予以公布，并于当年 3 月 31 日起施行，同时《絮用纤维制品质量监督管理办法》废止。《纤维制品质量监督管理办法》共 5 章 41 条，主要包括总则、质量义务、质量监督、罚则、附则 5 部分内容，它建立了进货验收制度、监督检查制度、重点区域场所整治制度、出厂检验合格制度、质量诚信制度等一系列制度。

第五节　机动车安全技术检验机构检验资格许可

一、机动车安全技术检验机构检验资格许可制度

机动车安全技术检验是指根据《中华人民共和国道路交通安全法》及其实施条例规定，按照机动车国家安全技术标准等要求，对上道路行驶的机动车进行检验检测的活动，包括机动车注册登记时的初次安全技术检验和登记后的定期安全技术检验。机动车安全技术检验机构（以下简称安检机构），是指在中华人民共和国境内，根据《中华人民共和国道路交通安全法》及其实施条例的规定，按照机动车国家安全技术标准等要求，对上道路行驶的机动车进行检验，并向社会出具公证数据的检验机构。国家对安检机构实行资格管理和资质认定管理。安检机构应当依照国家有关法律法规的规定，经省级质量技术监督部门批准，取得检验资格许可、资质认定后，方可在批准的检验范围内承担机动车安全技术检验。

二、安检机构检验资格许可应当具备的基本条件

安检机构申请取得检验资格许可，应当具备以下基本条件：

（1）具有法人资格；

（2）具有满足机动车安全技术检验工作需要的，并经过培训考核合格，持证上岗的从事机动车安全技术检验工作的技术人员；安检机构的技术负责人、质量负责人、授权签字人要具备机动车相关专业大专及以上学历或者中级及以上工程技术职称或者技师及以上技术等级，有3年以上机动车检验工作经历；

（3）有完善的工作管理制度，有齐全的机动车安全技术检验标准等技术规范文件资料；

（4）具有申请检测车辆类型和项目所需的机动车安全技术检验的设备及其校准设备；

（5）机动车安全技术检验设备应当通过合法有效的型式认定，在用计量器具应当依法经质量技术监督部门授权的计量技术机构计量检定合格或校准，并在检定或校准有效期内；

（6）具有相应的检验车间、试验车道、驻车坡道、业务大厅、停车场、站内道路、办公区等设施，交通标志标线明显，交通顺畅、便捷，进出的道路视线良好；

（7）检验厂房内部尺寸和厂房出入门尺寸满足相应检验车型的需要，厂房宽敞、明亮、通风、防雨、防火，检测线布置合理，便于流水作业。

三、申请、受理和审查

安检机构的设置要适应当前汽车保有量增长的形势，使市场在资源配置中起决定性作用的要求，不再通过安检机构规划设置控制安检机构的数量和布局，对符合法定条件的申请人，一律简化审批流程，加快审批工作进度。

申请安检机构检验资格许可，应当向所在地省级质量技术监督部门提出。安检机构资格许可和资质认定的申请及其受理、现场审查、发证应当一并办理，分别颁发资格许可和资质认定证书。

省级质量技术监督部门接到申请后，按照《行政许可法》关于许可受理的规定，根据申请的不同情况，分别做出处理。

省级质量技术监督部门组织对受理的检验资格许可的安检机构资料的正确性、真实性及现场检验能力、管理状况进行审查，包括资料审查和现场核查。对安检机构资格许可和资质认定合并形成一套评审要求，统一按照《检验检测机构资质认定管理办法》组织实施，现场评审记录、评审报告等统一为一套材料。

四、批准及发证

省级质量技术监督部门应当在自受理之日起 20 日内，作出是否批准检验资格许可的决定。在作出准予行政许可决定后的 10 日内，省级质量技术监督部门应当为申请人颁发安检机构检验资格许可证书；在作出不予行政许可决定的，省级质量技术监督部门应当向申请人发送《不予行政许可决定书》，并写明不予行政许可的理由。

对获得检验资格许可的安检机构，省级质量技术监督部门应当及时向社会公布。

安检机构检验资格许可证书有效期为 3 年。安检机构检验资格有效期期满，继续从事机动车安全技术检验活动的，应当于期满前 3 个月向所在地省级质量技术监督部门重新提出申请。

五、信息变更

安检机构获得检验资格许可后，需要变更“申请人名称”“法定代表人”“申请人住所”“检验车型范围减少”等信息的，应当向省级质量技术监督部门提出安检机构信息变更申请，提交变更申请相关材料。对变更检测场所（迁址）、增加检测线、增加检验车型等检测条件的，应当重新提出资格许可申请。

六、监督管理

各级质量技术监督部门应当在各自的职责范围内加强对辖区内安检机构及其工作情况的监督检查，监督检查可以采取以下方式进行：

（1）查阅原始检验记录、检验报告；

（2）检验能力比对试验；

（3）审核年度工作报告；

（4）听取当地公安交通管理部门、检验委托人以及社会对安检机构机动车安全技术检验工作的评价；

（5）调查处理投诉案件。

安检机构应当接受质量技术监督部门的监督检查和管理，次年1月底之前向所在地质量技术监督部门提交上年度工作报告。各级质量技术监督部门对在安检机构监督检查工作中发现的问题，应当依法进行处理；对发现的重大问题，应当及时向上级质量技术监督部门汇报。机动车安全技术检验委托人可以就安检机构行为规范以及检测活动中存在的问题，向安检机构查询；也可以向质量技术监督部门投诉，接受投诉的质量技术监督部门应当负责处理。

第七章　特种设备安全监察

第一节　概　述

一、特种设备的定义及分类

特种设备是指对人身和财产安全有较大危险性的锅炉、压力容器（含气瓶）、压力管道、电梯、起重机械、客运索道、大型游乐设施、场（厂）内专用机动车辆，以及法律、行政法规规定适用的其他特种设备。

按照特种设备所包含的 8 类设备的特点，可将特种设备划分为承压类特种设备和机电类特种设备。承压类特种设备包括锅炉、压力容器（含气瓶）、压力管道等；机电类特种设备包括电梯、起重机械、客运索道、大型游乐设施、场（厂）内专用机动车辆。

（一）锅炉

《特种设备目录》（2014 年）定义的锅炉是指利用各种燃料、电或者其他能源，将所盛装的液体加热到一定的参数，并通过对外输出介质的形式提供热能的设备，其范围规定为设计正常水位容积大于或者等于 30 L，且额定蒸汽压力大于或者等于 0.1 MPa（表压）的承压蒸汽锅炉；出口水压大于或者等于 0.1 MPa（表压），且额定功率大于或者等于 0.1 MW 的承压热水锅炉；额定功率大于或者等于 0.1 MW 的有机热载体锅炉。

锅炉的分类方法有多种，常见的分类有按结构形式分类、按用途分类、按工作介质分类。例如，按用途分为生活用锅炉（主要是采暖及供热水）、工业锅炉和发电锅炉。

（二）压力容器

《特种设备目录》（2014 年）定义的压力容器是指盛装气体或者液体，承载一定压力的密闭设备，其范围规定为最高工作压力大于或者等于 0.1 MPa（表压）的气体、液化气体和最高工作温度高于或者等于标准沸点的液体、容积大于或者等于 30 L 且内直径（非圆形截面指截面内边界最大几何尺寸）大于或者等于 150 mm 的固定式容器和移动式容器；盛装公称工作压力大于或者等于 0.2 MPa（表压），且压力与容积的乘积大于或者等于 1.0 MPa·L 的气体、液化气体和标准沸点等于或者低于 60 ℃液体的气瓶；氧舱。

压力容器分类方法多种多样，按《压力容器安全技术监察规程》规定，从用途上分：有储运压力容器（球罐、罐体等）、反应压力容器、合成塔等；有工业用压力容器（如各类反应器、合成塔、工业气瓶）和民用压力容器（液化石油气钢瓶）；还有载人压力容器（如医用氧舱、潜水用加压舱）等。

为了有效地对压力容器进行管理，根据工作压力高低、容器大小和工作介质特点以及使用范围和发生事故的危害程度等因素，按《压力容器安全技术规程》分类，容器分为三类，即一类、二类、三类压力容器。

（三）压力管道

《特种设备目录》（2014 年）定义的压力管道是指利用一定的压力，用于输送气体或者液体的管状设备，其范围规定为最高工作压力大于或者等于 0.1 MPa（表压），介质为气体、液化气体、蒸汽或者可燃、易爆、有毒、有腐蚀性、最高工作温度高于或者等于标准沸点的液体，且公称直径大于或者等于 50 mm 的管道。公称直径小于 150 mm，且其最高工作压力小于 1.6 MPa

(表压) 的输送无毒、不可燃、无腐蚀性气体的管道和设备本体所属管道除外。其中，石油天然气管道的安全监督管理还应按照《中华人民共和国安全生产法》《石油天然气管道保护法》等法律法规实施。

压力管道的用途广泛，品种繁多。不同领域内使用的管道，其分类方法也不同，一般不按主体材料，而是按装置、输送介质特性和用途等管道使用特性进行分类。压力管道按其用途划分为工业管道、公用管道和长输管道。

(四) 电梯

《特种设备目录》(2014 年) 定义的电梯是指动力驱动，利用沿刚性导轨运行的箱体或者沿固定线路运行的梯级 (踏步)，进行升降或者平行运送人、货物的机电设备，包括载人 (货) 电梯、自动扶梯、自动人行道等。非公共场所安装且仅供单一家庭使用的电梯除外。

电梯 [载人 (货) 电梯]，按其用途可分为乘客电梯、载货电梯、病床电梯、住宅电梯、杂物电梯、观光电梯、船用电梯；按运行速度可分为超高速电梯 (速度大于 6.0 m/s)、高速电梯 (速度大于 2.5 m/s，小于或等于 6.0 m/s)、中速电梯 (速度大于 1.0 m/s，小于或等于 2.5 m/s)、低速电梯 (速度小于或等于 1.0 m/s)。

(五) 起重机械

《特种设备目录》(2014 年) 定义的起重机械是指用于垂直升降或者垂直升降并水平移动重物的机电设备，其范围规定为额定起重量大于或者等于 0.5 t 的升降机；额定起重量大于或者等于 3 t (或额定起重力矩大于或者等于 40 t·m 的塔式起重机，或生产率大于或者等于 300 t/h 的装卸桥)，且提升高度大于或者等于 2 m 的起重机；层数大于或者等于 2 层的机械式停车设备。

起重机械按功能和结构特点，可分为轻小型起重设备、起重机、升降机、工作平台、机械式停车设备。

（六）客运索道

《特种设备目录》（2014年）定义的客运索道是指动力驱动，利用柔性绳索牵引箱体等运载工具运送人员的机电设备，包括客运架空索道、客运缆车、客运拖牵索道等。非公用客运索道和专用于单位内部通勤的客运索道除外。

（七）大型游乐设施

《特种设备目录》（2014年）定义的大型游乐设施是指用于经营目的，承载乘客游乐的设施，其范围规定为设计最大运行线速度大于或者等于2 m/s，或者运行高度距地面高于或者等于2 m的载人大型游乐设施。用于体育运动、文艺演出和非经营活动的大型游乐设施除外。

游乐设施主要根据其结构及运动形式进行分类，有转马类、滑行车类、陀螺类、飞行塔类、赛车类、自控飞机类、观览车类、小火车类、架空游览车类、水上游乐设施、碰碰车类、电池车类、无动力类等13个类别。

（八）场（厂）内专用机动车辆

《特种设备目录》（2014年）定义的场（厂）内专用机动车辆是指除道路交通、农用车辆以外仅在工厂厂区、旅游景区、游乐场所等特定区域使用的专用机动车辆。

场（厂）内专用机动车辆主要包括场（厂）内专用机动工业车辆与场（厂）内专用旅游观光车辆两大类。

二、特种设备安全状况

（一）特种设备登记数量情况

截至2015年年底，全国特种设备总量达1100.13万台，比

2014 年底上升 6.14%。其中：锅炉 57.92 万台、压力容器 340.66 万台、电梯 425.96 万台、起重机械 210.44 万台、客运索道 985 条、大型游乐设施 2.04 万台、场（厂）内机动车辆 63.02 万台。另有：气瓶 13698 万只、压力管道 43.63 万公里。

（二）特种设备生产和作业人员情况

截至 2015 年底，全国共有特种设备生产（含设计、制造、安装、改造、修理、气体充装）单位 62706 家，持有许可证 68804 张，其中：设计单位 3241 家、制造单位 16780 家、安装改造修理单位 21555 家、移动式压力容器及气瓶充装单位 21130 家。

全国特种设备作业人员持证 1047.64 万张，比 2014 年上升 8.70%，其中 2015 年考核发证 148.83 万张。

（三）特种设备安全监察和检验检测情况

截至 2015 年年底，全国共设置特种设备安全监察机构 2550 个，其中国家级 1 个、省级 32 个、市级 469 个、县级 2048 个。全国特种设备安全监察人员共计 23648 人，较 2014 年增加 7908 人，主要原因是市县级政府机构改革出现部门“二合一”“三合一”等情况，使得基层监察人员数量大幅增加。

全国共有特种设备综合性检验机构 485 个，其中质检部门所属检验机构 295 个，行业检验机构和企业自检机构 190 个。另有：型式试验机构 48 个、无损检测机构 433 个、气瓶检验机构 1924 个、安全阀校验机构 314 个、房屋建筑工地和市政工程工地起重机械检验机构 173 个。

2015 年，全国各级特种设备安全监管部门开展特种设备执法监督检查 127.94 万人次，发出安全监察指令书 12.93 万份。特种设备检验机构对 109.62 万台特种设备及元部件的制造过程进行了监督检验，发现并督促企业处理质量安全问题 3.44 万个；对 151.21 万台特种设备安装、改造、修理过程进行了监督检验，发现并督促企业处理质量安全问题 37.25 万个；对 545.71 万台在用特种设备进行了定期检验，发现并督促使用单位处理质量安全问题 131.77 万个。

（四）事故总体情况

2015 年，全国共发生特种设备事故和相关事故 257 起，死亡 278 人，受伤 320 人，与 2014 年相比，事故起数减少 26 起，同比下降 9.19%；死亡人数减少 4 人，同比下降 1.42%；受伤人数减少 10 人，同比下降 3.03%。全国未发生特种设备重特大事故。2015 年特种设备万台设备死亡率为 0.36，较 2014 年下降 7.69%，较好地实现了国务院安委会下达的万台设备死亡人数不超过 0.38 的控制目标。

三、特种设备安全监察沿革

我国特种设备安全监察工作可以分为三个发展阶段。

（一）安全监察工作初创、探索阶段

1955—1982 年为我国安全监察工作初创、探索阶段。

1955 年 4 月，在天津纺织厂的一台锅炉爆炸，造成近 70 人伤亡后，当时的苏联劳动保护专家提出在中国建立锅炉安全监察机构的建议。同年 6 月，国务院批准在劳动部设立国家锅炉安全检查总局，对锅炉压力容器进行专门监督管理。

1958 年以后的“大跃进”期间，锅炉压力容器安全监察工作受到很大冲击，锅炉安全检查总局被撤销。

1963 年 5 月 28 日，国务院批准重建锅炉安全监察局，各地建立了机构，加强了立法、管理、培训等基础工作，开展了设计、制造、安装、使用、修理等环节的监察管理。

“十年动乱”期间，安全监察工作受到严重冲击，各级监察机构被撤销，专业干部被下放或调离，安全监察工作遭到彻底的破坏。

由于在1979年连续发生了几起压力容器恶性爆炸事故，国务院为此先后发了若干文件，提出“必须在锅炉压力容器的设计、制造、安装、检验、操作、修理、改造等环节上，建立健全规章制度并严格执行”的要求。遵照国务院批示精神，劳动部开始制定锅炉压力容器安全法规，各级劳动部门建立健全了安全监察机构，成立了专门从事技术检验的检验机构。

（二）安全监察基本制度建立并逐步完善阶段

1982—2003年为我国安全监察基本制度建立并逐步完善阶段。

1982年2月，国务院颁布了《锅炉压力容器安全监察暂行条例》，首次提出了对我国锅炉压力容器进行全过程安全监察的基本制度，提供了构建安全监察与检验“双轨体制”的法律支持。在此以后的21年里，锅炉压力容器的监察制度和监管体系在实践中不断丰富完善，在我国锅炉压力容器安全工作中发挥了重要作用。但是由于《锅炉压力容器安全监察暂行条例》仅适用于锅炉和压力容器，不能为压力管道、电梯、起重机械、客运索道、大型游乐设施的安全监察提供法律支持，这些特种设备仅依据行政规章开展安全监察工作，实施较为困难。直到2003年3月，新的行政法规《特种设备安全监察条例》应运而生，该阶段宣告结束。

1998年政府机构改革，锅炉、压力容器、压力管道、电梯等的安全监察职能从原劳动部划归国家质量技术监督局，在该局内设“锅炉压力容器安全监察局”，专门负责锅炉、压力容器、压力管道、电梯等设备的安全监察工作。2001年，成立国家质检总局，锅炉压力容器安全监察局保留在国家质检总局（在2004年2月，更名为特种设备安全监察局）。2003年3月11日，当时的国务院总理朱镕基签发了中华人民共和国国务院第373号令，公布《特种设备安全监察条例》。

（三）安全监察工作创新发展阶段

2013年6月29日，十二届全国人大第三次会议闭幕会表决通过《特种设备安全法》。当天，国家主席习近平以主席令第4号公布，自2014年1月1日开始施行。《特种设备安全法》的颁布，标志着我国特种设备安全工作向科学化、法制化方向又迈进了一大步，进入了一个重要的历史时期，并且在今后一段时间里还将处于这一阶段。

四、特种设备发展趋势

随着经济发展和社会进步，特种设备不仅在数量上呈上升趋势，而且向更高效，更安全，更环保、节能，更具人性化的方向发展。

（一）更高效

伴随着工业化进程和科技进步，特种设备向高参数、高效能和大型化方向发展。电站锅炉参数已达到超临界（22.129 MPa）和超超临界（27 MPa～34 MPa），单机容量从100 MW、200 MW、300 MW、600 MW、900 MW发展到1000 MW。压力容器参数也越来越大，内蒙古神华煤田的加氢反应器重达1800 t。压力管道的输送压力、输送距离、材料等级和管道口径逐步变大。城区范围内部分燃气管道的最大设计压力也由原来的1.6 MPa提高到了4.0 MPa。电梯也因高速度、高功率的驱动能力和智能减振等技术的出现，将进一步提高运载效率和运行的舒适感。大型游乐设施中的观览车越建越高，已经成为城市的象征。

（二）更安全

由于特种设备具有潜在的危险性，安全可靠已成为设备的最重要指标。随着科技的进步，大量新材料、先进技术不断应用于压力容器制造领域。如钛及钛合金、锆及锆合金等贵金属的广泛应用，使设备耐腐蚀能力有了很大的提高，为实现长周期运行、提高设备安全性能奠定了基础。城市燃气管道材料逐步向使用复合材料和聚乙烯（PE）方向发展，燃气输配的监控和数据采集系统逐步完善，提高了安全性。电梯双向限速器与安全钳、主副门钩与非正常开门报警等安全装置的增加，为电梯运行更安全提供了保障。起重机械更加注重研制新型安全保护装置和故障自动显示装置。客运索道的控制系统朝自动化、集成化发展，操作更加方便，安全保护装置和设施更加齐全，所有安全监控均输入计算机系统，一旦发生故障，可以自动停车，并显示故障位置。

（三）更环保、节能

随着我国可持续发展战略的实施，节能、环保问题是社会关注的一个重点，环保、节能型产品越来越受欢迎。特种设备也不例外，如垃圾焚烧锅炉既利用了垃圾中的可燃烧能源又可减少垃圾对环境的污染；一些类型锅炉采用循环流化床燃烧技术降低了锅炉烟气对大气的污染。在电梯中，永磁同步无齿轮曳引机为减少润滑油使用及其可能造成的污染、绿色变频器对减轻电磁波干扰与污染、工程塑料或纤维曳引绳带对减少钢材使用并节约矿产资源均创造了条件。赛车类、观光车类大型游乐设施采用环保型电池等。

（四）更具人性化

特种设备在人们的生活中越来越重要，人性化的设计理念更多地体现在特种设备产品中。如医用氧舱加装舱内外互动设施，在治疗中患者可以与医生交谈或收听音乐，缓解患者的紧张情绪，对治疗十分有利；电梯应用智能网络控制、远程监控、远程维修等技术，使电梯能够实现的服务功能以及维护保养的及时性与便捷性更趋于人性化；人机工程学把起重机械、人和作业环境作为整个系统来研究，创造一种人与起重机械最佳相互作用状态，如按人机工程学理论设计的司机室，布置更加合理、可降低司机疲劳程度并且提高了工作效率；虚拟现实技术、激光技术、网络技术等高新技术越来越多地应用于游乐设施中，新型游乐设施可采用多种运动方式复合，融声、光、电于一体，并结合游人的主动参与，给人一种全新的体验；有的客运索道站台和吊厢专门设计了方便残疾人乘坐的设施，有的风景名胜区客运索道内部装饰华丽，设有空调、冰箱，豪华吊厢乘坐舒适。

第二节　特种设备安全监察体制

一、特种设备安全监督管理行政体制

我国特种设备安全监察实行的是分级监察管理的行政体制。国家质检总局对全国特种设备安全实施监督管理，地方质量技术监督部门对本行政区域内特种设备安全实施监督管理。

国家质检总局和地方质量技术监督部门是特种设备安全监督管理的行政执法主体，凡对特种设备生产、使用单位和检验检测机构作出的行政许可、行政处罚、行政强制措施等具有约束力的具体行政行为，以及向社会发布的安全状况公告、规范性文件等抽象行政行为，均以国家质检总局或者地方质量技术监督部门的名义实施。

除行政机关从事特种设备安全监督管理工作外，我国目前还有特种设备检验机构、鉴定评审机构、特种设备相关人员考试机构以及与特种设备安全相关的社团和技术组织等从事特种设备安全监督管理的相关工作。

二、特种设备安全监督管理行政职责

（一）特种设备安全监督管理部门职责

国家质检总局承担综合特种设备安全监察、监督管理工作的职责，监督检查高耗能特种设备节能标准的执行情况，管理

锅炉、压力容器、压力管道、电梯、起重机械、客运索道、大型游乐设施、场（厂）专用机动车辆等特种设备的安全监察、监督工作；监督检查特种设备的设计、制造、安装、改造、维修、使用、检验检测和进出口；按规定权限组织调查处理特种设备事故并进行统计分析；监督管理特种设备检验检测机构和检验检测人员、作业人员的资质资格；监督检查高耗能特种设备节能标准的执行情况。

县级以上地方质量技术监督部门主要负责监督管理工作的具体实施，包括对生产、经营、使用单位的监督检查、行政许可的实施以及对违法行为的查处。

（二）特种设备安全监察人员职责

（1）积极宣传安全生产的方针、政策和有关特种设备安全的法规、规章以及安全技术规范，督促有关单位贯彻执行；

（2）依法对特种设备生产（含设计、制造、安装、改造、维修，下同）单位、使用单位、检验检测机构、相关人员实施安全监察工作，按照文件（国质检法〔2004〕40号）规定对违法行为实施行政处罚工作；

（3）参加制定或者审定有关特种设备安全技术规范、标准；参加特种设备新技术、新材料、新工艺科技鉴定、评审工作；

（4）参加特种设备事故调查，提出建议和意见；

（5）履行法规规章规定的其他职责。

A类安全监察员从事包括行政程序类监察执法（特种设备以及生产使用单位和相关人员、检验检测机构和人员是否符合行政许可资格要求等）和安全技术类监察执法（特种设备以及生产使用单位和相关人员的工作、检验检测机构和人员是否符合安全技术规范及标准的要求等）。

B类安全监察员从事行政程序类监察执法。

三、特种设备法规标准体系

特种设备法规是保证特种设备安全运行的法律保障。各级政府特种设备安全监察管理部门实施安全监察、依法行政就必须有完善的法规体系给予保证。我国特种设备安全监察工作经过几十年努力，基本形成了一个较为完善的法规体系："法律—行政法规—规章—安全技术规范—技术标准"。

（一）法律

我国现行法律中特种设备专项法是中华人民共和国第十二届全国人民代表大会常务委员会第三次会议于2013年6月29日通过的《特种设备安全法》。

涉及特种设备安全的其他法律主要有：《中华人民共和国安全生产法》《中华人民共和国节约能源法》《行政许可法》《产品质量法》《进出口商品检验法》等。

（二）行政法规

现行行政法规中，特种设备专门法规为《特种设备安全监察条例》（中华人民共和国国务院令第373号，2003年3月11日公布；第549号，2009年1月24日修订）。

与特种设备有关的其他行政法规主要有：《危险化学品安全管理条例》《生产安全事故报告和调查处理条例》等。

（三）规章

1. 部门规章

以"令"的形式颁布的与特种设备相关的部门规章。如《特种设备事故报告和调查处理规定》（质检总局115号令）、《大型游乐设施安全监察规定》（质检总局154号令）等。

2. 地方政府规章

有关特种设备的地方政府规章，如《北京市电梯安全监督管理办法》《上海市大型游乐设施运营安全管理办法》等。

（四）安全技术规范

特种设备安全技术规范是指国家质检总局对特种设备的安全性能和节能要求以及相应的设计、制造、安装、修理、改造、使用管理和检验检测等活动制定、颁布的强制性规定。

根据安全技术规范的内容，将其分为以下 4 类：

(1) 安全监察规程类（其主要内容为安全技术方面的基本要求）；

(2) 技术检验规则类（其主要内容为具体的检验要求、检验方法、检验程序、检验结论）；

(3) 资格认可规则类（其主要内容为单位和人员资格认可条件、审查程序）；

(4) 监督管理办法类（其主要内容为监督管理的要求和做法）。

（五）技术标准

据初步统计，我国目前共有各类特种设备及其安全附件标准和相关标准 5000 多个。这些标准主要是国家标准和行业标准，也有少量企业标准，其中国家标准（包括特种设备相关标准）2500 多个，安全技术规范中引用、部分引用或者拟引用的标准大约有 1800～2000 个。

第三节　特种设备行政许可

一、特种设备行政许可项目

（一）特种设备设计许可

特种设备设计许可分为对设计单位资格许可和对设计文件鉴定两种形式。

1. 设计单位资格许可

对压力容器和压力管道设计单位实行单位资格许可，并且划分为若干许可级别，规定不同的准入条件。具体划分和要求在相应的安全技术规范许可规则中规定（以下所有许可要求均同）。

2. 设计文件鉴定

锅炉、气瓶、氧舱、客运索道、大型游乐设施的设计实行对设计文件进行鉴定许可方式。

（二）特种设备制造许可

制造锅炉、压力容器、压力管道元件、电梯、起重机械、客运索道、大型游乐设施、场（厂）内车辆的单位必须取得特种设备制造许可。特种设备制造许可分为不同的类别和级别。

（三）特种设备安装改造维修许可

从事特种设备安装、改造、维修单位必须取得特种设备安装、改造、维修许可。

（四）充装许可

从事移动式压力容器和气瓶气体充装的单位必须取得充装许可。

（五）特种设备使用登记

特种设备在投入使用前或者投入使用后30日内，特种设备使用单位应当向直辖市或者设区的市的特种设备安全监督管理部门登记。

（六）特种设备检验检测机构核准

从事特种设备定期检验、监督检验、型式试验、无损检测等检验检测活动的技术机构，包括综合检验机构、型式试验机构、无损检测机构、气瓶检验机构，必须取得检验检测机构核准。

（七）特种设备检验检测人员考核

凡是从事锅炉、压力容器、压力管道、电梯、起重机械、客运索道、大型游乐设施、场（厂）内专用机动车辆、气瓶检验和无损检测的人员必须经过考核并取得相应检验检测项目的人员资格证书。

（八）特种设备作业人员考核

从事特种设备作业人员应当按照《特种设备作业人员监督管理办法》规定，经考核合格取得《特种设备作业人员证》，方可从事相应的作业或者管理工作。特种设备作业人员按作业种类分为：锅炉作业、压力容器作业、压力管道作业、电梯作业、起重机械作业、客运索道作业、大型游乐设施作业、场（厂）内机动车辆作业、特种设备焊接作业、安全附件维修作业、特种设备管理等。每种作业人员按具体操作内容分为若干个项目，具体分类按照国家质检总局颁布的规章《特种设备作业人员考核办法》。

二、特种设备行政许可形式

（1）特种设备设计、制造、安装改造维修、气瓶充装采用颁发许可证；

（2）特种设备使用登记许可采用颁发使用登记证；

（3）检验检测机构行政许可采用颁发核准证；

（4）检验检测人员考核采用颁发特种设备检验检测人员证；

（5）特种设备作业人员考核采用颁发特种设备作业人员证。

三、特种设备行政许可分级管理

特种设备行政许可工作由国家质检总局和地方质量技术监

督部门分级负责管理。

国家质检总局一般负责许可级别高的，地方质量技术监督管理部门负责较低的许可项目，具体的分工由国家质检总局制定。

四、特种设备生产许可、核准工作程序

特种设备生产许可、核准工作程序包括申请、受理、鉴定评审、审查和批准颁发许可或核准证书。

（一）申请

从事《特种设备安全法》规定的生产（设计、制造、安装、改造、维修）、检验检测活动的单位或机构（以下简称申请单位），必须按照有关规定，具备一定的条件，填写特种设备许可、核准申请书，连同申请所需要的材料送达负责具体许可、核准工作的安全监察机构。

（二）受理

负责具体许可、核准工作的安全监察机构接到申请书和相关资料后，应当在接受申请后的15个工作日内完成对提交的申请书和相关资料的初步审查。对符合规定的在申请书上签署正式受理意见；对不符合规定的，应当书面向申请单位说明不受理的理由。

（三）鉴定评审

申请单位被正式受理许可、核准后，应当约请鉴定评审机构安排实地条件的鉴定评审。根据有关规定必须进行型式试验的，申请单位应当约请具有型式试验资格的检验检测机构进行型式试验，并取得型式试验报告。

负责具体许可、核准工作的机构可以派人对鉴定评审工作进行监督。负责对鉴定评审结果进行审核的安全监察机构，必

要时可以进行实地核查。审核或者核查中，认为申请单位不符合条件的，安全监察机构应当书面告知申请单位和鉴定评审机构，并说明理由；按照规定可以改进的，允许限期改进。

（四）审查和颁发许可、核准证

负责许可、核准机构对鉴定评审报告进行审核，应当在30个工作日内完成各项审批手续。对符合规定要求的，由许可、核准部门颁发相应证书；对不符合规定要求的，应当发出不许可或不核准通知书。

五、特种设备使用登记程序

特种设备使用登记程序包括申请、受理、审查、颁发使用登记证。

（一）申请

特种设备使用单位在特种设备使用前，应当按照有关规定，设立管理机构、管理人员，建立必要的制度，并具备一定数量的持证作业人员，在特种设备检验合格的前提下，在其使用前或者投入使用后的30日内，填写特种设备使用登记表，携带有关资料到安全监察机构进行登记。

（二）受理、审查

安全监察机构对资料齐全，认为符合要求的，应当予以受理，并进行审查。在资料审查中，安全监察机构认为有必要时，可以派人进行实物检查。审查认为不符合规定的，应当书面通知申请单位进行改正。

（三）颁发使用登记证

经审查符合规定要求的，安全监察机构应当在规定的工作日内颁发使用登记证。因使用单位原因延长的时间，不包括在规定的时间内，但必须向申请单位说明原因。

六、人员考核程序

人员考核程序包括考试报名、申请资料审查、考试、考试成绩评定、领证申请、受理、审核和发证、复审。

（一）考试报名

申请人员应当在工作单位或者居住所在地就近报名。

（二）申请资料审查

考试机构应当在收到报名申请资料后 15 个工作日内，完成对申请资料的审查。

对符合要求的，通知申请人按时参加考试；对不符合要求的，通知申请人及时补正申请资料或者说明不符合要求的理由。

（三）考试

考试机构应当在举行考试之日 2 个月前将考试报名时间、考试项目、科目、考试地点、考试时间等具体考试计划事项向社会公布。需要更改考试项目、科目、考试地点、考试时间的，应当提前 30 日公布，并且及时通知申请人。

（四）考试成绩评定

考试机构应当在考试结束后的 20 个工作日内，完成考试成绩的评定，并且告知申请人。

（五）领证申请

考试合格的人员，自行或委托考试机构向发证机关申请办理《特种设备作业人员证》。

（六）受理

发证机关接到申请后，应当在 5 个工作日内对申请资料进行审查，并且作出是否受理的决定；不予受理的，应当告知申请人在 20 个工作日内补正申请资料，能够当场审查的，应当当场审查。

（七）审核和发证

受理后，发证机关应当于 20 个工作日内完成审核批准手续。准予发证的，在 10 个工作日内向申请人颁发《特种设备作业人员证》；不予发证的，应当书面说明理由。

（八）复审

持证人员应当在持证项目的有效期届满 3 个月前，自行或委托考试机构向发证机关提出复审申请。复审合格的，发证机关在《特种设备作业人员证》上签章；不合格的，发证机关应当书面说明理由。

第四节　特种设备现场安全监督检查

特种设备现场安全监督检查是一项重要的特种设备安全监察行为，由各级质量技术监督部门派出特种设备安全监察人员到特种设备生产（含设计、制造、安装、改造、修理，下同）单位、气瓶充装单位、特种设备使用单位和特种设备检验检测机构，对他们进行的特种设备安全活动是否符合特种设备安全法律、法规、规章和安全技术规范的要求进行监督检查的活动。对特种设备生产单位和特种设备使用单位进行现场安全监督检查执行《特种设备现场安全监督检查规则》（质检总局公告，2015 年第 5 号，以下简称《规则》）。

一、特种设备现场安全监督检查形式

（一）日常监督检查

指按照《规则》规定的检查计划、检查项目、检查内容，对被检查单位实施的监督检查。对特种设备生产和使用单位的日常监督检查计划以及当年重点监督检查的特种设备使用单位目录，应报省级监管部门备案。

1. 对特种设备生产单位的日常监督检查

对特种设备生产单位的日常监督检查由省级监管部门根据风险情况提出当年检查重点，由市级监管部门结合当地实际制定检查计划，报同级人民政府后组织实施。特种设备生产单位的日常监督检查，应当重点安排对以下单位进行检查：①取得许可资质未满1年的；②近2年发生过特种设备事故的；③近2年发生过因产品缺陷实施强制召回的；④举报投诉较多且经确认属实的，以及检验、检测机构和鉴定评审机构等反映质量和安全管理较差的。

2. 对特种设备使用单位的日常监督检查

对特种设备使用单位的日常监督检查由市级监管部门根据风险情况确定当年检查的重点和检查单位数量，制定计划并报同级人民政府，由市、县（含县级市、上述市级下辖的区和县，下同）级监管部门按计划分级组织实施。其中，属于重点监督检查的特种设备使用单位，每年日常监督检查次数不得少于1次。重点监督检查的特种设备使用单位目录，由市级监管部门参照以下因素确定：①学校、幼儿园以及医院、车站、客运码头、商场、体育场馆、展览馆、公园等公众聚集场所的特种设备使用单位；②近2年发生过特种设备事故的特种设备使用单位；③市、县级监管部门认为有必要实施重点监督检查的特种设备使用单位。

日常监督检查的项目和内容，按照《规则》中《特种设备生产单位现场安全监督检查项目表》《特种设备使用单位现场安全监督检查项目表》的规定执行。其中，对在用特种设备安全状况的检查实行抽查方式，对一个使用单位，至少抽查1台（套）在用特种设备。

（二）专项监督检查

指根据各级人民政府及其所属有关部门的统一部署，或由各级监管部门组织的，针对具体情况，在规定的时间内，对被检查单位的特定设备或项目实施的监督检查。

专项监督检查的项目和内容按照以下要求确定：①重点时段监督检查和专项整治监督检查，检查设备的种类和数量、检查项目和内容，应当按照相应部署的具体要求执行，如无专门明确的，参照日常监督检查的检查项目和内容执行。②对检验、检测机构报告的重大问题或针对投诉举报开展的专项监督检查的检查项目和内容，由实施检查的监管部门根据报告和投诉举报反映的情况确定。

二、特种设备现场安全监督检查程序

特种设备现场监督检查程序主要包括：出示证件、说明来意、现场检查、做出记录、交换检查意见、下达安全监察指令书、采取查封扣押措施等。

（一）出示证件

实施特种设备现场安全监督检查时，应当有2名以上持有特种设备安全行政执法证件的人员参加；根据需要，可以邀请有关技术人员参与检查（以下统称检查人员）。进入被检查单位，检查人员应当出示证件。

（二）说明来意

检查人员应当向被检查说明来意，说明监督检查的事项、主要内容和依据等。向被检查单位相关负责人员申明检查人员可以在检查现场实施的权力，如现场检查权、查阅复制权和调查询问权。向被检查单位相关负责人员了解被检查单位的安全管理规章制度并是否严格遵守这些安全管理规章制度，保证人身和生产经营活动的安全。被检查单位无正当理由拒绝检查人员进入特种设备生产、使用场所检查，对现场监督检查不予配合，拖延、阻碍正常检查，可以认定为拒不接受依法实施的监督检查，应当依据《特种设备安全法》第九十五条的规定予以处罚。

（三）现场检查

根据需要，行使现场检查权、查阅复制权和调查询问权，按照规定的检查内容逐项进行检查。被检查单位因故不能提供有关书证材料的，检查人员可以书面通知被检查单位规定时间内补充。

（四）做出记录

检查人员将检查中发现的主要问题、处理措施等信息汇总后，填写《特种设备安全监督检查记录》。

（五）交换检查意见

检查记录应当由被检查单位参加人员和检查人员双方签字。签字前，检查人员应当就检查情况与被检查单位参加人员交换意见。被检查单位拒绝签字的，检查人员可以记录在案；拒绝签收相关执法文书的，可以采取留置、邮寄、公告等方式进行送达。有条件的，可以采取邀请第三方作证、照相、录音、摄像等方式取证。

（六）下达安全监察指令书

检查时发现违反《特种设备安全法》和《特种设备安全监

察条例》规定和安全技术规范要求的行为或者特种设备存在事故隐患时，检查人员应当下达《特种设备安全监察指令书》，责令被检查单位立即或者限期采取必要措施予以改正，消除事故隐患。

（七）采取查封扣押措施

实施现场安全监督检查中，发现特种设备或其主要部件存在以下情形之一，应当予以查封或者扣押：①在用特种设备存在《规则》第十二条第二款规定的情形之一的；②有证据表明生产、经营、使用的特种设备或者其主要部件不符合安全技术规范的要求；③使用经责令整改而未予整改的特种设备；④特种设备发生事故不予报告而继续使用的。

当场能够整改的，可以不予查封、扣押。

在用特种设备因连续性生产工艺及其他客观原因不能实施现场查封、扣押的，可由被检查单位在检查记录上说明情况，注明其间采取的保障安全的措施，暂不实施查封、扣押并履行《规则》第二十八条规定职责，待相应设备能够停用后予以查封、扣押。其间发生事故的，由被检查单位承担责任。

第五节 特种设备事故报告、调查与处理

一、特种设备事故的定义和分级

特种设备事故是指因特种设备的不安全状态或者相关人员的不安全行为，在特种设备制造、安装、改造、维修、使用（含移动式压力容器、气瓶充装）、检验检测活动中造成的人员伤亡、财产损失、特种设备严重损坏或中断运行、人员滞留、人员转移等突发事件。

特种设备事故分为特别重大事故、重大事故、较大事故和

一般事故。

二、特种设备事故报告

（一）事故报告的方式

事故报告的方式分为逐级上报、直接报告、异地报告、统计报告和举报等方式。

发生特种设备事故后，事故现场有关人员应当立即向事故发生单位负责人报告；事故发生单位的负责人接到报告后，应当于1小时内向事故发生地的县以上质量技术监督部门和有关部门报告。情况紧急时，事故现场有关人员可以直接向事故发生地的县以上质量技术监督部门报告。事故发生单位应当立即启动事故应急预案，组织抢救，防止事故扩大，减少人员伤亡和财产损失。

接到事故报告的质量技术监督部门，应当尽快核实有关情况，立即向本级人民政府报告，并逐级报告上级质量技术监督部门直至国家质检总局。质量技术监督部门每级上报的时间不得超过2小时。必要时，可以越级上报事故情况。

对于特别重大事故、重大事故，由国家质检总局报告国务院并通报国务院安全生产监督管理等有关部门。对较大事故、一般事故，由接到事故报告的质量技术监督部门及时通报同级有关部门。

对事故发生地与事故发生单位所在地不在同一行政区域的，事故发生地质量技术监督部门应当及时通知事故发生单位所在地质量技术监督部门。事故发生单位所在地质量技术监督部门应当做好事故调查处理的相关配合工作。

事故发生后，任何单位和个人不得迟报、漏报、谎报或者瞒报。报告事故后出现新情况的以及对事故情况尚未报告清楚的，应当及时逐级续报。续报内容应当包括：事故发生单位详细情况、事故详细经过、设备失效形式和损坏程度、事故伤亡或者涉险人数变化情况、直接经济损失、防止发生次生灾害的应急处置措施和其他有必要报告的情况等。

（二）事故报告的内容

事故报告必须及时、如实。只有这样才能及时组织求援，减少人员伤亡和财产损失；才能按照国家有关规定进行事故调查，追究责任。事故报告应包括以下内容：

（1）事故发生的时间、地点、单位概况以及特种设备种类；

（2）事故发生初步情况，包括事故简要经过、现场破坏情况、已经造成或者可能造成的伤亡和涉险人数、初步估计的直接经济损失、初步确定的事故等级、初步判断的事故原因；

（3）已经采取的措施；

（4）报告人姓名、联系电话；

（5）其他有必要报告的情况。

（三）事故现场的应急措施

（1）值班人员应通知相关部门采取工艺措施、技术措施或其他紧急措施，防止事故扩大蔓延；

（2）通知单位负责人（法人代表）、技术负责人立即到达现场，通知相关部门负责人和职工到岗；

（3）组织专门队伍抢救受伤人员、通知医疗单位做好救治准备；

（4）调集车辆、通讯工具、抢险器材；

（5）组织人员成立抢险救灾专业队；

（6）加强现场警戒和保卫工作；

（7）存在火灾、中毒等危险时，做好本单位职工的疏散工作，通过当地人民政府并积极协助做好事故现场周围居民的疏散工作；

（8）采取妥善的措施，保护好文件档案、技术资料、操作记录和数据、计算机数据和资料、仪器仪表记录数据、控制室的记录、其他声像记录资料等。

特种设备安全监督管理部门应当制定特种设备应急预案。特种设备使用单位应当制定事故应急专项预案，并定期进行事故应急演练。

压力容器、压力管道发生爆炸或者泄漏，在抢险救援时应当区分介质特性，严格按照相关预案规定程序处理，防止二次爆炸。

三、事故调查

（一）事故的现场保护

发生特种设备事故后，事故发生单位及其人员应当妥善保护事故现场以及相关证据，及时收集、整理有关资料，为事故调查做好准备。必要时，应当对设备、场地、资料进行封存，专人看管。

因抢救人员、防止事故扩大以及疏通交通等原因，需要移动事故现场物件的，负责移动的单位或者相关人员应当做出标志，绘制现场简图并做出书面记录，妥善保存现场重要痕迹、物证。有条件的应当现场制作视听资料。

事故调查期间，未经事故调查组同意，任何单位和个人不得移动事故相关设备、转移或者毁灭相关资料、破坏事故现场。

（二）事故调查工作应遵循的原则

事故调查工作应严格按照国家质检总局《特种设备事故报告和调查处理规定》进行，必须坚持实事求是、客观公正、尊重科学的原则。

对特种设备事故进行调查，必须从实际出发，在深入调查的基础上，客观、真实地查清事故真相，明确事故责任，提出处理意见。不得从主观出发，凭空想象，不得感情用事，不得夸大或缩小事实，不得弄虚作假。另外，调查特种设备事故时，需要做很多技术上的分析和研究，要尊重科学，特别是要充分发挥专家和技术人员的作用，并认真科学地查明事故原因、分析事故责任，防止个人意识主导，杜绝心理偏好，力求客观、公正。

（三）事故调查组的组成

依照《特种设备安全法》的规定，特种设备事故分别由以下部门组织调查：

（1）特别重大事故由国务院或者国务院授权的部门组织事故调查组进行调查；

（2）重大事故由国务院负责特种设备安全监督管理的部门会同有关部门组织事故调查组进行调查；

（3）较大事故由省、自治区、直辖市人民政府负责特种设备安全监督管理的部门会同有关部门组织事故调查组进行调查；

（4）一般事故由设区的市级人民政府负责特种设备安全监督管理的部门会同有关部门组织事故调查组进行调查。

组成调查组的有关部门和单位一般包括安全生产监管、监察、公安、工会等，并且应当邀请人民检察院派人参加。

事故调查组成员应当具有特种设备事故调查所需要的知识和专长，与事故发生单位及相关人员不存在任何利害关系。事故调查组组长由负责事故调查的质量技术监督部门负责人担任。必要时，事故调查组可以聘请有关专家参与事故调查；所聘请的专家应当具备 5 年以上特种设备安全监督管理、生产、检验检测或者科研教学工作经验。设区的市级以上质量技术监督部门可以根据事故调查的需要，组建特种设备事故调查专家库。

（四）事故调查组的职责与权力

1. 事故调查组应当履行的职责

（1）查清事故发生前的特种设备状况；

（2）查明事故经过、人员伤亡、特种设备损坏、经济损失情况以及其他后果；

（3）分析事故原因；

（4）认定事故性质和事故责任；

（5）提出对事故责任者的处理建议；

（6）提出防范事故发生和整改措施的建议；

（7）提交事故调查报告。

2. 事故调查组的权力及当事人的责任与义务

（1）事故调查组有权向有关单位和个人了解与事故有关的情况，并要求其提供相关文件、资料。有关单位和个人不得拒绝，并应当如实提供特种设备及事故相关的情况，回答调查组的询问，对所提供情况的真实性负责。事故发生单位的负责人和有关人员在事故调查期间不得擅离职守，应当随时接受事故调查组的询问，如实提供有关情况。

（2）事故调查组可以委托具有国家规定资质的技术机构或者直接组织专家进行技术鉴定。接受委托的技术机构或者专家应当出具技术鉴定报告，并对其结论负责。

（五）事故责任划分

事故调查组根据事故的主要原因和次要原因，判定事故性质，认定事故责任。事故调查组根据当事人行为与特种设备事故之间的因果关系以及在特种设备事故中的影响程度，认定当事人所负的责任。当事人所负的责任分为全部责任、主要责任和次要责任。当事人故意破坏或者伪造事故现场、毁灭证据、未及时报告事故等，致使事故责任无法认定的，应当承担全部责任。

（六）事故调查报告的内容

事故调查报告包括事故发生单位情况、事故发生经过和事故救援情况、事故造成的人员伤亡、设备损坏程度和直接经济损失、事故发生的原因和事故性质、事故责任的认定以及对事故责任者的处理建议、事故防范和整改措施等内容。

四、事故处理

省级质量技术监督部门组织的事故调查，其事故调查报告报省级人民政府批复，并报国家质检总局备案；市级质量技术监督部门组织的事故调查，其事故调查报告报市级人民政府批复，并报省级质量技术监督部门备案。国家质检总局组织的事故调查，事故调查报告的批复按照国务院的规定执行。

组织事故调查的质量技术监督部门应当在接到批复之日起10日内，将事故调查报告及批复意见主送有关地方人民政府及其有关部门，送达事故发生单位、责任单位和责任人员，并抄送参加事故调查的有关部门和单位。质量技术监督部门及有关部门应当按照批复，依照法律、行政法规规定的权限和程序，对事故责任单位和责任人员实施行政处罚，对负有事故责任的国家工作人员进行处分。

（一）事故处理

(1) 发生特种设备特别重大事故，由负责事故调查处理的部门依照《生产安全事故报告和调查处理条例》的有关规定实施行政处罚和处分；构成犯罪的，依法追究刑事责任。

(2) 发生特种设备重大事故及其以下等级事故的，依照《特种设备安全法》的有关规定实施行政处罚和处分；构成犯罪的，依法追究刑事责任。

发生特种设备事故，有下列行为之一，构成犯罪的，依法追究刑事责任；构成有关法律法规规定的违法行为的，依法予以行政处罚；未构成有关法律法规规定的违法行为的，对事故发生负有责任的单位主要负责人和其他直接责任人员处以4000元以上2万元以下的罚款。

①伪造或者故意破坏事故现场的；

②拒绝接受调查或者拒绝提供有关情况或资料的；

③阻挠、干涉特种设备事故报告和调查处理工作的。

事故处理应认真执行“四不放过”的原则，即事故原因没有查清楚不放过；事故责任者没有严肃处理不放过；广大职工没有受到教育不放过；防范措施没有落实不放过。

（二）事故处理应遵循的法律、法规

(1)《特种设备安全法》；

(2)《生产安全事故报告和调查处理条例》；

(3)《关于特大安全事故行政责任追究的规定》；

(4)《特种设备事故报告和调查处理规定》。

（三）事故调查处理办事机构

国家质检总局设立特种设备事故调查处理中心，省级质量技术监督行政部门可以设立本辖区事故调查处理办理机构，其主要职责是：在国务院和省级特种设备安全监督管理部门的指导下，组织和参与对特种设备事故的调查；指导并督办各地对事故的调查、处理和批复工作；对事故进行统计、分析；负责收集有关事故资料，建立事故数据库；研究并提出事故预防措施；参与起草事故调查、处理方面的规章制度。

（四）安全技术规范制定或修订

特种设备安全监督管理部门应当对发生事故的原因进行分析，并根据特种设备的管理和技术特点、事故情况对相关安全技术规范进行评估；需要制定或者修订相关安全技术规范的，应当及时制定或者修订。

第八章　食品及相关产品生产监管

第一节　概　述

一、食品生产加工

根据《食品安全法》第二条第一款的规定，食品分为食品生产和加工（以下称食品生产）、食品销售和餐饮服务（以下称食品经营）两个部分。本节所述食品生产是特指食品在工厂中从原料加工为成品的过程，涉及食品的加工方式和加工行为，食品原料、中间产品及成品的包装、贮藏和运输等环节。

（一）食品生产企业

食品生产企业是指有固定的厂房（场所）、加工设备和设施，按照一定的工艺流程，加工、制作、分装用于销售的食品的单位和个人（含个体工商户）。国家对食品、食品相关产品、化妆品实行生产许可证制度。从事食品生产加工的企业，必须具备保证质量安全必备的生产条件（以下简称必备条件），按规定程序获取相应的行政许可，方可进行生产经营。

（二）食品生产的类别划分

2015 年，国家食品药品监督管理总局制定了新版的《食品生产许可管理办法》，为方便企业申请，将保健食品和食品添加剂的生产许可纳入食品的范畴中一并执行，并重新规定了 32 类食品类别，具体为：粮食加工品，食用油、油脂及其制品，调味品，肉制品，乳制品，饮料，方便食品，饼干，罐头，冷冻饮品，速冻食品，薯类和膨化食品，糖果制品，茶叶及相关制品，酒类，蔬菜制品，水果制品，炒货食品及坚果制品，蛋制品，可可及焙烤咖啡产品，食糖，水产制品，淀粉及淀粉制品，糕点，豆制品，蜂产品，保健食品，特殊医学用途配方食品，婴幼儿配方食品，特殊膳食食品，其他食品等。

（三）食品生产的必备条件

2015版《食品生产许可管理办法》规定，申请食品生产许可，应当符合下列条件：

（1）具有与生产的食品品种、数量相适应的食品原料处理和食品加工、包装、贮存等场所，保持该场所环境整洁，并与有毒、有害场所以及其他污染源保持规定的距离。

（2）具有与生产的食品品种、数量相适应的生产设备或者设施，有相应的消毒、更衣、盥洗、采光、照明、通风、防腐、防尘、防蝇、防鼠、防虫、洗涤以及处理废水、存放垃圾和废弃物的设备或者设施；保健食品生产工艺有原料提取、纯化等前处理工序的，需要具备与生产的品种、数量相适应的原料前处理设备或者设施。

（3）有专职或者兼职的食品安全管理人员和保证食品安全的规章制度。

（4）具有合理的设备布局和工艺流程，防止待加工食品与直接入口食品、原料与成品交叉污染，避免食品接触有毒物、不洁物。

（5）法律、法规规定的其他条件。

二、食品相关产品

根据《食品安全法》第二条第三款，食品相关产品是指“用于食品的包装材料、容器、洗涤剂、消毒剂和用于食品生产经营的工具、设备”。主要分为：用于食品的包装材料和容器；

用于食品生产经营的工具、设备和用于食品的洗涤剂、消毒剂三大类。

（一）用于食品的包装材料和容器

根据《食品安全法》附则，“用于食品的包装材料和容器，指包装、盛放食品或者食品添加剂用的纸、竹、木、金属、搪瓷、陶瓷、塑料、橡胶、天然纤维、化学纤维、玻璃等制品和直接接触食品或者食品添加剂的涂料”。如纸餐盒、竹木筷子、不锈钢餐具、搪瓷杯、陶瓷碗，塑料袋、橡胶奶嘴，玻璃杯等，是食品相关产品中占比最大的一类。

1. 食品用包装容器工具等制品的分类

食品用包装容器工具所涵盖的范围很广，涉及的产品种类也多种多样，不同的分类角度可形成多样化的分类方法。

（1）按原材料分类

食品用包装容器工具等制品从原材料上可被分为塑料、纸、玻璃、金属、陶瓷、竹木、棉麻、天然以及复合制品等。

（2）按结构形态分类

食品用包装材料容器工具等制品按照容器结构形态不同等来分类，可分为：盒类包装、箱类包装、袋类包装、瓶类包装、罐类包装、坛缸类包装、管类包装、盘类包装、桶类包装、箩筐类包装等形式。

（3）按包装技术方法分类

包装工业发展日新月异，现代化的包装技术层出不穷，按包装的技术方法包装又可大致分为：真空和充气包装、阻气包装、防潮包装、冷冻包装、软罐头包装、无菌包装、热成型和热收缩包装、缓冲包装等。

2. 食品用塑料包装、容器、工具等制品

食品用塑料包装、容器、工具等制品指包装、盛放食品或者食品添加剂的塑料制品和塑料复合制品；食品或者食品添加剂生产、流通、使用过程中直接接触食品或者食品添加剂的塑料容器、用具、餐具等制品。根据产品的形式分为 4 类：包装类、容器类、工具类、其他类。其中包装类包括非复合膜袋、复合膜袋、片材、编织袋；容器类包括桶、瓶、罐、杯、瓶坯；工具类包括筷、刀、叉、匙、夹、料擦（厨房用）、盒、碗、碟、盘、杯等餐具；其他类包括不能归入以上三类中的其他食品用塑料包装、容器、工具等制品。经过多年的发展，塑料包装产品种类不断增加，有软塑包装薄膜（袋、盒）、塑料编织袋、塑料包装容器（桶、瓶、灌、托盘等）塑料餐饮具。按产品结构分，有单一材料制作的单层包装材料；有以不同材料复合而成的多层复合材料，复合层数最多可达 9 层，复合膜产量约 90 多万吨，用于食品包装的复合包装膜约占薄膜 60%～70%，所包装的产品种类繁多。

3. 食品用纸包装、容器等制品

食品用纸包装、容器等制品指包装、盛放食品或者食品添加剂的纸制品和复合纸制品以及食品或者食品添加剂生产、流通、使用过程中直接接触食品或者食品添加剂的纸容器、用具、餐具等制品。纸包装材料的特点是利用植物纤维和辅助材料加工厚薄均匀的纤维层就称为纸盒纸板。纸包装材料和容器具有许多优点，主要表现在：原料丰富，来源广泛。缓冲减震性能好，能可靠地保护内装物。重量轻，易折叠、装载和捆扎，贮运方便。加工适应性好，既能手工制作，更适于机械化自动化生产。卫生、无毒，不污染内装物。可回收利用，有利于环境保护。便于印刷装潢，涂塑加工和粘合。

（二）用于食品生产经营的工具、设备

根据《食品安全法》附则，“用于食品生产经营的工具、设备指在食品或者食品添加剂生产、销售、使用过程中直接接触食品或者食品添加剂的机械、管道、传送带、容器、用具、餐具等”。如电烤炉、不锈钢压力锅、铝及铝合金压力锅等。

食品加工用设备在食品工业中的作用主要体现在以下几个

方面：

（1）规范生产程序，保证产品质量。通过设定合理的操作程序，利用机械自动完成作业，减少了传统生产过程中人的直接参与和操作的随意性，产品质量的均一性更好，卫生质量更高，这是保证产品的标准化这一现代食品工业的重要特征的主要手段。

（2）降低生产成本。劳动生产率和产品质量的提高，加上利用机械可以更为充分合理地使用原料，降低了物耗，使得生产成本得以有效降低。

（3）减轻了劳动强度，提高了劳动生产率。一个操作人员可以同时管理一台或者几台，甚至一套具有高生产能力的设备。

（4）改善了劳动条件。

（5）能完成人工无法完成的作业。

食品加工用设备因作业特点及加工对象繁杂，分类方法很多，主要有按功能、按原料和按产品分类 3 种方法。食品加工用设备分类见表 8－1。

表 8－1　食品加工用设备分类表

通用设备	专用设备	成套设备	其他设备
油炸设备	粮食加工设备	乳制品成套	设备环境保障设备
蒸煮设备	乳制品加工设备	饮料成套设备	炊事设备
冷冻设备	豆制品加工设备	肉制品成套设备	生化反应设备
烘焙设备	酿酒设备	烘焙食品成套设备	辐射设备
灌装设备	饮料设备	休闲食品成套设备	
清洗设备	罐头食品设备	粮食加工成套设备	
杀菌设备	调味品设备	油料加工成套设备	
浓缩设备	制糖设备	其他成套设备	
发酵设备	肉制品设备		
成型设备	方便休闲食品设备		
分割设备	膨化食品设备		

续表

通用设备	专用设备	成套设备	其他设备
干燥设备	果蔬加工设备		
水处理设备	油脂加工设备		
混合搅拌设备	屠宰加工设备		
压榨设备	其他专用设备		
粉碎设备			
输送设备			
热交换设备			
储运设备			
分选分离设备			
包装设备			
其他通用设备			

（三）用于食品的洗涤剂、消毒剂

根据《食品安全法》附则，“用于食品的洗涤剂、消毒剂指直接用于洗涤或者消毒食品、餐具、饮具以及直接接触食品的工具、设备或者食品包装材料和容器的物质”。如餐具（含果、蔬用）洗涤剂、果蔬专用消毒剂等。

1. 用于食品的洗涤剂

主要是餐具洗涤剂，用于洗涤餐具、水果、蔬菜等用途，又名洗洁精。一般来说，我们将餐具、厨具、灶具、水果、蔬菜、鱼肉等物品的清洗剂统称为餐具洗涤剂。

餐具洗涤剂应符合以下基本要求：

（1）能有效去除动植物油污及其他污垢；

（2）能清洗蔬菜水果上的污垢及农药残留；

（3）不损伤皮肤，对人体安全无毒；

（4）不腐蚀餐具、炉灶等厨房用具；

（5）不影响食品的外观、口感和气味。

餐具洗涤剂主要由阴离子表面活性剂复配而成，可有效去除餐具上的油污、淀粉与蛋白质污垢，有丰富的泡沫，较强的去污力，对皮肤温和不刺激。但大多餐具洗涤剂的主要成分组成还是烷基磺酸钠、脂肪醇醚硫酸钠、防腐剂等化学成分。餐具洗涤剂的去污能力主要是看其总活性物含量——餐具洗涤剂中体现去污效果的表面活性剂在餐具洗涤剂中所占的质量百分比。表面活性剂是一种具有表面活性的化合物，这种化合物能够将污垢从物体上移去并溶入水中。一般说来，总活性物含量越高，去污力越强。活性物含量指标是影响餐洗剂性能的最关键指标，该指标不仅反映出餐具洗涤剂的成本，也反映出该产品的内在质量水平。

2. 用于食品的消毒剂

消毒剂是指用于杀灭传播媒介上病原微生物，使其达到无害化要求的制剂。它不同于抗生素，它在防病中的主要作用是将病原微生物消灭于人体之外，切断传染病的传播途径，达到控制传染病的目的。人们常称它们为"化学消毒剂"，按照其作用的水平可分为灭菌剂、高效消毒剂、中效消毒剂、低效消毒剂。比较常见的食品用消毒剂常用的有过氧乙酸消毒剂、二氧化氯消毒剂等。

根据卫生部办公厅关于印发《食品用消毒剂原料（成分）名单（2009 版）》的通知（卫办监督发〔2010〕17 号），明确规定了能用于食品的消毒剂原料和辅助成分。

第二节　食品生产质量安全监管工作基本要求

根据《国务院关于地方改革完善食品药品监督管理体制的指导意见》（国发〔2013〕18 号）要求，积极推进统一权威的食品药品监管体制改革工作，将原来的工商局（食品流通环节）、质监局（食品生产环节）、食品药品监管局（餐饮消费环节）三个食品安全监管职能整合之后成立新的国家食品药品监督管理总局，对除了农业种植、水产畜牧养殖环节之外的所有食品药品安全实现全过程统一监管，并按照党中央、国务院“完善统一权威的食品药品安全监管机构，建立最严格的覆盖全过程的监管制度”的要求，探索并大力实施一系列加强食品安全的保障制度和措施。

一、食品生产监管的依据和定义

根据《食品安全法》第五条“国务院食品药品监督管理部门依照本法和国务院规定的职责，对食品生产经营活动实施监督管理”的规定，食品药品监督管理部门负责食品生产和经营全环节的监督管理。

根据《食品生产经营日常监督检查管理办法》的规定，国家食品药品监督管理总局负责监督指导全国食品生产经营日常监督检查工作。省级食品药品监督管理部门负责监督指导本行政区域内食品生产经营日常监督检查工作。市、县级食品药品监督管理部门负责实施本行政区域内食品生产经营日常监督检查工作。

二、食品质量安全监督管理重要制度与措施

（一）食品质量安全市场准入制度

1. 基本内涵

食品质量安全市场准入制度是指从事食品生产加工的企业，必须具备保证食品质量安全必备的生产条件，按规定程序取得食品生产许可证，方可从事食品生产的一项行政许可制度。

2. 基本内容

一是对食品生产加工企业实行生产许可制度。对于具备基本生产条件、能够保证食品质量安全的企业，发放《食品生产

许可证》，准许生产许可范围内的产品；未取得《食品生产许可证》的企业不允许生产。二是对企业生产加工的食品实行强制检验制度。未经检验或检验不合格的食品不允许出厂和销售。

3. 法律依据

(1)《食品安全法》第三十五条规定，国家对食品生产经营实行许可制度；第三十九条规定，国家对食品添加剂生产实行许可制度，申请食品添加剂生产许可的条件、程序，按照食品生产许可的规定执行。

(2)《产品质量法》第十二条规定："产品质量应当检验合格，不得以不合格产品冒充合格产品。"第十三条规定："可能危及人体健康和人身、财产安全的工业产品，必须符合保障人体健康和人身、财产安全的要求。禁止生产、销售不符合保障人体健康和人身、财产安全的标准和要求的工业产品。"

(3)《标准化法》第十四条规定："强制性标准必须执行。不符合强制性标准的产品，禁止生产、销售和进口。"

4. 实行食品质量安全市场准入制度的基本原则

坚持事前把关和事后监督相结合的原则。为确保食品质量安全，必须从保证食品质量的生产必备条件抓起。因此，要实行生产许可制度，对企业生产条件进行审查。同时还需要有一系列的事后监督措施，加强对企业的日常监督检查。概括地说，要保证食品质量安全，事前把关和事后监督缺一不可。

5. 适用范围

适用地域：中华人民共和国境内。适用主体：从事食品生产加工的公民、法人或者其他组织（含个体工商户）。

适用产品：食品（包括保健食品）和食品添加剂。

（二）食品质量安全检验制度

1. 强制检验

强制检验是指为了保证食品质量安全和符合规定的要求，法律法规要求企业或者监督管理部门必须开展的食品检验。在食品质量安全市场准入制度中，强制检验包括出厂检验和监督抽检。

（1）出厂检验

出厂检验是企业应当承担的保证产品质量的义务。《食品安全法》第五十二条规定“食品、食品添加剂、食品相关产品的生产者，应当按照食品安全标准对所生产的食品、食品添加剂、食品相关产品进行检验，检验合格后方可出厂或者销售”，要求生产加工食品的企业，在产品出厂前按规定的出厂检验项目进行逐项检验，经检验合格方可出厂销售。

（2）监督抽检

《产品质量法》规定，国家对产品质量实行以抽查为主要方式的监督检查制度，根据监督抽查的需要，可以对产品进行检验。食品药品监督管理部门依法对产品质量进行监督检查，属于强制性的监督检验。监督抽检通常采取抽样检验，并将检验结果与产品标准要求相比较得出检验结论。

2. 委托检验

《食品安全法》第八十九条规定“食品生产企业可以自行对所生产的食品进行检验，也可以委托符合本法规定的食品检验机构进行检验”，取得食品生产许可证但不具备产品检验能力的企业，按照就近和双方自愿原则自主选择，委托国家具有法定资格的检验机构进行食品检验。企业可以与具有法定资格的检验机构签订检验合同或检验协议。合同或协议应当明确双方的权利与义务、应承担的民事责任。

（三）食品质量安全监督员和审查员制度

1. 食品质量安全监督员制度

为加强食品质量安全监督管理队伍建设，充分发挥食品药品监管部门在国家食品质量安全监督管理体系中的主力军作用，履行食品生产加工环节质量安全监督管理职责，建立并实施食品质量安全监督员制度这是十分必要和及时的。

2. 食品质量安全审查员制度

食品生产许可制度是食品安全市场准入制度的核心，发放《食品生产许可证》，要审查企业的必备条件，工作量大、政策性强、专业特点突出，需要一支掌握法律法规基础知识和食品行业相关技术法规的审查员队伍和专家队伍，以保障企业审查工作质量。

（四）食品质量安全监督管理主要工作措施

质量安全监督管理主要工作措施包括：普查建档、风险分级管理、日常监督检查、监督抽检、添加剂使用备案、食品召回等制度。

1. 普查建档

（1）普查建档的目的

建档的目的是为了及时掌握食品生产加工企业的状况，保证对食品生产加工企业实施动态监督管理。食品生产企业普查建档的工作，要充分依托当地政府，加强与卫生、工商等部门及辖区基层政府的信息交流，确保将生产加工环节的食品企业全部纳入建档范围。

（2）普查建档的内容

生产加工企业普查建档内容应包括企业基本情况、产品质量安全状况及企业日常监督管理情况。主要包含企业的基本信息、检查信息、监督抽检信息、生产许可信息、行政处罚信息、企业整改资料、相关图片等。要对档案进行动态管理，及时更新企业档案信息，建立食品企业档案管理制度。

2. 风险分级管理

根据《食品生产经营风险分级管理办法（试行）》的规定，食品药品监督管理部门以风险分析为基础，结合食品生产经营者的食品类别、经营业态及生产经营规模、食品安全管理能力和监督管理记录情况，按照风险评价指标，划分食品生产经营者风险等级，并结合当地监管资源和监管能力，对食品生产经营者实施的不同程度的监督管理。依据食品生产经营者风险等级从低到高分为A级风险、B级风险、C级风险、D级风险四个等级。需要注意的是，风险分类结果原则上不对外公布，也不在食品生产许可证上注明。食品药品监督管理部门根据当年食品生产经营者日常监督检查、监督抽检、违法行为查处、食品安全事故应对、不安全食品召回等食品安全监督管理记录情况，对行政区域内的食品生产经营者的下一年度风险等级进行动态调整。

3. 日常监督检查

（1）日常监督检查

是指食品药品监督管理部门及其派出机构，组织食品生产经营经营监督检查人员依照《食品生产经营风险分级管理办法（试行）》对食品生产经营者执行食品安全法律、法规、规章及标准、生产经营规范等情况，按照年度监督检查计划和监督管理工作需要实施的监督检查，是基层监管人员按照相应检查表格对食品生产经营者基本生产经营状况开展的合规检查。通过检查，加强与食品生产企业之间的交流，宣贯有关法律法规的知识，依法督促企业建立实施产品质量保证制度，及时发现并解决食品生产过程中存在的问题，及时发现食品生产企业的质量安全隐患，避免出现重大的食品质量安全事故。

（2）日常巡查的组织实施

检查的基本内容包括：对食品生产者主要检查生产环境条件、进货查验结果、生产过程控制、产品检验结果、贮存及交付控制、不合格品管理和食品召回、从业人员管理、食品安全事故处置等情况。对保健食品生产者还应检查生产者资质、产品标签及说明书、委托加工、生产管理体系等情况。

《食品生产经营风险分级管理办法（试行）》明确规定，食品药品监督管理部门应当根据食品生产经营者风险等级划分结果，对较高风险生产经营者的监管优先于较低风险生产经营者的监管，实现监管资源的科学配置和有效利用。对风险等级为

A 级风险的食品生产经营者，原则上每年至少监督检查 1 次；对风险等级为 B 级风险的食品生产经营者，原则上每年至少监督检查 1～2 次；对风险等级为 C 级风险的食品生产经营者，原则上每年至少监督检查 2～3 次；对风险等级为 D 级风险的食品生产经营者，原则上每年至少监督检查 3～4 次。

（3）检查结果处理

监督检查人员应当按照日常监督检查要点表和检查结果记录表的要求，对日常监督检查情况如实记录，并综合进行判定，确定检查结果。市、县级食品药品监督管理部门应当于日常监督检查结束后 2 个工作日内，向社会公开日常监督检查时间、检查结果和检查人员姓名等信息，并在生产经营场所醒目位置张贴日常监督检查结果记录表。对日常监督检查结果属于基本符合的食品生产经营者，市、县级食品药品监督管理部门应当就监督检查中发现的问题书面提出限期整改要求。日常监督检查结果为不符合，有发生食品安全事故潜在风险的，食品生产经营者应当立即停止食品生产经营活动。

4. 监督抽检

监督抽检就是由食品药品监督管理部门依法组织对企业生产的各种食品，依据有关规定进行抽样、检验，并对抽检结果依法公告和处理的活动。监督抽检是国家对食品质量安全进行监督检查的主要方式。监督抽检的目的是通过监督检验确认企业生产加工的食品是否符合食品安全标准或企业的明示标准，督促不合格食品的企业进行整改，从而提高食品生产加工企业的管理水平和食品质量安全。

5. 添加剂使用备案

为了加强食品添加剂的监督管理，遏制企业超量超范围使用食品添加剂甚至使用劣质食品添加剂行为，保证食品质量安全，企业应当主动将食品添加剂使用情况，包括品种、使用范围、使用剂量等情况向县级食品药品监督管理部门备案，监管部门应该对企业备案资料依照相关标准进行审定。发现问题，应及时要求企业进行整改。

6. 食品召回

（1）召回的目的

食品召回是指企业主动或在食品药品监管部门强制监督下召回不安全食品的行为。召回的目的是消除或降低不安全食品对消费者和社会造成的危害和影响。

（2）食品召回的组织实施

《食品召回管理办法》（国家食品药品监督管理总局 2015 年第 12 号令）规定，国家食品药品监督管理总局负责指导全国不安全食品停止生产经营、召回和处置的监督管理工作。县级以上地方食品药品监督管理部门负责本行政区域的不安全食品停止生产经营、召回和处置的监督管理工作。根据食品安全风险的严重和紧急程度，分为三级食品召回，食品生产者应当按照召回计划召回不安全食品。

7. 食品安全风险预警和快速反应工作机制

（1）食品药品监管部门要加强食品安全信息的收集和研究工作，及时收集国内外的食品安全信息，及时评估各类食品安全信息及危害程度，为食品安全预警和快速反应决策提供信息保障。

（2）食品药品监管部门要结合本地食品生产加工企业及产品的基本情况，结合监管信息，研究制定本辖区食品质量安全突发事件应急预案。

（3）应急预案应当明确事故处置机构，信息报告制度、调查处理要求和人员、技术、后勤保障等要求。在突发食品质量安全事件时，立即启动应急预案。发现重大食品安全案件的，应当及时报告上级食品药品监管部门。

（4）对有证据证明导致食品质量安全事件的生产企业，要立即采取封存食品及其原料、责令停止生产销售、召回监督销毁等措施。

三、食品生产许可证制度

《食品安全法》第三十五条："国家对食品生产经营实行许可制度。"国家对食品生产企业实行生产许可制度，在中华人民共和国境内，从事食品生产活动，应当依法取得食品生产许可，未取得《食品生产许可证》的企业不允许生产食品。

（一）食品生产许可制度改革的主要变化

作为新《食品安全法》的配套规章，国家食品药品监督管理总局制定的《食品生产许可管理办法》（以下简称《办法》）于 2015 年 10 月 1 日起同步实施。新《食品生产许可管理办法》本着"放管结合、方便企业、从严监管"的原则，针对现行食品生产许可制度与《食品安全法》不相符合、与现有监管体制不相适应的地方作了调整，概括起来主要是"五取消""四调整"和"四加强"。

1. "五取消"

一是取消部分前置审批材料核查。申请食品生产许可时需要提交的前置审批材料繁多，一些材料与许可事项并没有直接关系，这是近年来食品生产者反映比强烈的问题，为此新《办法》对生产许可申请需要提交的材料重新作了梳理，凡是与许可事项没有直接关系的一律取消前置审批材料核查。二是取消许可检验机构指定。之前的生产许可规定是，申请人的产品检验需要到指定的有资质的检验机构进行。为了方便企业、提高审批效率，新的《办法》规定申请人可自行检验或者委托有资质的食品检验机构对其产品进行检验。三是取消食品生产许可审查收费。为贯彻落党中央、国务院便民惠民政策，落实财政部、国家发展改革委《关于取消、停征和免征一批行政事业性收费的通知》，新《办法》取消了食品生产许可审查收费。食品生产监管部门在接受企业生产许可包括换证申请、实施生产许可审查、发证产品检验审查时不得收取任何费用。四是取消委托加工备案。委托加工属于市场行为，行政部门不应干涉，新的《办法》取消食品生产者向监管部门进行委托加工备案的规定。食品生产委托双方只需要根据法律法规和食品安全国家标准真实标注委托方和被委托方的名称、地址和联系方式，以及被委托方的食品生产许可证等信息即可。五是取消企业年检和年度报告制度。新的《食品安全法》规定了食品生产经营者应当建立食品安全自查制度，定期对食品安全状况进行检查评价。为了与《食品安全法》的要求相一致，新的《办法》取消了食品生产者年检和年度报告的制定，不再要求其向食品药品监管部门提交年检和生产许可年度自查报告。

2. “四调整”

一是调整食品生产许可主体。实行一企一证，对每一家符合条件的食品生产企业发放一张食品生产许可证，生产多类别食品的，在生产许可证副本中予以注明。二是调整许可证书有效期限。将食品生产许可证书由原来的3年的有效期限延长至5年。三是调整现场核查内容。获证企业在许可食品类别范围内增加生产新的食品品种明细，不再进行许可现场核查；申请保健食品、特殊医学用途配方食品、婴幼儿配方乳粉生产许可，在产品注册时经过现场核查的，可以不再进行现场核查；增加新的食品类别，保健食品企业变更原料前处理、提取等受托企业的，许可审批机关仅对其生产工艺、生产场所及设备设施等进行现场补充核查。四是调整审批权限。除婴幼儿配方乳粉、特殊医学用途食品、保健食品等重点食品原则上由省级食品药品监督管理部门组织生产许可审查外，其余食品的生产许可审批权限可以下放到市、县级食品生产监管部门。具体办法和目录由省级食品药品监管部门确定。

3. “四加强”

一是加强许可档案管理。各级食品药品监督管理部门建立完善食品生产许可档案，详细记录食品生产者许可信息及生产的全部食品品种、日常监督管理机构、日常监督管理人员等内容。二是加强证后监督检查。食品药品监督管理部门制定监督检查计划加强对企业的日常监督检查，公布监督检查结果，并记入企业食品安全信用档案。三是加强审查员队伍管理。食品生产许可审查人员由省级食品药品监督管理部门统一培训、统一考核、统一注册、统一发证、统一管理。严肃食品生产许可审查工作工作纪律，加强审查人员考核管理，建立申请人评议制度，强化内部督查和社会监督。四是加强信息化建设。建立生产许可信息化系统，鼓励各地探索实行网络申请、受理、审批、发证，推行电子证书，提高食品生产许可的信息化、透明化、规范化水平。

（二）食品生产许可证办理基本程序

按照《食品生产许可管理办法》的规定，结合实际操作和工作分工，食品生产许可证的发证工作程序，主要分为以下几个环节：申请与受理、材料审查、现场核查、汇总审核、复核与决定、证书发放、社会公告、变更延续等环节。

（三）食品生产许可证证书式样

食品生产许可证分为正本、副本。正本、副本具有同等法律效力。国家食品药品监督管理总局负责制定食品生产许可证正本、副本式样。省、自治区、直辖市食品药品监督管理部门负责本行政区域食品生产许可证的印制、发放等管理工作。

食品生产许可证应当载明：生产者名称、社会信用代码（个体生产者为身份证号码）、法定代表人（负责人）、住所、生产地址、食品类别、许可证编号、有效期、日常监督管理机构、日常监督管理人员、投诉举报电话、发证机关、签发人、发证日期和二维码。

副本还应当载明食品明细和外设仓库（包括自有和租赁）具体地址。生产保健食品、特殊医学用途配方食品、婴幼儿配方食品的，还应当载明产品注册批准文号或者备案登记号；接受委托生产保健食品的，还应当载明委托企业名称及住所等相关信息。

（四）食品生产许可证编号

食品生产许可证编号由“SC”（“生产”的汉语拼音字母缩写）和14位阿拉伯数字组成。数字从左至右依次为：3位食品类别编码、2位省（自治区、直辖市）代码、2位市（地）代码、2位县（区）代码、4位顺序码、1位校验码。

第三节　食品相关产品质量安全监管工作基本要求

《食品安全法》第四十一条规定：“生产食品相关产品应当符合法律、法规和食品安全国家标准。对直接接触食品的包装材料等具有较高风险的食品相关产品，按照国家有关工业产品生产许可证管理的规定实施生产许可。”质量技术监督部门应当加强对食品相关产品生产活动的监督管理。

一、生产许可

生产许可制度，是指行政部门通过对食品相关产品生产企业的生产条件的审查以及对产品检验等的评定，同意其从事生产的行政管理制度。工业产品生产许可证制度是为了保证直接关系公共安全、人体健康、生命财产安全的重要工业产品的质量安全，贯彻国家产业政策，促进社会主义市场经济健康、协调发展，国务院工业产品生产许可证主管部门通过对涉及人体健康的加工食品、危及人身财产安全的产品、关系金融安全和通信质量的产品、保障劳动安全的产品、影响生产安全和公共安全的产品，以及法律法规要求依照《工业产品生产许可证管理条例》的规定实行生产许可证管理的其他产品的生产企业，进行实地核查和产品检验，确认其具备持续稳定生产合格产品的能力，并颁发生产许可证证书，允许其生产的一种行政许可制度。它具有“强制性”“核准性”“评价性”“准入性”等特点。

（一）食品相关产品生产许可证许可目录

目前，国家共对5大类，94种食品相关产品列入许可证目录管理（见表8-2）。其中食品用塑料包装容器工具等制品46种产品；食品用纸包装容器等制品21种产品；餐具洗涤剂7种产品；压力锅8种产品；工业和商用电热食品加工设备12种产品。

表8-2 食品相关产品生产许可证许可目录

序号	产品类别	产品单元	序号	产品小类
1	食品用塑料包装容器工具等制品	非复合膜袋	1	聚乙烯自粘保鲜膜
			2	商品零售包装袋（仅对食品用塑料包装袋）
			3	液体包装用聚乙烯吹塑薄膜
			4	食品包装用聚偏二氯乙烯（PVDC）片状肠衣膜
			5	双向拉伸聚丙烯珠光薄膜
			6	高密度聚乙烯吹塑薄膜
			7	包装用聚乙烯吹塑薄膜
			8	包装用双向拉伸聚酯薄膜
			9	单向拉伸高密度聚乙烯薄膜
			10	聚丙烯吹塑薄膜
			11	热封型双向拉伸聚丙烯薄膜
			12	未拉伸聚乙烯、聚丙烯薄膜
			13	夹链自封袋

续表

序号	产品类别	产品单元	序号	产品小类
1	食品用塑料包装容器工具等制品	非复合膜袋	14	包装用镀铝薄膜
			15	普通型双向拉伸聚丙烯薄膜
			16	双向拉伸聚酰胺（尼龙）薄膜
		复合膜袋	17	耐蒸煮复合膜、袋
			18	双向拉伸聚丙烯（BOPP）/低密度聚乙烯（LDPE）复合膜、袋
			19	双向拉伸尼龙（BOPA）/低密度聚乙烯（LDPE）复合膜、袋
			20	榨菜包装用复合膜、袋
			21	液体食品包装用塑料复合膜、袋
			22	液体食品无菌包装用纸基复合材料
			23	液体食品无菌包装用复合袋
			24	液体食品保鲜包装用纸基复合材料（屋顶包）
			25	其他类多层复合食品包装膜、袋
		片材	26	食品包装用聚氯乙烯硬片、膜
			27	双向拉伸聚苯乙烯（BOPS）片材
			28	聚丙烯（PP）挤出片材
			29	食品包装用复合片材
			30	其他类食品包装用片材
		编织袋	31	塑料编织袋
			32	复合塑料编织袋

续表

序号	产品类别	产品单元	序号	产品小类
1	食品用塑料包装容器工具等制品	容器	33	聚乙烯吹塑桶
			34	聚对苯二甲酸乙二醇酯（PET）碳酸饮料瓶
			35	聚酯（PET）无汽饮料瓶
			36	聚碳酸酯（PC）饮用水罐
			37	热罐装用聚对苯二甲酸乙二醇酯（PET）瓶
			38	软塑折叠包装容器
			39	塑料防盗瓶盖
			40	其他类塑料瓶盖
			41	塑料奶瓶、塑料饮水杯（壶）、塑料瓶（坯）
		食品用工具	42	密胺塑料餐具
			43	塑料菜板（PE、PP）
			44	一次性塑料餐饮具
			45	其他类一次性塑料餐饮具
			46	其他塑料餐具
2	食品用纸包装容器等制品	食品用纸包装	1	非热封型茶叶滤纸
			2	热封型茶叶滤纸
			3	鸡皮纸
			4	食品羊皮纸
			5	半透明纸
			6	玻璃纸
			7	食品包装纸
			8	食品包装纸板

续表

序号	产品类别	产品单元	序号	产品小类
2	食品用纸包装容器等制品	食品用纸容器	9	纸质袋
			10	淋膜纸袋
			11	涂蜡纸袋
			12	纸板类罐
			13	圆柱形复合罐
			14	其他复合罐
			15	淋膜纸杯
			16	涂蜡纸杯
			17	纸板餐具
			18	淋膜纸餐具
			19	纸浆模塑餐具
			20	纸板盒
			21	淋膜纸盒
3	餐具洗涤剂	餐具（含果蔬）用洗涤剂	1	手洗餐具用洗涤剂
			2	机洗餐具用洗涤剂
		食品工业用（含复合主剂）洗涤剂	3	机械用洗涤剂
			4	管道用洗涤剂
			5	传送带用洗涤剂
			6	容器用洗涤剂
			7	用具用洗涤剂
4	压力锅	不锈钢压力锅	1	最小规格～20 cm
			2	22 cm～24 cm
			3	26 cm～28 cm
			4	30 cm～最大规格

续表

序号	产品类别	产品单元	序号	产品小类
4	压力锅	铝压力锅	5	最小规格～20 cm
			6	22 cm～24 cm
			7	26 cm～28 cm
			8	30 cm～最大规格
5	工业和商用电热食品加工设备	商用箱式电烤炉	1	电烤箱、分层烘炉、电焗炉等
		商用旋转电烤炉	2	卧式旋转烤炉、立式旋转烤炉等
		商用热风电烤炉	3	箱式热风炉、旋转热风炉等
		商用烧烤炉	4	羊肉串烤箱、烧烤架、多士炉等
		商用电炸炉	5	固定式电炸锅、西式电炸炉、炸薯条机、油水分离炸炉等
		商用电热铛	6	电饼铛、电扒炉、滚动烤肠机等
		商用电平锅	7	多用烹饪平底锅、爆谷机等
		商用电炉灶	8	电灶台、电磁灶等
		商用电蒸锅	9	蒸饭箱、蒸汽发生器等
		商用电煮锅	10	固定式电煮锅、夹层式煮锅、煮浆锅等
		商用电开水器	11	储水式开水器、沸腾式开水器、饮料加热器等
		工业电烤炉	12	隧道炉、热风炉、摇篮炉、旋转炉、旋转热风炉等

（二）5类食品相关产品实施生产许可细则及文件

5类食品相关产品实施生产许可细则及文件为：《食品用包装、容器、工具等制品生产许可通则》（国质检食监〔2006〕334号）、《食品用塑料包装、容器、工具等制品生产许可审查细则》（国质检食监〔2006〕334号）、《食品用纸包装、容器等制品生产许可实施细则》（国质检食监〔2007〕279号）、《压力锅产品生产许可实施细则》（国质检食监〔2007〕519号）、《餐具洗涤剂产品生产许可实施细则》（国质检食监〔2008〕18号）、《工业和商业电热食品加工设备生产许可证换（发）证实施细则》（全许办〔2005〕27号）。

（三）全国食品相关产品生产许可证实施状况

截止到2015年年底，全国食品相关产品生产许可证发证企业数量15279家，其中食品用塑料包装、容器、工具等制品企业12412家，食品用纸包装、容器等制品企业1551家，压力锅产品企业76家，餐具洗涤剂产品752家，工业和商业电热食品加工设备企业488家。

二、监督抽查

《产品质量法》第十五条规定："国家对产品质量实行以抽查为主要方式的监督检查制度，对可能危及人体健康和人身、财产安全的产品，影响国计民生的重要工业产品以及消费者、有关组织反映有质量问题的产品进行抽查。"

《食品安全法》第一百一十条规定："县级以上人民政府食品药品监督管理、质量监督部门履行各自食品安全监督管理职责，有权采取下列措施，对生产经营者遵守本法的情况进行监督检查：（一）进入生产经营场所实施现场检查；（二）对生产经营的食品、食品添加剂、食品相关产品进行抽样检验；（三）查阅、复制有关合同、票据、账簿以及其他有关资料；（四）查封、扣押有证据证明不符合食品安全标准或者有证据证明存在安全隐患以及用于违法生产经营的食品、食品添加剂、食品相关产品；（五）查封违法从事生产经营活动的场所。”

产品质量监督抽查是政府对产品通过抽样检验的方式进行质量监督的一种制度性安排。通过实施监督抽查，可以起到扶优治劣、引导消费，督促企业提升产品质量保障能力，掌握产品质量动态状况，促进产品质量整体水平提高的作用。其作用主要体现在：

（一）维护市场经济正常秩序

产品质量国家监督抽查，通过对影响国计民生的重要工业产品、可能危及人体健康和人身财产安全的产品及用户、消费者和有关部门反映质量问题较多的产品实施突击性地随机抽查，对企业形成了一种威慑力和外部压力，较好地贯彻了政府的宏观质量政策、国家有关质量的法律法规和标准的实施。同时，将国家监督抽查结果公之于众，使广大用户和消费者都来监督产品质量，选购质量好的产品，使质量好的产品增强了市场竞争能力，促进了公平、有序的市场竞争环境的形成，规范了市场行为，督促企业在市场竞争中重视质量，促进了优胜劣汰的市场竞争机制的建立和完善。

（二）促进企业加强质量管理

产品质量国家监督抽查制度的一项重要内容是监督抽查结果处理工作。在国家监督抽查通报发布后，各有关部门和地方要及时转发通报，各级有关部门要依据法律、法规授予的权限对质量违法行为分别采取法律、经济、行政的处罚措施和舆论曝光；停止产品质量抽查不合格企业继续生产和销售，督促其进行整改和复查工作；通过召开专题质量分析会、举办抽查不合格企业厂长（经理）学习（培训）班、派技术人员下厂帮助整改、建立整改责任制等多种形式，帮助和督促企业提高质量意识，认真执行质量法律法规和标准，改进生产工艺，完善质量体系，促进了产品质量的提高。特别是对一些带有行业性、区域性的问题，通过认真抓整改，能起到抽查一类产品、整顿一个行业的重要作用，达到提高产品（服务）质量和企业管理水平的目的。

（三）向全社会提供可靠的质量信息

通过对国家监督抽查得到的大量数据的分析，可以向政府决策部门报告质量状况和发展趋势，以及标准实施中的情况，为政府有关部门对经济宏观调控以及制定政策提供参考。也为各级政府及有关部门掌握各行业和各类企业的质量动态提供了权威的、有价值的信息，并为广大生产、经销企业了解质量信息、参与市场竞争提供了有效的帮助，同时还为广大用户和消费者选购产品提供了科学的购物指南，起到了引导消费的重要作用。

（四）推动质量监督事业发展

产品质量国家监督抽查制度的建立和发展，推动了各部门和各地方的质量监督工作的开展。目前，全国已形成了以国家监督抽查和地方监督检查两头并重的较为完善的产品质量监督检查体系；在开展各种产品质量监督检查工作中，锻炼了队伍，提高了人员素质，形成了较完善的管理体制，使整个质量监督事业得到了发展壮大。

三、风险监测和评估

食品相关产品风险监测和评估，指通过动态获取和分析风险信息，发现区域性、行业性和系统性的产品质量安全风险，提出预见性的建议和应对措施，防止风险发生或发展蔓延成为特大质量安全事件，旨在实现产品质量监管从“事后监管”向“事前预防”转变。

《食品安全法》第十四条规定：“国家建立食品安全风险监

测制度，对食源性疾病、食品污染以及食品中的有害因素进行监测。国务院卫生行政部门会同国务院食品药品监督管理、质量监督等部门，制定、实施国家食品安全风险监测计划。国务院食品药品监督管理部门和其他有关部门获知有关食品安全风险信息后，应当立即核实并向国务院卫生行政部门通报。对有关部门通报的食品安全风险信息以及医疗机构报告的食源性疾病等有关疾病信息，国务院卫生行政部门应当会同国务院有关部门分析研究，认为必要的，及时调整国家食品安全风险监测计划。”

《食品安全法》第十七条规定：“国家建立食品安全风险评估制度，运用科学方法，根据食品安全风险监测信息、科学数据以及有关信息，对食品、食品添加剂、食品相关产品中生物性、化学性和物理性危害因素进行风险评估。”

《食品安全法》第十八条规定：“有下列情形之一的，应当进行食品安全风险评估：（一）通过食品安全风险监测或者接到举报发现食品、食品添加剂、食品相关产品可能存在安全隐患的；（二）为制定或者修订食品安全国家标准提供科学依据需要进行风险评估的；（三）为确定监督管理的重点领域、重点品种需要进行风险评估的；（四）发现新的可能危害食品安全因素的；（五）需要判断某一因素是否构成食品安全隐患的；（六）国务院卫生行政部门认为需要进行风险评估的其他情形。”

《食品安全法》第十九条规定：“国务院食品药品监督管理、质量监督、农业行政等部门在监督管理工作中发现需要进行食品安全风险评估的，应当向国务院卫生行政部门提出食品安全风险评估的建议，并提供风险来源、相关检验数据和结论等信息、资料。属于本法第十八条规定情形的，国务院卫生行政部门应当及时进行食品安全风险评估，并向国务院有关部门通报评估结果。”

《食品安全法》第二十一条规定：“食品安全风险评估结果是制定、修订食品安全标准和实施食品安全监督管理的科学依据。经食品安全风险评估，得出食品、食品添加剂、食品相关产品不安全结论的，国务院食品药品监督管理、质量监督等部门应当依据各自职责立即向社会公告，告知消费者停止食用或者使用，并采取相应措施，确保该食品、食品添加剂、食品相关产品停止生产经营；需要制定、修订相关食品安全国家标准的，国务院卫生行政部门应当会同国务院食品药品监督管理部门立即制定、修订。”

四、现场检查

食品相关产品的生产应符合GB 31603—2015《食品安全国家标准　食品接触材料及制品生产通用卫生规范》的要求。

(一) 基本要求

生产全过程及最终产品不应危害人体健康和造成食品特性的改变。生产全过程应符合国家相关法律法规及标准的要求，并在可以达到预期目的前提下尽可能降低原辅料的使用量，为达到以上目的企业应制定相应的具体要求。企业应建立、实施并遵守有效的安全控制体系，以确保原辅料、半成品和成品符合相应的食品安全要求。产品的标识应符合国家相关法律法规及标准的要求。

(二) 厂区环境

厂区应与有毒有害污染源保持相应的距离。厂区道路应硬化，内外环境应整洁、卫生，生产区的空气、水质、场地应符合相应生产要求。企业的生产、行政、生活和辅助区的总体布局应合理，避免交叉污染。企业应根据情况制定和执行虫害控制措施，防止虫害的孳生。

(三) 厂房

厂房应按生产工艺流程及卫生要求进行合理布局，并根据不同生产区域的洁净度要求合理划分作业区，对厂区内的生产车间和公共场所实行分级卫生管理。厂房面积应与生产能力相匹配，有足够的空间和场地放置设备、物料和产品，并满足生产操作需要。生产车间与库房的墙壁、地面表面应平整光滑，以减少灰尘积聚且便于清洁；对于不经清洁直接接触食品的在制品和最终产品，其生产车间顶棚应易于清洁、消毒，在结构上不利于冷凝水垂直滴下。同一生产车间内以及相邻生产车间之间的生产操作不应造成交叉污染。不同卫生要求的产品在同一生产区域内生产时，应保证各产品自身的卫生性能。生产车间内设备与设备间、设备与墙壁间，应有适当的空间，便于相关操作。生产车间应按需建立人员通道、参观通道和物流通道，并保持通道畅通，无杂物堆积。

（四）设施和设备

在设施方面，应具备与生产能力和卫生要求相匹配的卫生、通风、搬运、输送等设施，并维护完好。应按需配备适当的供水设施和排水设施。生产场所设置的水池、地漏等不应对产品造成污染。应配备足够的清洁设施，有特殊卫生要求的车间应配备适宜的消毒设施并定期消毒。对于不经清洁直接接触食品的在制品和最终产品，其生产车间、库房应设置消毒、防尘、防虫害等设施，且不应对产品造成污染。应配备废弃物处理设施，防止对产品造成污染。废水、废气、废料的排放，噪声污染及卫生要求等应符合国家有关规定。对于不经清洁直接接触食品的在制品和最终产品，应在生产车间入口处设置更衣室，更衣室大小应与生产人员数量相适应，并保证工作服与个人服装及其他物品分开放置，应在生产车间人口处按需设置换鞋（穿戴鞋套）设施或工作鞋靴消毒设施，其规格尺寸应能满足消毒需要，应在生产车间人口处设置洗手、消毒、除尘设施。生产车间内的更衣室和换鞋、洗手，消毒、除尘等设施应由专人管理，并及时清洗和消毒，保持清洁状态，避免给产品带来污染。应为员工提供适当、方便的卫生间和洗手设施，卫生间应与生产车间分隔并保持清洁。厂房内应有充足的自然采光或人工照明，对照明度有特殊要求的生产区域可设置局部照明。生产工艺对温度、湿度有要求的生产车间，应配备温湿度调节及监控设施。

在设备方面，应配备与生产能力相适应的生产设备和必要的检验设备。生产设备的设计、选型、布局、安装应符合生产要求，便于使用和保养、维修，并易于清洁。应正确使用和维护生产设备及工具，避免生产过程中对产品造成污染，并定期进行保养和维修。用于生产和检验的仪器、仪表、量具、衡器等的适用范围和精度应符合生产和检验的要求，应有明显的状态标识，并定期校验和记录。影响产品安全的生产和检验设备（包括备品、备件）应建立设备档案，记录其使用、保养、维修的实际情况，并由专人管理。

（五）人员

应建立产品安全相关岗位的培训制度，对相关岗位的从业人员进行相应的食品安全知识培训。企业负责人应了解其在食品安全管理中的职责与作用，以及相关的专业技术知识等。企业应有专人负责与食品安全相关的工作，相关人员应具有产品安全管理的知识和经验，有能力对产品生产过程中出现的食品安全问题做出正确处理。生产操作人员应熟悉自己的岗位职责，具有与其职责相适应的基础理论知识和实际操作技能，能熟练地按工艺文件进行生产操作。检验人员应熟悉产品检验规定，具有与工作相适应的食品安全知识、技能和相应的资格。生产车间人员应严格遵守有关卫生制度，保持个人清洁、卫生，按规定穿戴工作衣帽、鞋，不应佩戴饰物，不应将与生产无关的物品带入车间；来访者进入车间时应遵循同等的卫生要求。

（六）原辅料要求

原辅料应符合国家相关法律法规和标准的要求，其使用应保证生产的产品符合食品安全要求。应建立原辅料的采购、验收、运输和贮存管理制度。应建立原辅料供应商管理制度，规定供应商的选择、审核、评估程序。应对供应商进行评价，选择合格供应商。原辅料运输应符合规定的运输条件，不应与有毒有害物料混装、混运，避免变质和污染。应按规定对采购的原辅料进行验收，查验合格证明文件。无法提供有效文件的，应按照相应的食品安全标准或企业验收标准进行检验或验证，并保存相关记录。应将待验、合格、不合格原辅料分区、按批次存放，并有明显标识。原辅料贮存应根据原辅料的物理特性和化学特性，选择合适的贮存条件分别储存。有毒有害物料、易燃易爆物料应单独存放，明确标识，并由专人负责保管，使用时应由经培训的人员按照使用方法进行操作。设备使用的清洁材料、润滑剂、粘合剂、脱模剂、清洗剂和消毒剂等化学物品应按用途分类、标识，安全存放使用，避免对产品造成污染。原辅料的使用应遵循“先进先出”的原则。不应使用不合格的原辅料，应及时处理并记录在案。应建立完善的出入库记录制度，保存相应的采购、验收、贮存、使用及运输记录。

（七）生产过程的产品安全控制

生产加工卫生要求：生产工艺应保证最终产品不危害人体健康，不造成食品特性的改变；应避免使用或产生有毒有害物质，如无法避免应采取有效措施消除或降低其危害，确保产品符合国家相关法律法规和标准的要求。企业应依据相关要求对首次使用的原辅料、配方和生产工艺进行安全评估并验证，检测主要控制指标并记录。试制品经检测合格后，方可投入批量生产。如原辅料及工艺等发生变更，应重新进行评估并记录。应通过危害分析方法明确生产过程中影响产品安全的关键环节，并建立相应的控制措施。应对关键控制环节实施严格监控，落实控制措施的相关文件，如配料（投料）表、岗位操作规程等，并建立可追溯性记录。对有特殊生产要求的区域（如无菌包装产品、无菌消毒控制区域），应设置环境控制的整体范围，监测区域内的空气质量，避免受到化学品和微生物的污染，并将监测结果记录存档。生产过程中应采取措施识别、防止和消除外来异物的污染风险并防止交叉污染，外来异物包括但不限于刀片、非生产性玻璃、易碎塑料、木头及其他易与包装材料相混淆的材料等。

印刷卫生要求：用于食品接触材料及制品的印刷油墨应符合国家相关法律法规和标准的要求。用于食品接触材料及制品非食品接触面的印刷油墨层不应与食品直接接触。在印刷油墨的配方设计、涂覆过程以及印刷半成品或成品的处理、贮存过程中，应确保印刷油墨不易从食品接触材料及制品上脱落。在印刷油墨的配方设计、涂覆过程以及印刷半成品或成品的处理、贮存过程中，应严格控制通过渗透过基材、因堆叠或卷绕引起的黏粘等方式造成的从印刷面转移到食品接触面的物质，确保其最终迁移到食品中的物质浓度符合食品安全要求，即不应危害人体健康和造成食品特性的改变。

包装、贮存、运输卫生要求：用于包装、贮存和装卸的容器、工具和设备应保持清洁，不应对产品造成污染；包装方式应能有效防止二次污染。应根据产品的物理特性和化学特性，选择合适的贮存和运输条件，并采取有效措施防止有毒有害物品的污染。在贮存和运输过程中应加强防护，防止成品出现损伤和污染。应按照产品特点，根据国家相关法律法规和标准的要求制定产品的保质期。成品应标明检验状态，不合格品应单独存放，并明显标识。仓库中贮存的产品应定期检查，必要时应有温湿度记录，如有异常应及时处理。运输工具（如车辆、集装箱等）应清洁、干燥，且有防雨措施。

（八）管理机构

企业应设立相应的卫生管理部门，对企业的卫生工作进行全面管理。该部门负责宣传和贯彻有关法规和制度，并监督、检查本企业的执行情况；编制修订本企业的各项卫生管理制度和规划；组织卫生宣传教育工作，培训有关人员。企业应设立相应的安全性和合规性管理部门，负责原料以及产品生产全过程的安全性及合规性管理和验证。该部门对原料和产品安全性及合规性具有否决权，如有必要可委托有资质的第三方机构进行确认或检验。判断产品是否符合标准时，应保证产品种类与相应标准的适用范围相匹配。原辅料、产品在出现不合规情况时，应复核具体原因并采取纠正措施。

（九）检验

应通过自行检验或委托具备相应资质的检验机构对产品进行检验，确保产品符合其所执行的标准。自行检验应具备与所检项目相适应的检验场所和检验能力；由具有相应资格的检验人员按规定的检验方法检验；检验仪器设备应定期校验；各项检验记录和检验报告应保存完整。应根据工艺规程的有关参数要求，对产品按规定进行过程检验，并记录。应根据相关标准要求对每批产品随机抽样，进行出厂检验，建立出厂检验记录制度。应根据相关标准要求对产品进行型式检验。应建立不合格品管理制度，对检验结果不合格的产品进行相应处置。应按需制定成品留样保存制度，保存时间应不短于成品标示的保质期，无保质期要求的由企业规定保存期限。

（十）产品追溯和召回

应建立产品追溯制度，保证产品从原辅料采购到产品销售的所有环节都可进行有效追溯。应建立产品召回制度。当发现某一批次或类别的产品含有或可能含有对消费者健康造成危害的因素时，应按照国家相关规定启动产品召回程序，及时向相关部门通告，并作好相关记录。对被召回的产品应进行相应处置。对因标签、标识或说明书不符合食品安全标准而被召回的产品，在采取补救措施且能保证食品安全的情况下可以继续销售；销售时应当向消费者明示补救措施。应建立客户投诉处理机制。对客户提出的书面或口头意见、投诉，企业相关管理部门应统一作记录并查找原因，妥善处理。

（十一）文件管理和记录

应建立并执行系统有效的文件管理程序，对所有文件进行控制管理，确保文件保存完好并便于查找追溯。应规定并执行有关建立和修订各种文件的程序与职责，必要时予以修订并由授权人员确认其适用性。应按规定保存原辅料合规性文件、生产记录等并将其归档，归档方式应便于检索。应如实记录产品信息，包括但不限于产品的名称、规格、数量、生产日期、生产批号、检验结果、购货者名称及联系方式、销售日期等内容。对出于法律和保留信息的需要而留存的失效文件应予以标识。所有文件应字迹清晰，注明日期，标识明确，妥善保存，并在规定期间内予以留存。各相关记录的保存期限应不低于相应产品的保质期，至少不应少于 2 年。

五、产品标识

直接提供给消费者最终使用的食品接触材料及制品应符合 GB/T 30643—2014《食品接触材料及制品标签通则》的要求。

（一）基本原则

应真实准确，与销售的食品接触材料及制品相符。不应使用使消费者误解或欺骗性的文字、图形等方式介绍食品接触材料及制品；也不应利用字号大小或色差误导消费者。应清晰、醒目、易于辨认和识读。应科学准确、简明易懂。应使用规范的汉字（商标除外）。具有装饰作用的各种艺术字应书写正确，易于辨识。可以同时使用少数民族文字或拼音或外文，且不得大于相应的汉字（商标除外）。不应直接或间接使用暗示性的文字、图形、符号等，导致消费者将购买的产品或产品的某一性质与另一产品混淆。应包括便于食品接触材料及制品识别和使用等信息内容。

（二）制作要求

食品接触材料及制品标签应印制、连接或粘贴在食品接触材料及制品本身或其销售包装上，且不应与食品接触材料及制品或其销售包装分离，可以选择以下形式：①直接印制在食品接触材料及制品的销售包装上；②若无销售包装或外包装易于开启识别或透过外包装能够清晰识别应标注的内容，直接印制在食品接触材料及制品本身上；③连接或粘贴在食品接触材料及制品销售包装上的印刷品；④若外包装易于开启识别或透过外包装能够清晰识别应标注的内容，连接或粘贴在食品接触材料及制品上或放置在销售包装内的印刷品，标签应有足够的强度，固定在销售包装上的印刷品应保证不易在流通环节中污损或脱落。标签的颜色应与食品接触材料及制品或其销售包装物的底色形成明显反差、清晰易辨。标签的印刷字体、图案应与标签基底形成明显的反差、清晰易辨。

（三）标注内容

1. 一般要求

应标注食品接触材料及制品名称，规格和（或）数量（件数），材质，添加剂，生产者和（或）经销者的名称、地址和联系方式，日期，贮存条件，生产许可证编号，产品标准编号，质量等级，产品批号，标志，使用说明及其他。当包装食品接触材料及制品的包装物或包装容器最大表面积小于 10 cm^2 时，可以只标注产品名称和净含量，以及生产者或经销商的名称、地址。

2. 名称

应标注食品接触材料及制品的专用名称。食品接触材料及制品的专用名称应反映产品的真实属性，简明易懂。应采用国家标准、行业标准或地方标准中规定的名称。无国家标准、行业标准或地方标准规定的食品接触材料及制品名称时，应使用年会引起消费者误解或混淆的常用名称或通俗名称。标注“新创名称”“奇特名称”“音译名称”“牌号名称”“地区俚语名称”或“商标名称”时，应在所示名称的邻近部位使用同一字号及同一字体颜色标注规范的名称。当专用名称因字号或字体颜色不同易使消费者误解产品属性时，应在所示名称的邻近部位使用同一字号及同一字体颜色标注规范的名称。

3. 规格和（或）数量（件数）

应标注食品接触材料及制品规格。根据需要标注食品接触材料及制品的型号和（或）技术参数，应标注包装内产品的数量。数量的标注由数量、数字和法定计量单位组成，质量的标注由质量、数字和法定计量单位组成。

4. 材质

应标注食品接触材料及制品主要材质的通用名称，多个部件构成的食品接触材料及制品应分别标注材质的名称。应按含量多少的顺序标注直接与食品接触部分和（或）部件材质主要成分的通用名称和含量。各类成分名称应符合相关法规和和标准要求。

5. 添加剂

直接与食品接触部分和（或）部件所含有的添加剂，应标注其在 GB 9685《食品容器、包装材料用添加剂使用卫生标准》中规定的中文名称。

6. 生产者和（或）经销者的名称、地址和联系方式

应标注食品接触材料及制品生产者的名称、地址和联系方式。生产者的名称和地址应是依法登记注册、能够承担产品安全质量责任的生产者的名称和地址。依法独立承担法律责任的集团公司、集团公司的子公司，应标注各自的名称和地址。不能依法独立承担法律责任的集团公司的子公司或生产基地，可同时标注集团公司和分公司（生产基地）的名称和地址；或仅标注集团公司的名称、地址及产地，产地应当按照行政区划标注到地市级地域。委托加工的产品可标注委托单位和受委托单位的名称和地址；或仅标注委托单位的名称、地址及产地，产地应当按照行政区划标注到地市级地域。依法承担法律责任的生产者或经销者的联系方式应标注以下至少一项内容：电话、传真、网址等联系方式等。进口食品接触材料及制品应标注原产国或地区名，以及在中国依法登记注册的代理商、进口商或经销商的名称、地址和联系方式，可不标注生产者的名称、地址和联系方式。

7. 日期

应标注食品接触材料及制品的生产日期。同一包装内含有不同种类食品接触材料及制品单件和（或）部件时，应分别标注生产日期。有特殊要求的食品接触材料及制品应标注保质期或限期使用日期，同一包装内含有不同种类食品接触材料及制品单件和（或）部件时，应分别标注保质期或限期使用日期。日期标注若采用“见包装物某部位”的形式，应标注出所在包装物的具体部位。日期的年代号一般为 4 位数字，小包装的食品接触材料及制品年代号可为 2 位数字。月和日为 2 位数字。日期中年、月、日可用空格、斜线、连字符、句点等符号分隔，或不用分隔符。生产日期一般按年、月、日的顺序进行标注，若不按此顺序标注应注明日期标注顺序。

8. 贮存条件

有特定贮存要求的食品接触材料及制品应标注贮存条件。

9. 生产许可证编号

实施生产许可证管理的产品应标注食品接触材料及制品生产许可证编号，标注形式按照相关规定执行。

10. 产品标准编号

国内生产并销售的食品接触材料及制品应标注产品所执行的标准编号。

11. 质量等级

食品接触材料及制品所执行的产品标准已明确规定质量等级的，应标注质量等级。

12. 产品批号

根据产品需要，可标注产品批号。

13. 标志

应标注“食品接触用”“食品包装用”或类似用语。或加印、加贴符合要求的图形、符号等。国家法律法规或强制性标准另有规定的从其规定。

14. 使用说明

有特殊使用要求的产品应标注使用方法、使用条件、使用注意事项和接触食品类型等。凡国家法律法规和标准明确规定的使用条件或超出使用条件将产生较高安全风险的产品，应标注安全警示语或警示图形标志：安全警示语应以“注意：”或“警告：”“禁止：”等作为引导语，其字体高度不小于 3 mm。

15. 其他

其他需标注的内容按国家相关规定和标准执行。

第九章　检验检测

第一节　概　述

一、检验检测的定义

检验是基于测试数据或者其他信息来源，依靠人的经验和知识，对测试对象是否符合相关规定进行判定的活动。对产品而言，是指根据产品标准或检验规程对原材料、中间产品、成品进行观察，适当时进行测量或试验，并把所得到的特性值和规定值作比较，判定出各个物品或成批产品合格与不合格的技术性检查活动。

检测是依据相关标准和规范，使用仪器设备，在规定环境条件下，按照相应程序对测试对象的属性进行测定或者验证的活动。通常需要借助专门的技术工具通过实验、计算而获得被测量的值（大小和方向）。可见，检测即是对被测对象的信息采集过程。这一过程必须在限定的时间内尽可能正确地采集被测对象的未知信息，以便掌握其工作状况，从而实现对生产过程的监测与控制。

二、检验与检测的区别与关系

（一）区别

1. 定义上的区别

从定义上可知，检验是对实体的一个或多个特性进行诸如测量、检查、试验或质量，并将其结果与规定的要求进行比较，以确定每项特性的合格情况所进行的活动。“检验”不仅提供数据，还须与规定要求进行比较后，作出合格与否的判定。

检测是对给定的产品，按照规定程序确定某一种或多种特性、进行处理或服务所组成的技术操作。“检测”仅是一项技术操作，它只需要按规定程序操作，提供所测结果，在没有明确要求时，不需要给出检测数据合格与否的判定。

2. 对象上的区别

检验的对象是实体，是指对产品的一种或多种特性进行测量、检查、试验或量度（包括计数）等。

检测有时也称测试或试验，是指对给定的产品、材料、设备、生物体、物理现象、工艺过程或服务，按照规定的程序确定一个或多个特性或性能的技术操作。

检测求的是未知量，而检验是通过不一样的途径验证已知测量量。

3. 表现形式上的区别

检验的结果不仅提供数据，而且还包括数据与规定要求的比较，并以报告的方式体现合格与否的判定结果。

检测结果及数据应记录在案，通常采用检测报告或检测证书等方式。

（二）关系

虽然两者在定义、对象及表现形式上有所不同，但是在实际工作中，检测是为检验服务的，为检验提供数据和结果，为检验在结果合格与否的判定中提供数据支撑；从另一个角度来看，检验中包含了大量的检测工作，因此常把检验和测试总称为检测。

三、检验的方式

检验的方式按照检验数量、质量特征值、检验性质、检验后检验对象的完整性、检验的地点和检验的目的进行分类，具体的方式包括：

（一）按检验数量划分为全数检验和抽样检验

全数检验是指对一批待检产品进行检验。这种方式，一般来说比较可靠。同时能够提供较全面的质量信息。如果希望检查得到百分之百的合格品，唯一可行的办法就是进行全检，甚至一次以上的全检。但是还要考虑漏检和错检的可能。

抽样检验是指根据数理统计原理所预先制定的抽样方案，从交验的一批产品中，随机抽取部分样品进行检验，根据检验结果，按照规定的判断准则，判定整批产品是否合格，并决定是接收还是拒收该批产品，或采取其他处理方式。

（二）按质量特性值划分为计数检验和计量检验

计数检验包括检查和计点检查，只记录不合格数（或点），不记录检测后的具体测量数值，特别是有些质量特性本身很难用数值表示，如产品的外形是否美观、食物的味道是否可口等等，它们只能通过感官判断是否合格。还有一类质量特点，如产品的尺寸等虽然可以用数值表示，也可以进行测量，但在大批量生产中，为了提高效率、节约人力和费用，常常只用“过端”和“不过端”的卡规检查是否在上下公差范围以内，也就是只区分合格与不合格品，而不测量实际的尺寸大小。

计量检验就是测量和记录质量特性的数值，并根据数值与标准对比，判断是否合格。这种检验在工业生产中是大量而广泛存在的。

（三）按检验性质划分为理化检验和官能检验

理化检验是借助物理、化学的方法，使用某种测量工具或仪器设备，如千分尺、游标卡尺、显微镜等进行检验。理化检验的特点通常都是能够得到具体的数值，人为误差小，因而有条件时，要尽可能采用理化检验。

官能检验是靠人的感觉器官来对产品的质量进行评价和判断的。如对产品的形状、颜色、味道、气味、伤痕、老化程度等，通常是依靠人的视觉、听觉、触觉和嗅觉等感觉器官进行检查的，并判断质量的好坏或是否合格。

（四）按检验后检验对象的完整性划分为破坏性检验和非破坏性检验

有些产品的检验带有破坏性，就是产品检验后本身不复存在或是被破坏得不能再使用。如炮弹等军工用品、热处理后零件的性能、电子管或其他元件的寿命试验、布匹材料的强度试验等等，都是属于破坏性检验。破坏性检验只能采用抽检的形式，其主要矛盾是如何实现可靠性和经济性的统一，也就是寻求一定可靠又使检验数量最少的抽检方案。

顾名思义，非破坏性检验就是检查对象被检查后仍然完整无缺，丝毫不影响其使用性能，如机械零件的尺寸等大多数检验，都属于非破坏性检验。现在由于无损检查的发展，非破坏性检验的范围在扩大。

（五）按检验的地点划分为固定检验和流动检验

所谓的固定检验，在生产车间内设立固定的检验站。这种检验站可以是车间公共的检验站，各工段、小组或工作地上的产品加工后，都依次送到检验站进行检验，也可以设立流动或自动线的工序之间或“线”的终端。这种检验站属于专门的，并构成生产线的有机组成部分，只固定某种专门的检验。

流动检验也是临床检查，就是由检验人员到工作地区检查。

（六）按检验的目的划分为验收性质检验和监督性质检验

验收性质的检验是为了判断产品是否合格，从而决定是否接收该批或该件产品。验收检查是广泛存在的形式，如原材料、外协件、外购件的进厂检验，半成品入库前的检验，产成品出厂前检验，都是属于验收检验。

监督性质的检验目的不是为了判定产品是否合格，从而接受还是拒收该批产品，而是为了控制生产过程的状态，也就是检定生产过程是否处于稳定的状态。所以，这种检验也称为过程检验，以预防大批不合格的产生。如生产过程中的巡回检验、使用控制图时的定时检验，都属于这类检验。其抽查的结果只是作为一个监控和反映生产过程状态的信号，以便决定是继续生产还是要对生产过程采取纠正调整的措施。

四、检验检测的功能

2006年，联合国工业发展组织（UNIDO）和国际标准化组织在总结质量领域一百多年实践经验基础上，正式提出计量、标准、合格评定（包括检验检测、认证认可）共同构成国家质量技术基础（National Quality Infrastructure，以下简称NQI），在NQI中，计量解决准确测量的问题，质量中的量值要求由标准统一规范，标准执行得如何就需要通过检验检测和认证认可来判定。

如果把产品质量管理比作一棵大树，质量检验就是这个树的“根”，“根”深才能叶茂，如果这个“根”不扎实，质量管理这棵树的基础就不会巩固，所以要做好产品质量管理就必须充分运用检验检测的功能，发挥检验检测的作用。检验检测的功能可以概况为以下四个方面：

（一）鉴别功能

根据技术标准、产品图样、作业（工艺）规程或订货合同的规定，采用相应的检测方法观察、试验、测量产品的质量特性，判定产品质量是否符合规定的要求，这是质量检验的鉴别功能。鉴别是“把关”的前提，通过鉴别才能判断产品质量是否合格。不进行鉴别就不能确定产品的质量状况，也就难以实现质量“把关”。鉴别主要由专职检验人员完成。

（二）“把关”功能

质量“把关”是质量检验最重要、最基本的功能。产品实现的过程往往是一个复杂过程，影响质量的各种因素（人、机、料、法、环）都会在这过程中发生变化和波动，各过程（工序）不可能始终处于等同的技术状态，质量波动是客观存在的。因此，必须通过严格的质量检验，剔除不合格品并予以“隔离”，实现不合格的原材料不投产，不合格的产品组成部分及中间产品不转序、不放行，不合格的成品不交付（销售、使用），严把质量关，实现“把关”功能。

（三）预防功能

现代质量检验不单纯是事后“把关”，还同时起到预防的作用。检验的预防作用体现在以下几个方面：

（1）通过过程（工序）能力的测定和控制图的使用起预防作用。无论是测定过程（工序）能力或使用控制图，都需要通过产品检验取得一批数据或一组数据，但这种检验的目的，不是为了判定这一批或一组产品是否合格，而是为了计算过程（工序）能力的大小和反映过程的状态是否受控。如发现能力不足，或通过控制图表明出现了异常因素，需及时调整或采取有效的技术、组织措施，提高过程（工序）能力或消除异常因素，恢复过程（工序）的稳定状态，以预防不合格品的产生。

（2）通过过程（工序）作业的首检与巡检起预防作用。当一个班次或一批产品开始作业（加工）时，一般应进行首件检验，只有当首件检验合格并得到认可时，才能正式投产。此外，当设备进行了调整又开始作业（加工）时，也应进行首件检验，其目的都是为了预防出现成批不合格品。而正式投产后，为了及时发现作业过程是否发生了变化，还要定时或不定时到作业现场进行巡回抽查，一旦发现问题，可以及时采取措施予以纠正。

（3）广义的预防作用。实际上对原材料和外购件的进货检验，对中间产品转序或入库前的检验，既起把关作用，又起预防作用。前过程（工序）的把关，对后过程（工序）就是预防，特别是应用现代数理统计方法对检验数据进行分析，就能找到或发现质量变异的特征和规律。利用这些特征和规律就能改善质量状况，预防不稳定生产状态的出现。

（四）报告功能

为了使相关的管理部门及时掌握产品实现过程中的质量状况，评价和分析质量控制的有效性，把检验获取的数据和信息，经汇总、整理、分析后写成报告，为质量控制、质量改进、质量考核以及管理层进行质量决策提供重要信息和依据。

第二节　检验检测机构建设

检验检测服务是科技创新体系和产业发展不可缺少的基础和环节。检验检测服务对产业的技术提升、质量保证和降低成本具有至关重要的作用，检验检测服务水平直接决定了科技创新水平和产业发展水平。近年来，检验检测服务业先后被国家列为高技术服务业、科技服务业、生产性服务业，充分体现了国家及各行各业对检验检测机构的重视和支持。

检验检测机构是指依法成立，依据相关标准或者技术规范，利用仪器设备、环境设施等技术条件和专业技能，对产品或者法律法规规定的特定对象进行检验检测的专业技术组织。高水平的检验检测机构对促进市场良性健康竞争、国民经济发展具有重要作用：第一，检验检测机构在维护产品质量安全、保障民生、规范市场行为、提高产品质量合格水平等方面为质量监管部门提供重要的技术支持。第二，检验检测机构在把关质量信息的同时，对于维护人民身体健康、国家产业安全、环境保护等方面提供安全保证。第三，检验检测机构肩负着守护产品质量的使命，在合法的基础上，依靠自己的知识、技术设备、经验提供产品质量监督抽查、生产许可证检验、产品质量认证检验、产品质量争议的仲裁检验以及流通领域商品监督检验，为社会提供公正、科学、权威的产品检验报告。

为指导和规范质量监督检验检疫系统（以下简称质检系统）检验检测机构能力建设工作，提升履职水平，服务经济社会发展，依据《产品质量法》《计量法》及其实施细则、《标准化法》《国境卫生检疫法》《进出口商品检验法》《进出境动植物检疫法》《国际卫生条例（2005 年）》《食品安全法》及其实施条例等法律法规，国家质检总局于 2010 年 6 月发布《质检系统检验检测机构能力建设基本要求》（试行）（以下简称《基本要求》），对质检系统内承担法定检验、检测、检疫业务的技术机构，包括直属单位的检验检测机构，国家产品质量监督检验中心（以下简称国家质检中心），省、市、县三级产品质量监督检验机构，检验检疫国家检测重点实验室（以下简称重点实验室）、检验检疫区域性中心实验室（以下简称区域实验室）、检验检疫常规实验室（以下简称常规实验室）以及口岸检验检疫查验现场，规定了检验检测机构的管理、仪器设备与环境设施、专业技术人员和科研能力等方面的能力建设内容。

一、管理

检验检测机构必须满足相应专业领域的实验室资质认定或计量授权要求，并在其规定的范围内开展检验检测、计量检定和检疫查验等工作。食品检验机构应符合《食品检验机构资质认定条件》。生物安全实验室应符合《病原微生物实验室生物安全管理条例》。其他行业主管部门有特殊资质条件要求的，从其要求。

检验检测机构应参照 GB/T 27025—2008《检测和校准实验

室能力的通用要求》建立质量管理体系，并保证体系有效运行。

检验检测机构领导层应分工明确、职责清晰，持续推进机构能力建设。检验检测机构应结合实际，建立健全并实施覆盖检验检测工作全过程的管理制度，保障检验检测工作质量。

检验检测机构的信息化建设应达到如下水平：

（1）检验业务管理或检验报告应采用单机或网络化的电子管理系统；

（2）重点实验室、区域实验室和常规实验室应按要求使用《检验检疫仪器设备综合管理平台》；

（3）特种设备检验检测机构应与特种设备行政许可系统和监管系统实现数据共享。

二、仪器设备与环境设施

检验检测机构应按照履职把关和检验、检测、检疫业务的要求配备仪器设备和环境设施。仪器设备的配置应满足机构设置、专业领域和产品检验检测检疫项目和数量的要求。检验检测机构应定期对仪器设备进行校准或计量检定，并保持相应的记录。检验检测机构应定期对仪器设备维护和保养，确保仪器设备的准确性和稳定性，并保持相应的记录。

实验室的仪器设备布局、试剂及样品存放、温湿度、防火、防尘、防震、通风排气、照明以及水电气等条件应符合实验室建设和仪器设备运行的要求。

检验检测机构应控制噪声和电磁污染，有效处理废水、废气、废物排放，确保人员身体健康和环境安全。

相关专业或产品检验检测工作有特殊环境与设施要求的，从其要求。

口岸检验检疫现场查验能力依据《国家对外开放口岸出入境检验检疫设施建设管理规定》《2009—2012 年全国口岸卫生检疫核心能力建设方案》等规定，按照空港、海港、陆港（铁路）、陆港（公路）四类分级别执行。

三、专业技术人员

检验检测机构应配备与履职把关和检验、检测、检疫业务相适应的专业技术人员。高级、中级、初级专业技术人员结构合理，其比例应满足国家人事部《事业单位岗位设置管理试行办法》的规定。

专业技术人员应具备专业基础理论知识和实际操作技能，定期接受专业培训和考核。对特定岗位的专业技术人员有持证上岗规定的，从其规定。

四、科研能力

直属单位的检验检测机构、国家质检中心、省级机构、市级机构、县级机构、重点实验室、区域实验室和常规实验室应具备相应的科研能力。

科研能力包括检测方法研究、标准制修订、应急技术研究、设备改造与研制等内容。

直属单位的检验检测机构、国家质检中心、省级机构、市级机构、重点实验室和区域实验室应建立健全科研工作管理制度和突发事件应急机制。

检验检测机构应建立并实施与其检测能力相适应的方法和标准跟踪机制，确保检验、检测、检疫方法和标准的有效性。检验检测机构应充分利用网络、报刊等资源，搜集、应用、推广技术成果，提升公共检测技术服务能力。

五、国家质检中心建设管理

（一）国家质检中心定位

国家产品质量监督检验中心（简称国家质检中心）由质量技术监督系统各级技术机构承建、其他科研事业单位划归质量技术监督部门管理以及质量技术监督部门通过资源整合或联合社会力量建立，是社会公益性检测机构，具有独立法人地位，能够承担法律责任，由国家授权、具有第三方公正性地位，承担国家各类产品质量检验任务，向社会提供公正检验测试服务，开展检测技术研究开发，承担有关标准（规程）的试验验证及制（修）订等工作。建立国家质检中心是为了国家产品质量监督检验检测和最高仲裁需要，同时有利于支持当地特色经济的发展。

（二）国家质检中心筹建

1. 设立的基本条件

（1）产业基础较好。申请筹建的国家质检中心相关产业应符合国家产业发展政策，是区域支柱或重点发展产业，具备较大的产业规模和较高产业集聚度，区域内产业覆盖的产品产量或产值占全国总量15%以上。

（2）技术实力较强。申请筹建国家质检中心的承担单位应具有省级检测机构资质并具有2年以上检测经历，高新产业领域国家质检中心筹建申请可适当放宽。

（3）政府支持较大。申请筹建国家质检中心所在地地方政府在土地、基础设施建设和技术装备、资金、人才投入上满足中心建设需求。

（4）建设业绩较好。能按照筹建要求落实国家质检中心建设各项预期目标。省内无超过48个月未通过总局验收的国家质检中心；省内筹建的国家质检中心按期验收完成率不低于50%。

（5）试点建设分中心。对于同一省域同类专业，总局不再批准设立国家质检中心，符合条件的可试点设立分中心。

2. 筹建程序

（1）申报受理。国家质检中心由所在地的省级质量技术监督局组织申报，省级局以下单位不得越级提出申请；总局直属技术机构直接向总局申报。

（2）形式审查。省级质量技术监督部门（总局直属单位）对国家质检中心申请筹建申报材料进行初审、可行性论证、核查和上报；国家质检总局主管部门对申报材料在形式上的合法性、完整性、有效性进行审查。对不符合总局规划要求或材料申报规定的予以退回。符合的，由总局主管部门组织专家组现场审查和论证。

（3）现场审查和论证。国家质检总局主管部门组织专家，依据上报的申请筹建国家质检中心相关材料，进行现场审查和技术论证。现场审查主要包括技术基础情况、产业基础情况和政府支持情况。技术论证主要是依据申请筹建国家质检中心的《基本情况表》《可行性研究报告》和《筹建任务书》，重点对项目技术的先进性、实施的可行性、经费安排的合理性以及潜在的风险等方面进行论证。

（4）批准筹建。审查和论证结束后，专家组填写《筹建国家质检中心专家现场审查意见表》和专家论证意见，提出是否批准筹建的推荐意见。国家质检总局主管部门根据专家推荐意见和修改完善后正式上报的《筹建任务书》，符合条件的，国家质检总局批准筹建。

（三）国家质检中心验收

国家质检中心一般应在批准筹建后 18 个月内完成全部筹建任务，并通过国家质检总局验收。对含有基建（不包括原有实验室改造）任务的国家质检中心筹建，筹建期可延长至 36 个月。国家质检中心筹建期满前 1 个月内由省级质量技术监督部门向国家质检总局主管部门提出书面验收申请，然后由总局组织专家进行现场验收。

（1）省级质量技术监督部门组织开展筹建期间的能力建设自我评价工作。承建单位按照国家质检中心有关管理规定取得授权后，省级质量技术监督部门组织专家，依据《国家质检中心能力建设评价指标》《国家质检中心能力建设验收实施细则》

进行自评，并撰写筹建总结报告、自评材料及验收申请表。自评分数在 80 分以上的，可向国家质检总局提出验收申请报告。

（2）国家质检总局主管部门组织开展筹建验收工作。总局收到验收申请，经审查符合要求的，在五个工作日内组织专家组，按照《国家质检中心能力建设与评估指南》《国家质检中心能力建设验收实施细则》《国家质检中心能力建设评价指标》及筹建任务书进行验收，对省级质量技术监督部门自评情况进行核实。承建单位按筹建任务书完成各项筹建工作的，由国家质检总局批准成立相应的国家质检中心，并挂牌对外开展工作。未经验收或未通过验收的，不得以国家质检中心的名义对外开展工作。承建单位未通过验收的，应认真整改，整改期原则上为 12 个月。整改完成后申请整改验收，整改未通过的，予以撤销。

（3）特殊原因不能在筹建期内完成筹建任务的国家质检中心，应在验收前 2 个月内，由所在地的省级质量技术监督部门提出延期验收书面申请，说明延期原因及具体的延期验收时间，经国家质检总局主管部门研究同意后，方可延期验收，延期时间不超过 12 个月。对超期无故不提出申请验收的，暂停该省份新申报国家质检中心的批筹。

（四）国家质检中心管理

1. 分级设立和管理

国家质检总局对质检系统国家质检中心实行分级设立和管理，根据其承检的产品特点、产业聚集度、建设投入、技术能力、管理水平、运行状况、科研能力、标准制修订以及技术服务能力等要素，将其分为 A、B、C 三级进行管理，并建立对应的申报筹建标准、考核评价标准和验收标准。省级质量技术监督局、总局有关直属单位及部分承担国家质检中心建设的直属检验检疫局（以下简称省级主管部门）负责根据各自职能，组织实施本辖区内相关工作。其中：

A级国家质检中心的总体水平应达到国际先进水平，具备中心名称对应产品95%以上的全项目检测能力，能够开展国际互认，能够主持省部级及以上科研课题和主持国家（行业）标准或参与国际标准的制修订工作，已承担或拟承担省级以上标准化技术委员会/分委员会秘书处工作，检测业务能够覆盖全国，在本专业检验检测领域和促进产业发展中能够发挥引领作用，可以作为服务国家产业发展的公共技术服务平台。

B级国家质检中心的总体水平应达到国内先进水平，具备中心名称对应产品85%以上的全项目检测能力，具备承担省部级科研课题和主持或参与国家（行业、地方）标准制修订能力，检测业务能够覆盖跨省区域，在本专业检验检测和促进产业发展中能够发挥核心支撑作用，可以作为服务本省及周边地区的公共技术服务平台。

C级国家质检中心的检验能力和检测技术水平居于国内同类机构的较高水平，具备中心名称对应产品75%以上的全项目检测能力，具备一定的科研能力和参与国家（行业、地方）标准制修订能力，检测业务覆盖省域，可以作为服务本省产业发展的公共技术服务平台。

A级、B级国家质检中心可以考虑承担国家产品质量监督抽查任务，C级国家质检中心原则上不考虑承担国家产品质量监督抽查任务。

国家质检中心分中心依据《质检系统国家质检中心批筹原则与筹建程序的实施意见》（国质检科〔2011〕471号）设立，原则上A级国家质检中心方可挂设本省级行政区划内的分中心。

2. 升降级管理

对国家质检中心的能力建设水平实行分级评定，动态管理，该工作原则上每3年考核评价一次。

（1）升级：正式成立满2年的B级或C级国家质检中心的工作覆盖面发生变化，并且其能力水平大幅度提升，符合上一级国家质检中心的条件的，可以申请升级。且B级国家质检中心可以申请核定晋升 A 级；C 级国家质检中心只能晋升 B 级，不可以直接晋升 A 级。

（2）降级及撤销：国家质检总局国家质检中心主管部门根据情况，对正式成立的国家质检中心有下列情形之一的，报请总局领导批准，可对其国家质检中心资质做出下调一级的决定。

①已不符合本级国家质检中心的基本条件的；

②管理不善、绩效较差的；

③由于产业变化等原因，检测服务覆盖区域缩小，收入不能维持中心正常运行的；

④现场年度考核不合格，责令限期整改，在规定期限内整改仍不合格的；

⑤存在其他严重问题的。

问题特别严重的，将予以撤销。若 C 级国家质检中心被降级，同时予以撤销。省级主管部门应加强对降级国家质检中心的监督管理。

3. 命名

国家质检中心名称对应的产品应符合 GB/T 4754—2011《国民经济行业分类》和 GB/T 7635—2002《全国主要产品分类与代码》以及其他相关标准的规定，并与实际检测能力和业务范围相符。A 级和 B 级命名为“国家××质量监督检验中心”，C 级命名为“国家××质量检验中心”，必要时后缀区域名。

第三节　检验检测机构发展趋势

近几年我国的食品安全问题越来越突出，从苏丹红、三聚氰胺、塑化剂到各类非食品甚至有毒的添加剂浮出水面，人们对食品质量安全问题提出越来越多的质疑。同时，医疗、卫生、化学等行业暴露出的质量安全问题也逐渐增加。这时人们将所有的目光都聚焦在第三方检测机构身上，只有其出具的真实可靠的数据才能为人们解开疑惑，从而为各行业的产品质量安全提供更好的保障。因此，人们对第三方检测机构的关注达到了前所未有的程度。

一、我国检验检测机构现状

目前，按照参与者的不同性质划分，我国检验检测机构可以分为国有检验检测机构、外资检验检测机构和民营检验检测机构3种。入世前中国未开放检验检测市场，2003年国内检验检测行业开始向民营资本开放，2005年完全向外资开放，中国检验检测服务业竞争逐渐加剧。截至2015年年底，我国共有各类检验检测机构31122家，其中，企业制18665家，占机构总量59.97%；事业单位制11853家，占机构总量38.09%。营业收入方面，2015年全年共实现营业收入1799.98亿元，比2014年度增长了10.37%。检验检测机构资产属性方面，国有及国有控股机构15012家，占机构总量比重为48.24%，同比下降2.96个百分点；集体控股机构896家，占机构总量比重为2.88%，同比下降2.58个百分点；私营企业12498家，占机构总量比重为40.16%，同比上升8.57个百分点；港澳台及外商投资企业187家，占机构总量比重为0.6%，同比上升0.1个百分点；其他2529家，占8.12%。全行业共向社会出具检验检测报告3.29亿份，共有从业人员945073人，共拥有各类仪器设备4463801台套，全部仪器设备资产原值3017.59亿元，实验室面积5369.15万平方米。

就检测机构的比例而言，国有检测机构承担的是各部委的商检、质检、环保以及卫生等各种认证要求的强制性认证及各级政府的各种认证要求的强制性检验，利用传统垄断地位占据优势，业务规模最大，占有66.5%的市场份额；民营检验检测机构虽然起步晚，资本实力小，但发展迅速，占有市场份额20.7%；外资检验检测机构随着中国检验检测市场的逐步放开，利用自身优势不断抢占市场，占据7.6%的市场份额，外资检测机构平均每家机构取得营业收入是市场平均水平的12.67倍，其盈利水平显著高于市场平均水平；而由原隶属于各部委系统的专业实验室、研究所、企事业单位设置的各个检验检测部门发展而来的行业性质量检验检测机构处于市场夹缝地位，业务规模最小，只占5%左右的市场份额。随着检验检测市场的发展，我国相继主要在直辖市和沿海各省建立了很多大型实验室，可以承担部分检验检测功能。由民营和外资构成的第三方检验检测机构异军突起，利用市场化优势逐渐扩大市场份额，如国内民营检验检测公司华测检测已经成功上市，带给民营检验检测机构和第三方检验检测机构更大的前景市场动力。

目前，我国对检验检测机构实验室实施检验检测机构资质认定，获得资质认定的实验室主要涵盖了建筑、环保、卫生、粮食、质检、农业、交通、煤炭等各个行业，检验产品也涉及生活的方方面面。

从实验室的实验设备配置来看，国家级、省级的实验室主要是由国家投资建设的，为进行某些产品的强制性的安全检验而建立，设备较先进且自动化程度较高。但由于近年来此类实验室资金投入不足，设备结构出现老化态势。其他的实验室主要针对产品的关键性能进行检验，客户对其结果精度要求较高，设备多采用国内外先进设备。但我国实验室在设备投入方面整体来说，能力不足，设备更新率较低。

近几年，随着获证检测实验室规模和数量不断扩大，从业人员队伍和素质呈整体上升趋势。从人员配置来看，各国家级检测机构专业技术人员约占81%，本科学历占60%，硕士以上学历占4%，大部分检测机构的人员比例也能满足需求。但通过对国家级、省级、市（县）级人员比例的对比，发现人员比例存在很大差异，高学历、高职称和专业性强的技术人员主要集中在国家和省级实验室，而其他实验室的专业技术人员匮乏，这使得在检验领域、各行业的检测技术学术带头人的“领军”作用不明显，无法起到对商品质量的良好推动作用。

二、国内外检测行业的对比

国外的检测机构约在上世纪初起步，80 年代产品品质认证就涵盖了生产及生活的各个方面，同时由军工企业开始实施的品质管理体系认证逐渐进入民用工业。70 年代末英国认证机构 BSI（英国标准协会）开展了品质管理体系认证工作，使品质保证活动由第二方（顾客）审核发展到第三方认证，受到了各方的欢迎，进一步推动了检测行业的迅速发展。

国外第三方检测机构多是由国家政府出资建立，例如法国巴黎的 BV，是目前全球业务范围最广，国际化程度最高的公正性机构，在全球 140 多个国家设有 700 个分支机构和实验室，被 160 多个国家、地区及国际组织认可。德国的 TÜV 业务范围也涉及产品认证、体系认证、验货、工业服务等方面。美国的 UL 是一家产品安全测试和认证机构，其完善的质量保证使其成为美国人心目中安全标志的象征。这些国际化的实验室都拥有先进的仪器设备、精密的仪表、完善的自动化检测手段以及实时准确的信息处理系统，科学公正地为客户提供可信赖的数据及检验结果。同时这些检测机构拥有高素质的技术人才，主要钻研产品性能开发、与技术指标相关的各类检验方法以及国际标准的制定，为产品质量的提高提供全面有力的技术支撑。

现在国外的第三方检测机构成为企业市场准入的一块奠基石，检验结果对于制造商来说是市场竞争的指明灯。相对于我国的商品强制化检测与企业的被动态度，国外企业更积极主动地选择进行第三方检验，以便提高产品质量、追踪产品性能变化、把握商品市场动向，从而使企业更具有市场竞争力。

另外，我国的检测行业虽然发展迅速，但检测手段不完善，甚至有些商品到目前仍没有行业标准，从而导致某些产品执行标准方面还没有能力与国际标准齐头并进，产品质量与国际标准要求还存在一定的差距。

三、国内检验检测机构所面临的问题

首先，我国的大部分检验检测机构初期是由政府及各个行业的职能部门为适应经济发展及社会需求而投资建设的，这些国有及政府部门的第三方检验机构主要承担着政府部门对行业内某些产品的强制性检验任务，从而形成了我国第三方检测机构的主力军。但随着市场经济的深入发展，第三方检测机构也逐步被推入了市场，加之检测机构的增加、检验能力的比较等因素，从而使机构间的业务竞争也变得异常激烈，而原来的国有检测中心的人员依旧是服务意识薄弱、沟通能力差，以及长期形成的官僚作风，为机构本身的生存发展设置了障碍。其次，我国第三方检验机构实验室由于长期以各自业务为主，缺乏彼此间的交流和合作，使得我国实验室资源分散、整体竞争力差，某些行业检测机构严重缺失。这些因素都造成了我国第三方检测机构应对国际竞争时面临着巨大的挑战。

四、检验检测机构的发展趋势

市场经济的快速发展要依托检测机构，而检测机构的发展更推动了市场的良性运行，两者相辅相成，互为依托。如何更好地促进检测机构的发展、规范检测机构的工作、避免机构间的无序竞争、提升机构的技术能力、积极参与国际化的竞争，这些因素都对我国的检测机构提出了更高的要求。

（一）检验检测机构整合

目前，我国检验检测机构尚处于发展初期，缺乏政府统一有效的监管，规模普遍偏小，布局结构分散，重复建设严重，体制机制僵化，行业壁垒较多，条块分割明显，服务品牌匮乏，国际化程度不高，难以适应完善现代市场体系和转变政府职能的要求，迫切需要通过整合做强做大，提升核心竞争力，激发市场活力。

检验检测是产业运行和产品提升的重要环节，检验检测机构整合的意义在于依托现有的检验检测资源力量，通过科学组合和优化配置，把这些资源和力量有效地聚集起来，把检测能力和水平全面提升，做大做强，形成面向政府监管部门和司法机关、面向企业、面向社会的规模化、集约化公共检测平台。整合是提升的基础，提升是整合的目的。只有把现有检验检测资源科学地整合起来，才能迅速提升检测能力和水平，才能有力地促进产品结构调整和产品升级，为持续提高经济发展质量和效益发挥技术支撑和技术保障作用。

当前，各地是在撤销职能萎缩、规模较小、不符合经济社会发展需要的机构的基础上，从三个方面推进整合工作：一是结合分类推进事业单位改革，明确检验检测机构功能定位，推进部门或行业内部整合：功能相同予以整合，功能不同的分解职能、整合业务，相应划转人员编制和设备设施，着力解决检验检测机构重复建设的问题；二是推进具备条件的检验检测机构与行政部门脱钩、转企改制；三是推进跨部门、跨行业、跨层级整合，支持、鼓励并购重组，做强做大。打破原有部门行业分割格局，鼓励规模较大、整体实力较强的领域或产品开展跨行业、跨层级、跨地区整合，进一步打破地方分割和垄断，提高资源配置效率。

（二）加快促进检验检测认证高技术服务业发展

坚持政府引导、社会参与和市场驱动，实现检验检测认证服务主体多元化和服务方式多样化，进一步扩大检验检测认证市场规模，培育良好市场环境，提升服务能力、服务水平和服务质量，使其真正成为我国高技术服务业、生产性服务业的重要组成部分，成为连接第二、第三产业的重要桥梁，成为具有知识化、创新性和增值效应，特点鲜明的技术性基础产业。

1. 增强检验检测认证市场主体活力

加快国有检验检测认证机构改革。鼓励引入社会资本参与国有机构改革，推动具备条件的国有检验检测认证机构上市。引导国有检验检测认证资源向关系行业发展的关键领域集中，向技术密集、资源密集的基础性、战略性领域集中。推动检验检测认证事业单位分类改革，明确公益类认证认可检验检测机构的功能定位，加快具备条件的经营性事业单位与行政部门脱钩、转企改制，完善过渡政策。

加快形成公平开放的检验检测认证市场体系。简政放权，打破部门垄断和行业壁垒，限制政府对机构经营决策的干预，推动形成竞争性检验检测认证全国统一市场。鼓励民营企业和其他社会资本参与投资检验检测认证产业，支持具备条件的生产制造企业申请相关资质，面向社会提供第三方检验检测认证服务，支持第三方检验检测认证机构提供第二方合格评定服务。继续扩大开放，实行准入前国民待遇加负面清单管理制度，积极有效引入境外资金和先进的认证认可检验检测技术，健全国家安全审查和风险防范机制。

2. 推动检验检测认证服务业转型

推动检验检测和认证一体化发展。支持检验检测认证机构从提供单一服务向综合服务发展，逐步提高技术咨询、标准研制、培训等增值服务的比重。鼓励检验检测与认证一体化发展，在市场准入、项目投资等方面给予支持。

（1）支持检验检测认证规模化发展。鼓励从业机构通过资本纽带、市场运作等手段，以兼并重组、股权互换、资产置换以及投资建设等方式实现产业的规模化、集团化发展。加快各级各类业务相同、相近的检验检测认证机构整合，推进跨部门、跨行业、跨地区整合，适度提高检验检测认证市场集中度。

国际上实力较强、历史底蕴深厚或者政府背景突出的机构都有向综合性、规模化、全能型机构发展的趋势。企业一般的需求是一种综合性需求，检验检测、计量校准、认证认可及标准化服务契合这种需求，所以，国外检验检测机构，如SGS、TÜV均发展综合能力。

（2）支持检验检测认证品牌化专业化发展。提升检验检测认证机构品牌意识，鼓励机构实施品牌经营和品牌发展战略，依法进行商标注册、品牌保护和推广，着力培育一批技术能力强、服务水平高、规模效益好、具有一定国际影响力的检验检测认证知名品牌和优势机构。在新材料、新能源、重大装备、信息技术、节能环保、食品安全、化学品安全等重点领域，支持一批技术有特长、服务有特色的专业化检验检测机构发展，不断满足市场多样化、个性化需求。加强物联网、云计算、大数据、新一代移动通讯、新能源汽车等战略性新兴产业领域检验检测能力建设，加大技术储备、培育力度，建设一批高水平的中国品牌检验检测机构，不断满足新的市场需求。支持传统领域检验检测机构积极开展技术研发创新，加强业务培训，完善专业化服务网点建设。扶持中小微检验检测机构服务能力建设，鼓励社会资本、一般性社会组织或者个人建立专业化的检验检测机构，提供合法且便捷的检验检测技术服务，填补生产和生活中末端的检验检测需求。

3. 促进检验检测认证市场协调发展

推动检验检测认证基本公共服务均等化。发挥政府作用，引导检验检测认证公共资源重点向中西部以及革命老区、民族地区、边疆地区、贫困地区以及民生、安全、环保等领域倾斜。发挥示范带动作用，推动公共检验检测认证平台示范区建设。

促进检验检测认证区域协调发展。坚持需求导向，完善检验检测认证机构规划布局。加强中西部地区检验检测认证公共基础设施和能力建设，支持中部地区面向优势产业发展检验检测认证服务，鼓励东部地区检验检测认证产业集聚区建设，服务重点产业转型升级和做大做强。发挥认证认可检验检测在推进京津冀交通一体化建设、产业转型升级和生态环境保护等方面的保障作用，在推进长江经济带发展现代物流、航运服务等生产性服务业的支撑作用。鼓励“一带一路”核心区及相关地区发挥地缘优势，深化与中亚国家、东盟等经济体的认证认可检验检测合作。

建设检验检测认证高技术服务集聚区，推动检验检测认证产业集聚发展。“集聚区”具有产业集聚和产业关联的特点，有助于在较短时间形成检验检测认证服务业新高地，促进产业集约化、节约型发展。通过将集聚区建设纳入城市建设、经济社会发展总体规划，创新产业集聚区管理和服务，优化资源配置，推动具备条件的地区引导检验检测认证机构集聚发展，提升检验检测认证服务能力，促进经济结构调整和发展方式转变。

（三）显著提升国际化水平

以服务更高层次的开放型经济为目标，实施互利共赢的国际化战略，加快推进认证认可检验检测双多边合作与互认进程，提高我国在国际认证认可检验检测领域的影响力和话语权，推动中国认证认可检验检测走出去。

1. 开创国际合作互认新局面

(1) 进一步提升国际合作互认的质与量。机制化发展双边合作，扩大双边互认，拓展合作领域区域，积极推动与主要贸易国以及区域重点国家的双边合作，积极参与自贸谈判中涉及认证认可检验检测部分的磋商，推动双边认证认可检验检测合作与双边经贸合作同步发展。充分发挥 IEC 合格评定体系、国际认证机构和实验室认可互认体系等国际多边互认体系作用，稳步扩大加入国际多边互认范围，优化多边互认体系国内应用，强化双多边互动。开展国际合作互认评估，加强国际合作目标国认证认可检验检测体系研究、互认评价关键技术研究以及互认策略和战略研究。

(2) 构建大国际合作格局。加强与相关政府部门、行业协会、科研院所及企业的沟通联络，谋求国际合作互认的最广泛利益。建立国内从业机构国际合作联络官机制，加强国际组织国内对口工作组建设，扩大国际合作参与主体，支持从业机构自主开展国际合作，搭建高效信息平台，大力推动认证认可检验检测国际合作互认共谋共治共享。

（3）全面参与认证认可检验检测全球治理。巩固我国在IEC、ISO、IAF等认证认可国际组织中重要管理任职，加大技术层面参与力度，建立完善国内支撑体系。优化国际组织任职管理，加大复合型人才发掘和培养力度，确保国际任职的可持续性。参与和主导国际规则制修订，逐步实现由被动跟随到主动引领的转变。

2. 加快开放发展

推进服务“一带一路”建设。积极落实《共同推动认证认可服务“一带一路”建设的愿景与行动》，逐年提升我国与沿线国家合作覆盖率。加强与沿线国家政府主管部门间的沟通交流，共同开展国别制度研究、标准比对、能力验证等活动，举办“一带一路”认证认可合作论坛，鼓励沿线各国从业机构开展技术交流合作，以体制、技术、能力互信促进结果互认，加大推介我国认证认可检验检测制度，共同推广我国认证认可检验检测的优良实践。

深入落实走出去战略。以自由贸易区及“一带一路”沿线国家为重点，加强“走出去”战略研究和政策推进。在行政审批、结果互认、认可服务、创新支持等方面，为认证认可检验检测服务出口集中区域提供支持。加强部际合作，建立健全“走出去”联动机制，推动认证认可检验检测“走出去”相关政策制定和实施，加大“走出去”投融资支持措施，推进认证认可检验检测与政府援助项目、政府招标项目、亚投行项目等的深度融合，鼓励检验检测认证机构通过各种形式进行资源整合，充分利用国际国内两个市场、两种资源，增强竞争能力，加强风险防范，积极推动中国认证认可检验检测服务、机构、制度跟随装备制造、工程建设等优势产业和过剩产能走出去。

3. 深化内地和港澳台合作

加快落实 CEPA 各项协议中认证认可相关内容，推动内地与港澳间服务贸易自由化进程，拓宽合作广度，加强合作力度，提升合作水平。积极围绕 CEPA 协议中认证认可相关开放措施，制定发布实施方案并推动落实，切实提高合作成效。发挥港澳服务贸易平台优势，助力内地与港澳经济的共同发展。深化两岸认证认可合作工作组机制，积极促进两岸认证认可主管部门、认证检测机构和行业协会间的紧密交流，推进工作组下设各项目组的合作进程，扩展新领域合作。

（四）提升检测能力

就我国现在的检验检测机构的业务比例来说，大部分检测机构的业务范围多是以国家规定的检测项目为主，而随着我国加入 WTO，许多出口商品必须要满足国际出台的各种标准与新规。例如最近欧盟发布的《化学品注册、评估、许可和限制法规》（REACH）新规中，新列入的“高度关注物质”包括邻苯二甲酸盐、五氧化二砷等 46 种物质，如果出口到欧盟的商品中含有的高度关注物质超过 0.1%，且该物质每年进入欧盟市场的重量超过 1 吨，制造商或进口商需要向欧洲化学品管理局进行通报。此项新政对于我国纺织、服装、鞋类、玩具等出口行业引起了不小的冲击，由于我国没有此方面的检测机构，所以不少出口企业选择将原材料或成品进行出国检验，一方面无形中增加了企业的负担，另一方面是检验周期较长，通常会占去企业生产周期的三分之一到三分之二的时间，势必会影响企业交货的时间，而承担的高额违约金对于一个企业来说更是可怕。尤其是近年来国际贸易技术壁垒频出，国际法规更新速度快，各出口大国争夺国际市场更加激烈，因此社会各方都急切地呼吁我国建立高端的第三方检测机构，一方面以解企业燃眉之急，另一方让企业能够更加精准地拓展市场。

（五）实现真正的有效监管

随着市场经济的逐渐深化，商品多样化、标准国际化以及检测市场竞争的白热化，就第三方检测机构如何实现检测工作的客观真实性，如何为市场准入提供公正可靠的数据，我国有关部门将进一步加强对第三方检测机构的监督管理。不仅严格检测机构内部管理，提升检测工作质量，确保检测报告的安全性和准确性，实现检测机构的质量提升，而且要逐步完善我国实验室、检验检测机构的资质认定和监督管理制度。从实验室资质认定、实验室认可、实验室检测市场准入、检测人员执业资格、实验室能力验证、实验室行为规范、实验室资源信息公开和实验室全面监督管理等方面加以规范，以提高实验室的整体技术和管理水平，促进科技创新，在发展中逐步规范和完善工作行为，将可能导致事故的风险控制在最低的范围内，通过对关键过程的控制实现检测的公正性、可靠性，真正发挥第三方检测机构服务经济、服务社会的效能作用。

第十章　质量技术监督行政执法

第一节　概　述

一、质量技术监督行政执法的概念

质量技术监督行政执法，是指质量技术监督部门或者经依法授权的组织，按照质量技术监督法律、法规、规章的规定，对行政相对人（个人或组织）采取的具体影响其权利义务，或者对行政相对人的义务履行情况进行监督检查的具体行政行为。

质量技术监督行政执法作为一种行政活动，必须遵守国家法律、行政法规和部门规章已经设定的程序和内容，其执行质量技术监督法律、法规和规章的具体活动，是保障国家法律、法规和规章切实履行的一种政府行为。在开展行政执法活动中，必须严格依法履行职责，既不能超越职权或滥用职权，更不能乱作为或不作为。

质量技术监督行政执法作为一个大类，包括行政处罚、行政许可、行政强制、行政确认、行政检查等活动，其中行政处罚、行政许可、行政强制、行政检查在质量技术监督所有行政执法活动中，占有非常重要的地位。

（一）行政执法主体

所谓行政执法主体，是指能以自己的名义行使国家行政职能，作出影响公民、法人或者其他组织权利义务的行政行为，能独立对行为后果承担法律责任的组织。质量技术监督部门的行政执法主体主要包括行政机关、法律法规授权组织及行政委托组织。

（二）行政执法依据

行政执法依据是指各行政执法主体对公民、法人和其他组织就其权利、义务等特定事项作出具有强制性的具体行政行为所依据的法律、法规和规章等。

（1）法律。法律是指全国人民代表大会及其常务委员会制定的基本法律和一般法律。按照法律制定的机关及调整的对象和范围不同，法律可分为基本法律和一般法律。基本法律是由全国人民代表大会制定和修改的、规定和调整国家和社会生活中某一方面带有基本性和全面性的社会关系的法律。

（2）行政法规。行政法规是指国务院为领导和管理国家各项行政工作，根据宪法和法律，按照行政法规制定程序制定的政治、经济、教育、科技、文化、外事等各类法规的总称。由于法律关于行政权力的规定常常比较原则、抽象，因而还需要由行政机关进一步具体化。行政法规就是对法律内容具体化的一种主要形式。

（3）地方性法规。地方性法规是指省、自治区、直辖市以及省、自治区人民政府所在地的市和经国务院批准的较大的市的人民代表大会及其常委会，在其法定权限内制定的规范性文件。地方性法规具有地方性，只在本辖区内有效，其地位和效力低于宪法、法律和行政法规，不得与宪法、法律和行政法规相抵触。

（4）自治条例和单行条例。民族自治条例和单行条例是指民族自治地方的人民代表大会依照宪法、民族区域自治法和其他法律规定的权限，结合当地民族的政治、经济和文化的特点制定的规范性文件。

（5）规章。规章分为部门规章和地方政府规章。部门规章是指国务院各组成部门以及具有行政管理职能的直属机构根据法律和国务院的行政法规、决定、命令，在本部门权限内按照规定程序制定的规范性文件的总称。

（6）行政规范性文件。行政规范性文件是指国家行政机关为执行法律、法规和规章，对社会实施管理，依法定权限和法定程序发布的规范公民、法人和其他组织行为的普遍约束力的政令。

（三）行政执法程序

行政执法程序是针对行政执法行为而言的，是为规范行政执法行为，避免相对人的权利因行政主体的随意判断受到侵害而制定的，是行政执法行为在时间和空间上的表现形式。

1. 一般程序

（1）质量技术监督部门适用一般程序的行政处罚案件的范围：

一是处罚较重的案件；二是情节复杂的案件；三是当事人对执法人员给予当场行政处罚的事实认定有分歧，致使执法人员无法当场作出行政处罚决定的案件。

（2）一般程序包括的步骤

①立案。指质量技术监督部门依据监督检查职权或者通过举报、投诉、其他部门移送、上级部门交办等途径发现和获取违法行为线索及时组织核查的行为，是行政处罚一般程序的开始。

②调查取证。是指质量技术监督部门为查明案件事实，依据法律、法规、规章规定，围绕案件事实进行检查、查验及其他收集证据的行政行为。

③案件的审理。指案件调查终结，案审办初审通过后，报案审会对行政违法行为的事实、证据及其处罚进行集体审理，最后确定对行政违法行为人的处罚结论。

④处罚的告知。指质量技术监督部门在对相对人作出行政处罚决定之前，应当告知当事人作出行政处罚决定的违法事实、

证据、违反的规范性文件及依法应负的法律责任。

⑤制作处罚决定书。这是对行政处罚规范化的一种要求。

⑥送达。即质量技术监督部门通过法定方式在一定期限内将处罚决定书送交被处罚人，产生处罚正式生效的结果。

2. 听证程序

听证程序适用的范围，主要是适用于行政机关拟作出责令停产停业、吊销质量技术监督部门核发的许可证或者处以较大数额罚款等行政处罚，在依法告知当事人后，当事人要求听证的行政处罚案件。依据《中华人民共和国行政处罚法》（以下简称《行政处罚法》）规定，听证依照以下程序组织：

（1）当事人要求听证的，应当在行政机关告知处罚后三日内提出；

（2）行政机关应当在举行听证的七日前，通知当事人举行听证的时间、地点；

（3）除涉及国家秘密、商业秘密或者个人隐私外，听证公开举行；

（4）听证由行政机关指定的非本案调查人员主持；

（5）当事人可以亲自参加听证，也可以委托 1～2 人代理；

（6）举行听证时，调查人员提出当事人违法的事实、证据和行政处罚的建议，当事人进行申辩和质证；

（7）听证应当制作笔录，笔录应当交当事人审核无误后签字或者盖章。

3. 简易程序

简易程序当场处罚的适用应具备违法事实确凿、法定依据及对公民处以 50 元以下，对法人或者其他组织处以 1000 元以下罚款或者警告的行政处罚的条件。质量技术监督部门对当场处罚程序的规定包括：

（1）执法人员当场向当事人表明身份；

（2）执法人员指出当事人的违法行为，说明理由、行政处罚依据，必要时进行现场调查取证；

（3）告知当事人依法享有的权利；
（4）制作当场行政处罚决定书，并当场交付当事人；
（5）当场处罚的执行；
（6）当场处罚决定必须向所属机关备案。

二、质量技术监督行政执法的主要特点

（一）主体和内容的法定性

质量技术监督行政执法的主体是国家质检总局和地方各级质量技术监督或经法定授权的组织代表国家所进行的质量技术监督行政管理活动，在进行行政执法活动时，必须以法律、法规和规章为依据，按照法律、法规赋予的职权开展行政执法活动，其行政执法活动一般由国家强制力保障，具有强制性。除法律、法规有明确规定外，其他任何组织和个人无权行使法律、法规赋予质量技术监督部门的职权。

（二）对象的特定性

质量技术监督行政执法是一种具体的行政行为，是部门或经依法授权的组织依法在其职权范围内，针对特定的人或事采取某种措施的行政活动。特定的人或事就是指质量技术监督法律、法规所规定的管理对象，对不属于质量技术监督法律、法规调整范围内的管理对象或行为，质量技术监督部门无权对其开展行政执法活动。

（三）过程的程序性

质量技术监督行政执法过程中的一切活动，不仅要求在实体上合法，而且必须在程序上合法。程序上不合法的行政执法行为，无法保证结果的公正合理，从而导致行政执法行为的无效。质量技术监督部门在开展行政执法活动中必须严格遵守法律、法规和规章制定的执法程序。

（四）手段的技术性

质量技术监督部门在开展行政执法活动中所使用的执法方法和执法手段具有很强的技术特点。质量技术监督部门主要以质量检验、计量检定和技术鉴定等技术手段为依托开展行政执法活动，这是质量技术监督行政执法与其他行政执法最显著的区别。质量技术监督行政执法活动一般需要将法律、法规、规章的规定与专业技术方法有机结合起来，应用科学的数据作为依据，实现行政执法的目的。因此，质量技术监督系统建立了较强技术能力的各类技术机构，包括产品质量检验、计量测试、特种设备检验、标准情报等多种技术机构，这些技术机构为质量技术监督部门的行政执法活动提供了强大的技术支撑。

第二节　行政执法

行政执法可分为行政处罚、行政许可、行政征收、行政给付、行政确认、行政强制、行政检查等，以下对涉及质量技术监督部门的主要行政执法进行简单介绍。

一、行政处罚

行政处罚是指具有行政处罚权的行政机关和法定授权组织，依照法定权限和程序对公民、法人或者其他组织违反行政管理秩序，尚未构成犯罪的违法行为给予的行政制裁。

（一）行政处罚的种类

根据《行政处罚法》第八条规定的行政处罚种类，按其性质划分，大致可分为四类：

（1）申诫罚。指行政机关向违反行政法律规定的公民、法人或者其他组织提出警告或者谴责，申明其行为违法，教育行为人避免以后再犯的一种形式，例如警告。

（2）财产罚。指强制违法行为人交纳一定数额的金钱或者剥夺其原有财产的行政处罚。这种处罚的特点是对违法者进行经济制裁，是目前应用最广泛的一种行政处罚，主要形式有罚款、没收违法所得、没收非法财物等。

（3）行为罚。是对公民、法人或者其他组织违反行政法律规范所采取的限制或剥夺其特定行为能力或资格的一种处罚措施。行为罚包括责令停产停业，暂扣或吊销许可证、执照两种形式。这里所说的行为是指经行政机关批准的从事某项活动的权利。

（4）自由罚。是限制或者剥夺违法行为人的人身自由的处罚。

（二）行政处罚的适用规则

行政处罚的适用规则是指行政处罚主体将行政处罚法律规范应用到具体的行政违法行为上的活动，它与行政处罚的制定相对应。它是对违法行为如何施行行政处罚，以及如何处理行政处罚与其他处罚之关系的规定。行政处罚主体包括两类：①具有行政处罚权的行政机关；②法律授权或经委托行使行政处罚权的组织。其适用规则主要有5个方面：

（1）一事不再罚。《行政处罚法》第二十四条规定："对当事人的同一个违法行为，不得给予两次以上罚款的行政处罚。"确定这一规则的目的在于防止重复罚款和多头罚款。对违法当事人的同一违法行为不得给予两次以上处罚的规则，主要适用于三种情形：一是同一个违法行为违反了一个法律规范，由一个行政机关实施处罚的，该行政机关不得再以任何理由给当事人两次以上罚款的处罚；二是同一个违法行为违反了一个法律规范，两个以上行政机关依法可以实施处罚的，若其中一个部门给予了罚款处罚，则另一部门不得以相同的事实和理由再予以罚款处罚；三是一个违法行为违反了两个以上法律规范，依法分别由两个以上行政机关给予处罚的，一个行政机关已经给予了一次罚款，其他行政机关就不能再给予罚款的行政处罚。

(2) 行政处罚与刑罚合并适用。某些违法行为经行政机关给予行政处罚后，由于违法行为构成犯罪，还要移交司法机关进行处理，由人民法院判处罚金、拘役或者有期徒刑。《行政处罚法》第二十八条规定，违法行为构成犯罪的，人民法院判处罚金时，行政机关已给予当事人罚款的，当折抵相应罚金；人民法院判处拘役或者有期徒刑时，行政机关已经给予当事人行政拘留的，应当依法折抵相应刑期。

(3) 不予行政处罚。按照《行政处罚法》规定，下列三种情形一者不予行政处罚：不满 14 周岁的人有违法行为不予行政处罚，责令其监护人加以管教；精神病人在不能辨认或者不能控制自己行为时有违法行为的，不予行政处罚，责令其监护人严加看管和治疗，但间歇性精神病人在精神正常时有违法行为的应当给予行政处罚；违法行为轻微并及时纠正，没有造成危害结果，不予行政处罚。

(4) 从轻或者减轻行政处罚。《行政处罚法》第二十七条规定，违法当事人有下列情形之一的，应当依法从轻或者减轻行政处罚：

①主动消除或者减轻违法行为危害后果的；

②受他人胁迫有违法行为的；

③配合行政机关查处违法行为有立功表现的；

④其他依法从轻或者减轻行政处罚的。

(5) 追诉时效。追诉时效是指对当事人实施行政处罚的有效期限，超过了规定期限，就不能再对违法当事人实施行政处罚。《行政处罚法》第二十九条规定："违法行为在 2 年内未被发现的，不再给予行政处罚。法律另有规定的除外。"《行政处罚法》规定追诉时效的开始从违法行为发生之日起计算。

(三) 质量技术监督行政处罚的分类

(1) 违反产品质量法律、法规和规章行为的行政处罚（质量违法行为行政处罚）；

（2）违反计量法律、法规和规章行为的行政处罚（计量违法行为行政处罚）；

（3）违反标准化法律、法规和规章行为的行政处罚（标准化违法行为行政处罚）；

（4）违反特种设备安全监察法规和规章行为的行政处罚（特种设备违法行为行政处罚）；

（5）其他质量技术监督行政处罚（主要包括认证认可违法行政处罚、工业产品生产许可证违法行政处罚等）。

二、行政许可

行政许可是指行政机关根据公民、法人或者其他组织的申请，经依法审查，准予其从事特定活动的行为。但并非所有的行政审批都是行政许可，确定一个审批项目是否属于行政许可，需满足四个条件，即：属于行政机关的管理性行政行为；属于行政机关实施的外部管理行为；是依申请的行政行为以及是行政机关依法准予相对人从事特定活动的行为。其表现为：一是行政许可是依申请的行为。以申请为起始，无申请即无许可。二是行政许可是管理性行为。主要体现为行政机关作出行政许可的单方面性。不具有管理性特征的行为，即使冠以审批、登记的名称，也不属于行政许可。三是行政许可是管理经济和社会事务的外部行为。行政机关对其他行政机关，或者对机关直接管理的事业单位的人事、财务、外事等事项的审批，则属于内部管理行为，不属于行政许可。四是行政许可是准予相对人从事特定活动的行为。实施行政许可的结果是，相对人获得了特定活动的权利或者资格。而行政审批是指政府机关或授权单位，根据法律、法规、行政规章及有关文件，对相对人从事某种行为、申请某种权利或资格等进行具有限制性管理的行为。审批有三个基本要素：一是指标额度限制；二是审批机关有选择决定权；三是一般都是终审。行政审批最主要特点是审批机关有选择决定权，即使符合规定的条件，也可以不批准。

行政许可是一种具体行政行为，行政相对人如果认为该行政许可侵害了自己的利益，可以以行政复议或者行政诉讼的方式救济；而对行政审批不服通常不能提行政复议、行政诉讼。

（一）行政许可的事项范围

《行政许可法》将可以设定行政许可的事项概括规定为下列六类：

（1）直接涉及国家安全、公共安全、经济宏观调控、生态环境保护以及直接关系人身健康、生命财产安全等特定活动，需要按照法定条件予以批准的事项；

（2）有限自然资源开发利用、公共资源配置以及直接关系公共利益的特定行业的市场准入等，需要赋予特定权利的事项；

（3）提供公众服务并且直接关系公共利益的职业、行业，需要确定具备特殊信誉、特殊条件或者特殊技能等资格、资质的事项。

（4）直接关系公共安全、人身健康、生命财产安全的重要设备、设施、产品、物品，需要按照技术标准、技术规范、通过检验、检测、检疫等方式进行审定的事项；

（5）企业或者其他组织的设立等需要确定主体资格的事项；

（6）法律、行政法规规定可以设定行政许可的其他事项。

（二）质量技术监督工作涉及的行政许可

（1）涉及领域广泛。质量技术监督部门作为一个十分重要的规范市场经济秩序的管理部门，全国人大常委会先后制定了《标准化法》《计量法》《产品质量法》《特种设备安全法》等法律，国务院制定了《标准化法实施条例》《计量法定施细则》《工业产品生产许可管理条例》《特种设备安全监察条例》《危险化学品管理条例》《认证认可条例》等行政法规，明确设置了有关的行政许可制度。

（2）呈现多层次性。有的行政许可由国家质检总局负责实施，如一些工业产品生产许可等；有的由省级质量技术监督局实施，如部分检验机构的计量认证等；有的由市、县质量技术监督部门实施，如计量器具制造许可。

（3）动态发展状态。自从《行政许可法》实施以来，国家质检总局结合质检工作的实际情况，开展了一系列的行政审批制度改革工作，不断完善质量技术监督行政许可制度。如大幅度取消和调整了行政审批项目；狠抓行政许可制度化建设，规范行政许可程序，下放行政许可权限；加快行政许可信息化建设，开展“网上审批”。根据经济和社会发展的需要，调整和减少行政许可项目。

三、行政强制

行政强制是指行政主体为了保障行政管理的顺利进行，通过依法采取强制手段迫使拒不履行行政法义务的行政相对人履行义务或达到与履行义务相同的状态；或者出于维护社会秩序或保护公民人身健康、安全的需要，对行政相对人的人身或财产采取紧急性、即时性措施的具体行政行为的总称。行政强制包括行政强制措施和行政政强制执行。

（一）质量技术监督工作中涉及行政强制措施的种类

（1）查封。查封指行政主体对公民、法人或者其他组织的财物就地封存，不许公民、法人或者其他组织使用、处分的行政措施。这种措施一般在公民、法人或者其他组织的财物不便取走时采用，只需就地在财物上粘贴封条即可，被查封的财物不转移到行政机关。当然在必要时，对查封的财物要设专人加以保管。

（2）扣押。扣押指行政主体将可以用作证据或需要作其他处理的公民、法人或者其他组织的财物（指动产）予以留置的行政措施。扣押措施使公民、法人或者其他组织的财物置于行政主体的控制之下，行政主体对这些财物应当妥善保管或封存，不得使用或损毁。

（3）拍卖。《质量技术监督罚没物品管理和处置办法》规定：经检验或者鉴定，罚没物品符合下列要求的，可以按照《中华人民共和国拍卖法》的规定进行拍卖：不存在危及人体健康，人身、财产安全；消除伪造产地，伪造或者冒用他人厂名、厂址，伪造或者冒用认证标志等质量标志印记和合格证明的；有一定使用价值或者有回收利用价值的；经计量检定合格或经测试、校准合格的计量器具；质量技术监督法律、法规、规章规定的其他条件的。拍卖款应当按照财政部门的规定及时上缴国库。

（4）加收滞纳金。《行政处罚法》第五十一条规定，当事人逾期不履行行政处罚决定，到期不缴纳罚款的，每日按罚款数额分之三加处罚款。

（二）行政强制措施的程序

行政主体采取行政强制措施的目的，是为了预防、制止危害社会行为的产生或者为了保全证据。依据《中华人民共和国行政强制法》的规定，其程序可以归纳为：批准、告知、实施和解除。

（1）批准。实施行政强制措施前必须向行政机关负责人报告并经批准。但在紧急情况下，为降低危害程度、控制事态发展，需要当场实施行政强制措施的，行政执法人员应当在24小时内向行政机关负责人报告，补办批准手续。如果行政机关负责人认为不应当采取行政强制措施的，应当立即解除。

（2）告知。实施行政强制措施应当告知当事人，让当事人知晓并配合行政主体采取行政强制措施。行政强制措施中的告知和行政强制执行中的告知目的是不同的，行政强制执行中的告知实际上是再次敦促法定义务人自觉履行义务。

（3）实施。行政强制措施决定告知当事人后，行政主体即可实施行政强制措施。在实施行政强制措施时，行政主体应当注意以下两个方面：一是应当满足法定的形式要件，即行政主体在采取行政强制措施时应具备一定的法定形式，以示慎重和严肃；二是应当遵守法定的时限，不能随意拖延。

（4）解除。行政强制措施作为一种临时性的行政手段，它只是行政主体随之作出的行政处理决定的准备和前奏，一旦采取行政强制措施的法定事由排除，行政强制措施就应当及时解除，否则就有可能使公民、法人或者其他组织的合法权益受到侵害。

四、行政检查

行政检查是指行政机关及其工作人员依法对公民、法人或者其他组织执行法律、法规和规章以及其他有关行政决定、命令等情况进行检查和了解的具体行政行为。

（一）行政检查的依据

行政检查的依据是指行政检查主体实施检查的权力来源，是一种外部行政管理职能，它是行政主体代表国家对社会进行管理并产生一定影响的行为。因此必须依法进行，其主要依据主要有法律、法规、规章、其他规范性文件及委托等依据。

（二）行政检查的权限

（1）进入现场权。行政机关为了履行监督检查职能，充分了解行政相对人的守法情况，依照法律、法规的规定，享有进入现场的权力，包括进入行政管理相对人工作与业务活动场所。

（2）询问权。行政机关为进一步了解相对人的有关活动或行为及有关的事实，有权采取询问或者讯问的方式，直接向相对人进行了解，相对人必须如实回答，不得拒绝、隐瞒。

（3）索取必要的账册、凭证和有关材料权。行政机关在实施检查行为中，针对检查对象和工作需要，可根据有关法律的规定要求相对人如实提供账册、报表及有关材料，相对人不得拒绝、隐瞒。行政检查主体根据需要可以查阅、调阅或复制有关材料，但必须为相对人保守商业秘密。

（4）采取必要的行政强制措施。行政机关在实施检查活动中，对于相对人拒绝接受检查的，或者发现有违法嫌疑的，有可能毁灭证据及有关材料的，或出现紧急情况的，可以依法采取必要的行政强制措施，以保证检查行为和检查目的的实现。

（三）质量技术监督行政检查

行政检查是质量技术监督部门履行行政管理职责的必要手段和措施，检查的程序主要包括：

（1）出示证件并告知。《行政处罚法》规定，行政机关在调查取证时，执法人员不得少于 2 人，并应当向当事人或者有关人员出示证件。检查时执法人员应当主动出示行政执法证件，表明身份，告知当事人检查的依据、原因和目的。一是表明执法人员具有法定职权，二是体现行政执法的严肃性和权威性，三是便于接受监督。执法人员的示证和告知情况应记录在检查笔录中。实施现场勘验检查按规定需要通知当事人到场的，应当通知其到现场参与检查，尊重其知情权和参与权。当事人拒不到场的，视为其放弃参与检查的权利，不影响现场检查的进行，执法人员应当在笔录中载明相关情况。

（2）收集证据。检查的目的是查明事实和收集证据，全面而客观地收集证据可为后续行政行为提供支持。检查过程中要有意识地收集书证、物证，采用拍摄照片、录制视听资料等方式固定证据。尤其是当事人不在检查现场或者拒绝在笔录上签字时，以拍照和录像的形式记录现场检查的情况则更为重要。视听资料等证据需当事人当场签字盖章确认，一并记录证据采集的时间、地点及执法人员姓名，所集证据应相互印证，形成证据链，以增强证明力。

（3）制作检查笔录。检查笔录是行政执法人员在执法现场所作的书面记录，是行政执法过程中特有的法定证据，具有现时性、客观性、真实性的特点。实施行政检查应当制作检查笔录，笔录应当载明制作的时间、地点和事件等内容，全面、客观、真实反映检查现场、物品的情况，由执法人员和当事人签名确认。当事人拒绝签名或者不能签名的，应当注明原因，并以录音、录像等视听资料加以证明，必要时可邀请第三方作为见证人。

第三节　行政执法监督

行政执法监督分为外部监督和内部监督。外部监督包括权力机关的监督、司法监督、专门监督、社会监督和执政党的监督。上级对下级行政机关的监督，是行政执法监督的最主要形式和途径，也是监督最为直接的一种有效途径。

行政机关的行政执法行为，是直接涉及公民、法人和其他组织权利和义务的行为，也是最容易引起纠纷的行为。例如行政处罚、行政许可、行政强制等具体行政行为是否合法适当，行政执法主体是否存在不作为或者乱作为，行政执法方式是否合法、文明等，都直接关系到行政执法的整体水平和法治政府建设的进程，也关乎人民群众的切身利益是否得到保障。

一、行政复议

行政复议是指行政复议机关对公民、法人及其他组织认为侵犯其合法权益的具体行政行为，基于申请而予以受理、审查并作出相应决定的活动。简而言之，就是行政复议机关适用准司法程序处理特定行政争议的活动。

（一）质量技术监督工作涉及的行政复议

行政复议的核心是审查行政行为，解决行政纠纷，质量技术监督的行政行为表现形式复杂多样，对相对人而言它意味着相对人对哪些行政行为可提起行政复议，并可以通过行政复议这一种制度化的监督和救济机制来维护自己的合法权益，目前主要涉及的范围主要包括：

（1）行政处罚行为。行政处罚是行政机关或法律法规授权的组织依法对违反行政法规范的公民、法人或其他组织所实施的一种行政制裁行为。按《行政处罚法》的规定，处罚的种类包括：警告、罚款、没收、吊扣证照、责令停产停业及法律、行政法规规定的其他种类的行政处罚。对所有这些行政处罚不服的，均可申请复议。

（2）行政强制行为。行政强制行为是指行政机关为了预防、制止违法行为或危害社会的状态，以及查明案件事实或执行法律、法规及行政决定，依法对相对人的人身和财产所采取的强制性处置行为。质量技术监督部门依法采取的行政强制措施包括查封和扣押，对以上行政强制措施不服的，均可申请行政复议。

（3）行政许可行为。行政许可是指根据公民、法人或者其他组织的申请，经依法审查，准予其从事特定活动的行为。其表现形式有许可证、执照、资格证、资质证、行政机关的批准文件或者证明文件等。对这些行政许可的变更、中止、撤销行不服的，可申请复议。

（4）违法要求履行义务。行政机关在行政管理活动中有权要求公民、法人或其他组织履行义务，但必须严格依法进行，否则就是违法要求履行义务，这种违法行为在实际生活中大量存在，相对人对此不服，可申请行政复议。

（5）不予行政许可。相对人认为符合法定条件，申请行政机关颁发许可证、执照、资质证、资格证等证书，或者申请行政机关审批、登记有关事项，行政机关没有依法办理的，相对人有权申请行政复议。

（6）不履行法定职责。相对人申请行政机关属于保护人身权利、财产权利、受教育权利的法定职责，行政机关没有依法履行的，相对人有权申请行政复议。

（7）其他具体行政行为。相对人认为行政机关的其他具体行政行为侵犯其合法权益的都可申请复议，且不仅限于人身权、财产权，该事项扩大了行政复议的范围，是行政复议受理范围的兜底式条款。

（二）不可申请复议的事项

《中华人民共和国行政复议法》（以下简称《行政复议法》）除了明确规定复议机关应当受理行政复议事项外，同时规定了复议机关不予受理的几种情形，即行政复议的排除性规定。对于这些事项，申请人不得提出复议申请，这一规定划清了申请复议和不能申请复议的界限，便于复议申请人和复议机关掌握。

根据《行政复议法》第8条的规定，对以下两种事项不能申请行政复议：第一，不服行政处分及其他人事处理决定的。对行政处分不服，根据《中华人民共和国行政监察法》《中华人民共和国公务员法》（以下简称《公务员法》）的规定，可通过内部行政申诉的途径获得救济；对任免、录用、考核、调动等人事处理决定引起的争议，可按《公务员法》和《人事争议处理暂行规定》，采用申诉或人事仲裁的方式予以解决。第二，不服行政机关对民事纠纷作出的调解和其他处理的。对此，可通过仲裁或直接向法院起诉的方式获得解决。

（三）行政复议的程序

法律的有效实施依赖于程序的规范，程序和内容对于法律制度来讲，具有同等重要的意义，行政复议制度也不例外。依据《行政复议法》，行政复议的程序分为申请、受理和决定。

1. 申请

行政复议是一种依申请的行政行为，没有申请人的申请，行政复议就无法启动。因此申请是行政复议程序中的第一个阶段。《行政复议法》对行政复议的申请主要涉及以下三项，即复议申请的期限及形式、复议参加人和复议申请管辖。申请时间为自知道该具体行政行为之日起六十日内提出行政复议申请，法律规定超过六十日的除外。

2. 受理

复议机关在收到复议申请后，应当予以及时、严格地审查，并在一定期限内决定是否予以受理。只有申请人的申请行为与复议机关的受理行为相结合，才标志着复议申请的成立和复议程序的开始。《行政复议法》对行政复议的进行审查之后，应当在五日内作出不予受理或者直接受理的决定，起过五日未作出不予受理决定并告知申请人的，即视为行政复议机关自收到申请之日起受理。

3. 决定

复议机关经过对复议案件的审理，要依据事实和法律，就行政复议作出结论性裁决，这就是决定程序。根据《行政复议法》的规定，复议机关经过审理，无权处理的，应当在七日内按照法定程序转送有权处理的行政机关依法处理；有权处理的行政机关应当在六十日内依法处理，并作出包括：维持决定、履行决定、撤销决定、变更决定、确认决定、驳回行政复议申请等行政复议决定。复议决定书应当以书面形式作出并送达申请人与被申请人。

二、行政诉讼

行政诉讼，是指公民、法人或者其他组织认为行政机关的具体行政行为侵犯其合法权益，依法向人民法院提起诉讼，人民法院对该具体行政行为的合法性进行审查并作出裁判，以解决行政争议的司法制度。

行政诉讼的原告只能是行政管理相对人，即公民、法人或者其他组织；被告只能是行政管理主体，即行政机关或者法律法规授权的组织。

（一）行政诉讼的管辖

行政诉讼管辖是指上下级人民法院之间和同级人民法院之间受理第一审行政案件的分工和权限，分为级别管辖、地域管辖和裁定管辖，其中级别管辖和地域管辖是由法律规定的，又合称为“法定管辖”。

（二）行政诉讼的证据

《中华人民共和国行政诉讼法》第三十一条规定，行政诉讼证据分为七个种类：

1. 书证

书证是指以文字、符号、图案等形式记载的，能够表达人的思想和行为，能证明案件事实的物品。其主要特征：一是以文字、符号或图画的方式来反映人的思想和行为；二是将有关的内容固定于纸面或其他有形的物品上。

2. 物证

物证是指以其本身固有的形态、品质、规格等证明案件事实的物品或痕迹。其主要特征：一是具有特定性，其形态、品质和规格是特定物品本身所固有的，不可改变也不可代替；二是具有客观性，是独立于人们意志以外的客观物质。

3. 视听资料

视听资料是指用以证明案件事实，利用录音、录像等设备取得的音响图像材料和利用电脑等设备取得和存储的数据材料。其主要特征：一是取得和储存手段的科学性；二是使用和保存的便利性。

4. 证人证言

证人证言是指证人就其所了解的案件事实向人民法院或当事人所作的陈述。其主要特征是：一是证人与案件的审理结果没有法律上的利害关系；二是证人证言只能是对案件事实本身的陈述。

5. 当事人陈述

当事人陈述是指行政诉讼当事人在诉讼过程中就案件的有

关事实向人民法院所作的说明。行政诉讼中原告的陈述仅限于具体行政行为的合法性和合法权益受到具体行政行为侵害的事实所作的情况说明。

6. 鉴定结论

鉴定结论是指鉴定人运用其专门知识，或者同时利用专门材料和设备对有关案件事实的专门技术性问题进行分析鉴别所作出的科学判断和结论，其主要特征：一是证明的独立性；二是事实判断性。

7. 现场笔录

现场笔录是指行政机关工作人员在行政管理过程中对与行政案件有关的现场情况及其处理所作的书面记录。行政机关及其工作人员制作的现场笔录，必须在法庭上经过质证，才能作为认定案件事实的证据。

（三）行政诉讼的举证责任

举证责任包括两方面的内容：一是由谁负责提供证据证明特定案件事实，即举证责任的分配；二是不能履行举证责任时可能引起的何种法律后果。在诉讼中，举证责任通常采用“谁主张，谁举证”的原则来确定承担者。

三、行政应诉

行政应诉是指在行政诉讼中的被告依照法定程序参加行政诉讼，行使诉讼权力，履行诉讼义务的活动。行政应诉贯穿于行政诉讼活动的始终，包括行政机关在第一审程序中提交答辩状、举证、参加法庭调查、进行法庭辩论，以及在第二审程序、审判监督程序和执行程序中进行的各种诉讼活动。

（一）行政应诉的特性

行政应诉的主体总是在行政诉讼中作出具体行政行为的行政机关或者法律、法规授权具有行政管理职能的组织，其诉讼权利的不对等性体现在：一是被告不享有起诉权，而原告享有；二是被告不享有撤诉权，而原告享有；三是被告不享有反诉权。诉讼义务的不对等性体现在：一是被告负有举证责任，而原告不负举证责任；二是在诉讼过程中，被告不得自行向原告和证人收集证据。

（二）行政应诉程序

行政应诉程序，是行政诉讼中的被告在行政诉讼活动中，必须遵循的步骤、方式和时限的总称。行政诉讼程序决定行政应诉程序。根据《中华人民共和国行政诉讼法》规定，人民法院审理行政案件的程序有：第一审程序是最基本的程序；第二审程序也称为上诉程序和终审程序；审判监督程序也称再审程序。行政应诉程序与此相适应，分别贯穿于这三个程序中。

1. 一审程序中的应诉

行政诉讼的被告收到人民法院的行政应诉通知书和原告的起诉状副本后，为参加行政诉讼，按照一定的程序所做好各项准备工作，而后进入出庭应诉的程序，该程序与人民法院开庭审理程序相对应。行政案件的开庭审理程序有：开庭审理前准备，审理开始，法庭调查，法庭辩论，延期审理，合议庭评议，宣判。

2. 二审程序中的应诉

行政诉讼的二审程序，是上级人民法院根据当事人的上诉，按照法律法规定对下级人民法院未发生法律效力的判决或裁定进行审理、裁判的程序，在二审程序中，除上诉、案件受理和可以书面审理程序外，其他程序与一审程序基本相同。因此，如果原告对人民法院作出维持的行政判决不服提出上诉，行政机关作为被上诉人的应诉程序与一审程序也基本相同。

3. 审判监督程序中的应诉

审判监督程序，又称再审程序，是指人民法院认为有错误的已发生法律效力的判决、裁定再次审理的程序。审判监督程序提起后，行政案件便进入了再审过程。再审程序有两种：一种是原审裁判为一审裁判的，再审适用于一审程序；另一种是原审裁判为二审裁判的，再审适用二审程序。质量技术监督部门应该充分运用这一诉讼权利，对确实存在错误的生效裁判及时提出申诉，促成再审程序，纠正错误的裁判。在书写申诉状时，应特别注意的是，要能提出新事实、新证据，这是能真正提起再审程序、否定原判的关键所在。

参考文献

[1] 马纯良，邓于仁．质检干部质量安全知识读本［M］．北京：中国计量出版社，2009.
[2] 邓于仁．质量技术监督概论（第二版）［M］．北京：中国计量出版社，2009.
[3] 国家质量监督检验检疫总局．国家质量监督检验检疫总局历史沿革及大事要述［M］．北京：中国质检出版社，2015.
[4] 国家质量监督检验检疫总局．中国质检工作手册：标准化管理［M］．北京：中国质检出版社，2013.
[5] 李春田．标准化概论（第6版）［M］．北京：中国人民大学出版社，2014.
[6] 舒辉．标准化管理［M］．北京：北京大学出版社，2016.
[7] 宋明顺，周立军．标准化基础［M］．北京：中国标准出版社，2013.
[8] 王敏华．标准化教程（第2版）［M］．北京：中国计量出版社，2010.
[9] 洪生伟．标准化管理（第6版）［M］．北京：中国质检出版社，2012.
[10] 王忠敏．标准化基础知识实用教程［M］．北京：中国标准出版社，2011.
[11] 王泽洪，周德文．政府质量管理理论与实践［M］．武汉：湖北人民出版社，2010.
[12] 赵长山．政府质量奖导读［M］．北京：中国质检出版社，2016.
[13] 沈斌，雄伟，何世聪，等．质量奖与卓越绩效模式在中国

的最佳实践［M］．深圳：海天出版社，2012.

［14］全国质量管理和质量保证标准化技术委员会。卓越绩效评价准则实施指南：GB/Z 19579—2012［S］．北京：中国标准出版社，2012：4.

［15］孙波．国家名牌战略［M］．北京：中国标准出版社，2013.

［16］国家质量监督检验检疫总局．中国质检工作手册：质量管理［M］．北京：中国质检出版社，2012.

［17］国家质量监督检验检疫总局．中国质检工作手册认证认可监管［M］．北京：中国质检出版社，2012.

［18］国家质量监督检验检疫总局．中国质检工作手册：特种设备安全监察［M］．北京：中国质检出版社，2014.

［19］中华人民共和国国家卫生和计划生育委员会食品安全国家标准　食品接触材料及制品生产通用卫生规范：GB 31603—2015［S］．北京：中国标准出版社，2016，6.

［20］中国标准化研究院．食品接触材料及制品标签通则：GB/T 30643—2014［S］．北京：中国标准出版社，2015，2.

［21］国家质量监督检验检疫总局．《检验检测机构资质认定管理办法》释义（第一版）［M］．北京：中国质检出版社，2015.

［22］汪传雷，许冰凌．我国检验检测服务业发展现状、问题及对策［J］．技术与市场，2013，20（5）：297—300.

［23］李文龙．我国的检验检测市场距离中介检验检测市场还有多远［J］．现代测量与实验室管理，2006（1）：33－42.

［24］国家质量监督检验检疫总局法规司．质量技术监督法律基础教材［M］．北京：中国纺织出版社，2008.

［25］广西壮族自治区法制办公室．广西行政执法人员通用法律知识读本［M］．南宁：广西人民出版社出版，2011.